フレキシブル熱電変換材料の開発と応用

Development of Flexible Thermoelectric Materials and their Applications

監修：中村雅一
Supervisor : Masakazu Nakamura

シーエムシー出版

はじめに

近年，モノのインターネット（IoT）やインダストリー4.0という言葉をビジネスニュースでも頻繁に聞くようになっています。これらは元々情報技術の世界からの提案ですが，既存の技術の組み合わせですぐにでも実現できそうなシステムから，情報の入り口としての新たなセンサーデバイスの開発を待たなければならないシステムまで，様々なものが考えられています。特に後者では，これまでに何も情報的機能を持たなかったモノや人体などに小規模電子回路を取り付けることになります。本格的に実世界の膨大な情報を集めるためには，新たに大量に設置される小規模電子回路を動作させるための電源をどうするかが問題になってきます。

その有効な解のひとつがエナジーハーベスティング技術です。使用環境に存在する光や熱や振動などの未利用エネルギーからその場で発電することによって，電源配線や電池を不要とするものです。これによって，電池交換の手間を省くことができるだけでなく，例えば10年間回路を動作させるために必要な電力を蓄えた電池による体積増や重量増を避けることができるという利点もあります。このような背景から，様々なエナジーハーベスティング技術とともに熱電変換，特にフレキシブルで軽量な熱電変換素子の研究も世界的に盛んになってきています。

熱電変換素子には，19世紀前半の有名なオームの実験に使われたことでもわかるように，100年以上の長い歴史があります。しかし，有機あるいは有機無機ハイブリッド材料を中心とするフレキシブル熱電変換素子に向けた研究が盛んになってきてからまだ10年経っておらず，本書「フレキシブル熱電変換材料の開発と応用」も，まだ研究途上の新材料や新技術が多数掲載されています。このようなホットな内容をお届けすることで，少しでも多くの研究者の方々に，フレキシブル熱電変換素子を世に送り出す研究に参加して頂く一助となれば幸いです。

なお，多忙な業務の合間をぬって本書の執筆にご参加頂いた第一線の研究者の皆様に厚く御礼を申し上げます。

2017年7月

奈良先端科学技術大学院大学
中村雅一

執筆者一覧（執筆順）

中村雅一	奈良先端科学技術大学院大学　物質創成科学研究科　教授
戸嶋直樹	山口東京理科大学名誉教授
石田敬雄	（国研）産業技術総合研究所　ナノ材料研究部門 研究グループ長
町田洋	東京工業大学　理学院　物理学系　助教
井澤公一	東京工業大学　理学院　物理学系　教授
小島広孝	奈良先端科学技術大学院大学　物質創成科学研究科　助教
林大介	首都大学東京　大学院理工学研究科
客野遥	神奈川大学　工学部　物理学教室　助教
中井祐介	首都大学東京　大学院理工学研究科　助教
真庭豊	首都大学東京　大学院理工学研究科　教授
野々口斐之	奈良先端科学技術大学院大学　物質創成科学研究科　助教； （国研）科学技術振興機構　さきがけ研究者
河合壯	奈良先端科学技術大学院大学　物質創成科学研究科　教授
堀家匠平	神戸大学　大学院工学研究科　応用化学専攻　博士研究員
石田謙司	神戸大学　大学院工学研究科　応用化学専攻　教授
宮崎康次	九州工業大学　大学院工学研究院　機械知能工学研究系　教授
末森浩司	（国研）産業技術総合研究所 フレキシブルエレクトロニクス研究センター ハイブリッドIoTデバイスチーム　主任研究員
小矢野幹夫	北陸先端科学技術大学院大学　先端科学技術研究科　教授

荒 木 圭 一	㈱KRI　デバイスマテリアル研究部　主任研究員
伊 藤 光 洋	古河電気工業㈱（(元) 奈良先端科学技術大学院大学 物質創成科学研究科）
桐 原 和 大	(国研) 産業技術総合研究所　ナノ材料研究部門　主任研究員
中 本 　 剛	愛媛大学　教育学部　理科教育講座　物理学研究室　准教授
仲 林 裕 司	北陸先端科学技術大学院大学 ナノマテリアルテクノロジーセンター　主任技術職員
向 田 雅 一	(国研) 産業技術総合研究所　材料・化学領域 ナノ材料研究部門　ナノ薄膜デバイスグループ　主任研究員
塚 本 　 修	NETZSCH Japan㈱　アプリケーションマネージャー
池 内 賢 朗	アドバンス理工㈱　生産本部　試験２G
橋 本 寿 正	㈱アイフェイズ　代表
馬 場 貴 弘	㈱ピコサーム
関 本 祐 紀	奈良先端科学技術大学院大学　物質創成科学研究科
竹 内 敬 治	㈱NTTデータ経営研究所 社会・環境戦略コンサルティングユニット　シニアマネージャー
青 合 利 明	千葉大学　大学院融合科学研究科　客員教授
中 島 祐 樹	九州大学　大学院工学研究院　応用化学部門
藤ヶ谷 剛 彦	九州大学　大学院工学研究院　応用化学部門　准教授
桂 　 誠一郎	慶應義塾大学　理工学部　システムデザイン工学科　准教授

目　次

【第Ⅰ編　総論】

第1章　有機系熱電変換材料研究の歴史と現状，そして展望　**戸嶋直樹**

第2章　フレキシブル熱電変換技術に関わる基本原理と材料開発指針　**中村雅一**

【第Ⅱ編　性能向上を目指した材料開発】

第1章　フレキシブル熱電変換素子に向けた有機熱電材料の広範囲探索　**中村雅一**

第2章　高い熱電変換性能を示す導電性高分子：PEDOT系材料について

石田敬雄

第3章　有機強相関材料における巨大ゼーベック効果

第4章　有機半導体材料における巨大ゼーベック効果　小島広孝

第5章　カーボンナノチューブのゼーベック効果

林　大介，客野　遥，中井祐介，真庭　豊

第6章　カーボンナノチューブ熱電材料の超分子ドーピングによる高性能化

野々口斐之，河合　壮

第7章　有機強誘電体との界面形成に基づくカーボンナノチューブ熱電材料の極性制御　堀家匠平，石田謙司

第8章　タンパク質単分子接合を用いたカーボンナノチューブ熱電材料の高性能化　中村雅一

第9章　印刷できる有機-無機ハイブリッド熱電材料　宮崎康次

【第Ⅲ編　モジュール開発】

第1章　フレキシブルなフィルム基板上に印刷可能な熱電変換素子　末森浩司

第2章　インクジェットを活用したBi-Te系フレキシブル熱電モジュールの開発　**小矢野幹夫**

第3章　π型構造を有するフレキシブル熱電変換素子　**荒木圭一**

第4章　カーボンナノチューブ紡績糸を用いた布状熱電変換素子　**中村雅一，伊藤光洋**

第5章　導電性高分子を用いた繊維複合化熱電モジュール　**桐原和大**

【第Ⅳ編　材料特性評価】

第1章　マイクロプローブ法を用いた熱電変換材料のゼーベック係数測定法の開発　中本　剛，仲林裕司

第2章　異方性を考慮した有機系熱電材料の特性評価法　向田雅一

第3章　SBA458 *Nemesis*®によるゼーベック係数測定とフラッシュアナライザーLFA467 *HyperFlash*®による熱拡散率・熱伝導率評価　塚本　修

第4章　熱電計測に関わる総括とフレキシブル材料への応用　池内賢朗

第5章　温度波熱分析法による熱伝導率・熱拡散率の迅速測定　橋本寿正

第6章　パルス光加熱サーモリフレクタンス法による熱物性値の測定　馬場貴弘

第7章　3ω法による糸状試料の熱伝導率評価　関本祐紀，中村雅一

【第Ⅴ編　応用展開】

第1章　エネルギーハーベスティングの現状とフレキシブル熱電変換技術に期待されること　竹内敬治

第2章　フレキシブル熱電変換技術の応用展開と技術課題　青合利明

第3章　「未利用熱エネルギー革新的活用技術」プロジェクトにおける有機系熱電変換技術への期待

石田敬雄

第4章　大気下安定n型カーボンナノチューブ熱電材料の探索

中島祐樹，藤ヶ谷剛彦

第5章　温熱感覚を呈示するフレキシブルな熱電変換デバイス「サーモフィルム」

桂　誠一郎

記

本書を通じ，下記表現は執筆者間で必ずしも統一されていないが，いずれも類似語または類似表現とみなし，同じ意味を表すものとする。

- 導電率，電気伝導率
- 熱拡散係数，熱拡散率
- ZT（変数ではなく略称として），無次元性能指数，無次元熱電性能指数
- PF，P（変数ではなく略称として），パワーファクター，出力因子
- ゼーベック係数の変数として，α とS
- 熱電変換材料，熱電材料
- 熱電モジュール，熱電変換モジュール，熱電素子，熱電変換素子，熱電デバイス，熱電変換デバイス
- ポリマー，高分子
- n型p型，N型P型
- π 型，Π型
- 複合材料，コンポジット
- エネルギーハーベスティング，エナジーハーベスティング
- 環境発電素子，エネルギーハーベスティングデバイス，エネルギーハーベスタ，エナジーハーベスター

第1章　有機系熱電変換材料研究の歴史と現状，そして展望

戸嶋直樹*

1　はじめに

熱電変換技術の歴史は，1821年のSeebeckによる熱起電力の発見に始まる。Thomas Johann Seebeckは偶然，金属棒の内部に温度勾配があるとき，両端間に電圧が発生することを発見した。一般に，半導体や金属に温度差ΔTを与えると，温度差に比例した電圧ΔVが発生する。この現象をゼーベック効果，この比例係数Sをゼーベック係数といい，(1)式で表される。

$$S=\Delta V/\Delta T \tag{1}$$

ゼーベック係数が大きいほど，大きな起電力を発生する。ゼーベック係数が正だとp型で，負だとn型である。金属では一般に数～10数μV/Kで，半導体では100～数100μV/Kのオーダーの値となる。この逆の過程，すなわち金属や半導体に電流を流すと，導線との接合部分で吸熱・発熱が起きる。この現象はペルチェ効果と呼ばれ，Jean Charles Athanase Peltierが1834年に発見した。この2つ，ゼーベック効果とペルチェ効果が代表的な熱電効果であり，ゼーベック効果により温度差から電力を取り出すことができ（熱電池），ペルチェ効果により電力を用いて冷やすことができる（電子冷却）。

この熱電効果を利用した熱電変換における材料の熱電変換性能は(2)式で表される。

$$ZT=(S\sigma^2/\kappa)\times T \tag{2}$$

ここで，ZTが無次元熱電変換性能指数，Sがゼーベック係数，σが電導度，κが熱伝導度，Tが絶対温度である。ZTが大きいほど熱を電気に変える効率は良く，高温（Tが大きい）ほどZTは大きくなる。汎用されているテルル化ビスマスのZT値は室温付近でほぼ1である。ゼーベック係数と電導度が大きく，熱伝導度が小さい材料であるほどZT値は大きくなる[1)]。

無機半導体材料に対して，この熱電効果を適用して，様々なモジュールがつくられ，実用化されている。ゼーベック効果を利用した熱電池では，宇宙探査機ボイジャーに積み込まれ，1977年に打ち上げられてから既に40年にわたって稼働し続けているものがある。プルトニウムの崩壊熱を利用してシリコン－ゲルマニウム合金の熱電池で発電し続けている。その他，野外活動中の火を利用して発電する熱電池，非常用電源などとしても実用化されている。最も大量に用いられているのは，テルル化ビスマスを用いた電子冷却モジュールである。病院やホテルにあるコン

＊　Naoki Toshima　山口東京理科大学名誉教授

プレッサーを用いない静かな冷蔵庫として大量に用いられているし，各種温調機器にも広く適用されている。

これらの熱電モジュールは，一般にｐ型とｎ型の無機半導体を組み合わせた，図１のようなπ型素子を，多数組み合わせて構成される。加工・組立に手間がかかりコストを引き上げている。モジュールは硬い無機固体で構成されているので，多様な要求に応じてそれぞれの場所に合わせて利用するのが困難である。もしモジュールが，軽くて柔らかくフレキシブルな材料でできており，どのような形状・厚さにも簡単に加工できると，応用範囲は大幅に広がると期待される。このような要求に応えて開発研究を加速しているのが，有機系熱電変換材料である[2~4]。

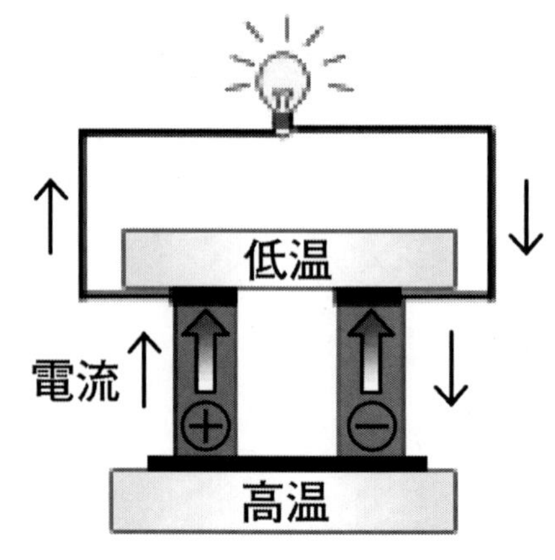

図１　Π型熱電素子の模式図[3]

我々の身の回りで利用されずに捨てられている，低品位の（室温に近い）熱エネルギーから，電力を少しでも回収しようという社会的要求は時代と共に強くなっている。実際，未利用排熱のほとんどが150℃以下の低品位のものであり，これらの排熱からのエネルギー回収には，有機物でも十分に耐えうると期待される。有機系材料なら加工性も良く，フレキシブルなモジュールを安価に提供することも可能と考えられる。

2　有機熱電変換材料の特徴

従来使用されてきた無機系熱電材料と比べて，有機系熱電材料には，次のような利点が期待される。４つの視点からそれらの特徴を列挙する[2~4]。

2.1　物理学的視点

有機材料は一般に軽量である。軽量ゆえに，持ち運びが容易であり，モジュールの運搬や設置のためのコストを低く抑えることができる。また，熱伝導度が一般に1 W/m K以下であり，金属や半導体の無機材料に比べずっと小さい。ポリアニリンの場合，熱伝導度はドープの有無に関係しない。言い換えれば電導度（10^{-7}～10^{2} S/cm）とは無関係に，熱伝導度は0.1～0.4 W/m Kの間にあることが，図２に示すように確認されている[5]。

2.2　化学的視点

有機物であるので，構成元素は主に炭素である。炭素資源は石油，天然ガス，石炭などの形で地球上に豊富にあり，枯渇の心配はない。しかも，化学合成により自由に構造を変えることがで

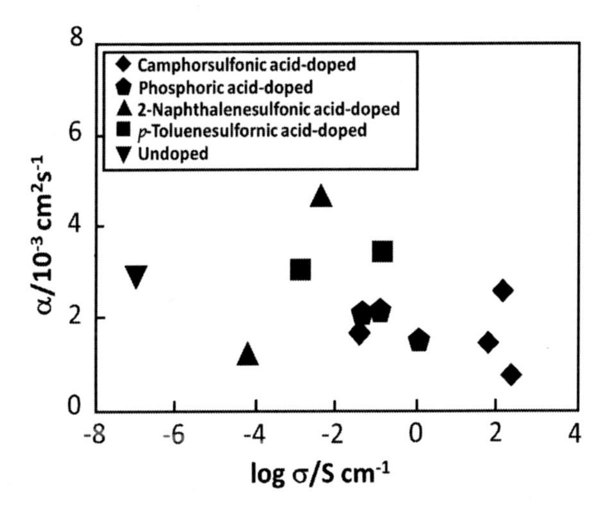

図2　未ドープ，および種々のドーパントでドープされた，ポリアニリンの熱伝導度[5)]

きるので，新規機能の付与が容易である。環境汚染の立場からは，不要になれば焼却処分をすれば良いので，後処理が容易である。毒性のある元素や入手困難で高価な元素を用いず，使用後の処理も容易で，総合して環境負荷が少ない材料である。

2.3　生物学的視点

有機物は元来生物由来であるので，生物に優しい材料である。人体に有害な素材を含まず，軽量かつソフトであり，フレキシブル性を利用したウエアラブル機材など，身体に触れる場所へも安全に適用できる。

2.4　工学的視点

有機材料は，従来絶縁体と考えられてきたが，導電性を付与可能であることが分かった。また，変形を繰り返した後でも機械的強度が維持されることも明らかとなり，エレクトロニクス素材への利用開発が進んでいる。さらに，成型加工性の容易さは，有機系熱電変換材料の最大の特徴となっている。印刷などの手法を用いてモジュールを作製することも可能である。これらの手法を用いることで，モジュールの小型・軽量化，大面積化，低コストでの大量生産など，工学的視点からも極めて有利な特徴を持つ。

3　導電性高分子を用いる有機熱電材料の研究

従来の無機材料に代わり，有機系材料を用いて熱電変換素子／モジュールを構築できれば，上記のようにいろいろな利点が期待される。とくに，高温ではなく150℃以下といった低温で未利用の排熱エネルギーの利活用を考えると，有機系熱電材料の開発には大きな期待が寄せられる。しかし，有機物は一般に絶縁材料であり，電気伝導の必要な熱電変換材料には利用できないと思われていた。この制限を取り払ったのが，白川らによる導電性高分子の発見である[6]。導電性高分子の中で，最も電導度の高いポリアセチレンは，不安定で実用化には向かず，それ以外の芳香族系導電性高分子は，十分な導電性を持たない。したがって，1998年には，有機熱電変換材料の開発の可能性は期待できないと報告された[7]。

筆者らは，上記の結論が，必ずしも実験結果によらず，従来のデータからの推論を含んでいることから，実際に材料を作り，熱電特性を実測する必要性を感じた。幸いに，NEDOのプロジェクトの中で，有機熱電材料の可能性の検討というテーマでの研究が許された。電導性のある有機材料として，①導電性高分子，②電荷移動錯体，③多環縮合芳香族化合物，④グラファイト系炭素材料が候補として挙げられた。この中で，高い導電性と低い熱伝導性を兼ね備えるものとして，導電性高分子を研究対象に選んだ。導電性高分子には，図3に示すような構造のものが知られている。

この中で，ポリアセチレンは高い電導度を持つが，空気下で不安定であるので対象から外した。そして，最も安価で加工性にも優れたポリアニリンを対象に研究を始めた。アニリンを重合してポリアニリンを合成し，種々のドーパントを用いて導電性ポリアニリンのフィルムを作製し，その熱電特性（電導度，ゼーベック係数，および熱伝導度）を測定した。(2)式より明らかな

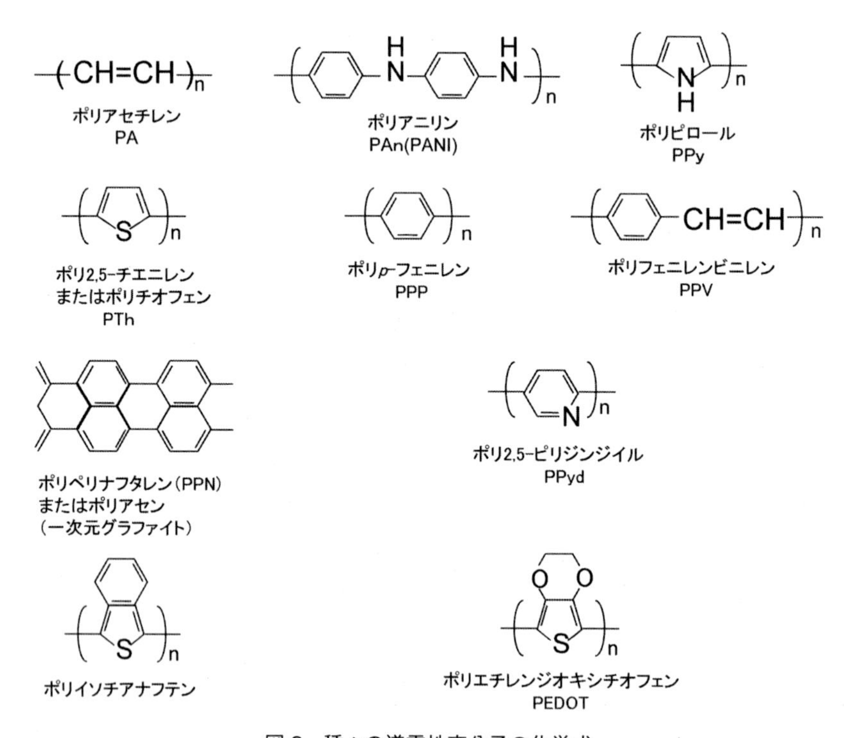

図3　種々の導電性高分子の化学式

ように，熱電変換性能指数ZT値の向上のためには，①ゼーベック係数の向上，②電導度の向上，および③熱伝導度の低下の3点のうちの1つ以上が要求される。

4　導電性ポリアニリンの熱電性能の改善

導電性ポリアニリンを用いた，筆者らの一連の研究で，熱電変換性能の改善に次のような手法が可能であることが明らかになった。

① ポリアニリン・フィルムの電導度は，原料のポリアニリンの化学構造に依存する。アニリンの重合では，アミノ基のパラ位での重合が主に起こるが，オルト位で結合した異性体が混ざる。高電導性ポリアニリンのフィルムは，完全にパラ位での縮合で得られた重合体を原料とすることで作成できる。

② 導電性ポリアニリン・フィルムの電導度は，ドーパントに大きく依存する。カンファースルホン酸でドープし，p-クレゾール溶液からキャストしたポリアニリン・フィルムが，最高の電導度を示す。

③ ドープした電導性ポリアニリン・フィルムと，未ドープのポリアニリン・フィルムを積層することで，熱電特性の改善が可能である[8)]。

④ 電導性ポリアニリン・フィルムを，延伸することで，電気伝導度を向上させ，熱電特性を改善できる。電導度の向上の程度は，延伸率に比例する[9)]。延伸は，分子の配向を促進し，これが電導度の向上に寄与すると考えられる。

⑤ 電導性ポリアニリン・フィルムの熱伝導度は，上述（図2）のように，電導度に依存せず，いずれも0.1～0.4 W/m Kの範囲にあり，無機材料のそれに比べ小さい[5)]。

導電性ポリアニリン・フィルムの熱電特性を，まとめて表1に示す[10)]。カンファースルホン酸でドープした，高電導度のポリアニリン・フィルムを延伸することで，熱電性能指数ZTを0.04にまで改善することができた。

表1　種々の導電性ポリアニリン・フィルムの熱電特性（σ：電導度，S：ゼーベック係数，P：パワーファクター，κ：熱伝導度，ZT：熱電性能指数）[10)]

Cond. Polymer*1 (dopant)*2 (stretching ratio)	σ/S cm^{-1}	S/μV K^{-1}	P/μW m^{-1}K^{-1}	κ/W m^{-1}K^{-1}	ZT/－(r.t.)
PANI (OA)(－)*3	2.7-33	10-25	～0.03	(>1)	1×10^{-5}
PANI (PA)(－)	～6	～10	0.06	0.1	2×10^{-4}
PANI (CSA)(－)	188	7	0.9	0.15	2×10^{-3}
Layered PANI (CSA)(－)	173	14	3	0.18	5×10^{-3}
PANI (CSA)(180%)	260	40	41	0.3	4×10^{-2}

*1 PANI：polyaniline.
*2 OA：oxalic acid, PA: phosphoric acid, CSA：(±)-10-camphorsulfonic acid.
*3 N. Mateeva *et al.*, *J. Appl. Phys.*, **83**, 3111-3117 (1998)

5　高電導度の導電性高分子の熱電変換材料

無機半導体では$ZT=1$のテルル化ビスマス系の熱電材料が，実用化されているので，有機系熱電変換材料の実用化のためには，もう一段の熱電特性の改善が要求される。ポリアニリンを用いた研究ではこれ以上の熱電特性の向上が期待できそうになかったので，高分子の種類を変えることを試みた。上記のポリアニリンで開発された熱電性能改善のための手法・概念は，その後の種々の有機熱電変換材料の研究開発にも適用された。まず，より高い電導度が報告されているポリ（フェニレンビニレン）を用いることにした。

ポリ（フェニレンビニレン）誘導体は，図4にメトキシ誘導体の例を示すように，その前駆体ポリマーの熱分解で合成できる[11]。

熱分解で合成したポリフェニレンビニレンは，剛直で加熱しても延伸できないので，前駆体ポリマーでフィルムを作製し，これを延伸したのち，熱分解して，ポリフェニレンビニレンとした[11]。いろいろな誘導体を用いて，延伸し，ヨウ素ドープすることにより得た電導性ポリフェニレンビニレン誘導体の熱電特性をまとめて表2に示す[11,12]。

エトキシフェニレンビニレンとフェニレンビニレンとの共重合体の前駆体ポリマーのフィルムを，310％延伸したのち熱分解して得た材料をヨウ素ドープして，ZT値0.1を達成することに成功した[12]。室温付近で$ZT=0.1$という値は，テルル化ビスマス（Bi_2Te_3）系以外の無機材料，たとえば広く検討されている鉄シリサイド（$FeSi_2$）と同程度のレベルであり，本研究成果は，有機系材料が熱電変換材料として検討に値することを，世界で最初に示したものである。

さらに高電導度で，安定な材料として，ポリ(3,4-エチレンジオキシチオフェン)（PEDOT）が報告されたが，我々のところで高電導度のものを合成することができなかった。その内に，PEDOT-PSS（PEDOTのポリスチレンスルホン酸塩）の水溶液（PH500やPH1000）が市販さ

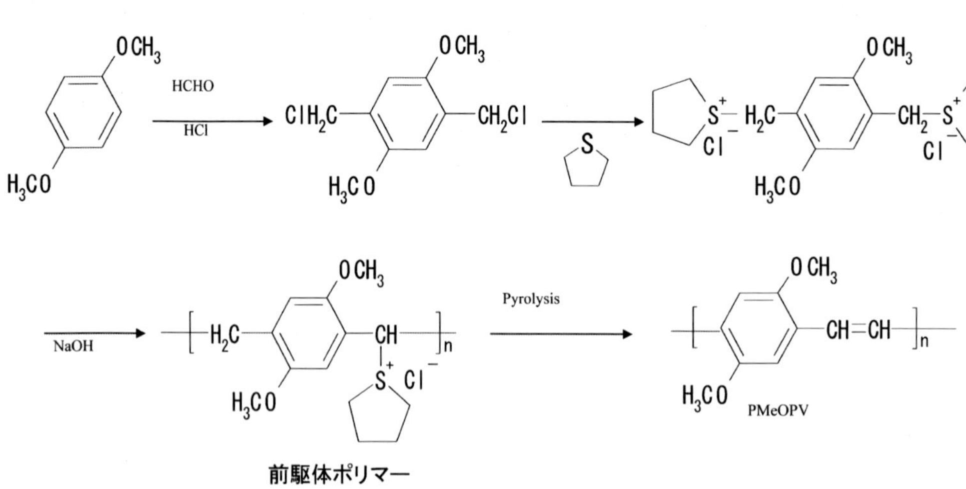

前駆体ポリマー

図4　ポリ(メトキシフェニレンビニレン)（PMeOPV）の合成法

表2　いろいろな電導性ポリフェニレンビニレン誘導体の熱電特性 [11, 12]

Cond. Polymer*1 (dopant)*2 (stretching ratio)	σ/S cm^{-1}	S/μV K^{-1}	P/μW m^{-1} K^{-2}	κ/W m^{-1} K^{-1}	ZT/－(r.t.)
P(EtOPV-co-PV)(I_2)(－)	2.9	41	0.49	0.05	3×10^{-3}
P(MeOPV-co-PV)(I_2)(440 %)	183	44	35	0.80	1.4×10^{-2}
P(EtOPV-co-PV)(I_2)(310 %)	350	47	74	0.25	1×10^{-1}

*1 P(EtOPV-co-PV)：copolymer of 2,5-diethoxyphenylenevinylene and phenylenevinylene
P(MeOPV-co-PV)：copolymer of 2,5-dimethoxyphenylenevinylene and phenylenevinylene
*2 I_2：iodine.

れるようになり，PEDOT系でさらに熱電変換指数の高い材料の報告が出てきた[13, 14]。ポリチオフェン誘導体の熱電変換特性の報告データの一部をまとめて表3に示す。

Crispinらは，PEDOT-Tos（トシレート：p-トルエンスルホン酸塩）の薄膜で，TDAE（tetrakis(dimethylamino)ethylene）を用いて酸化レベルを制御することで，電導度を犠牲にしてゼーベク係数を向上させ，パワーファクター（出力因子，$P=S\sigma^2$）を極大化している[13]。この方法で，$ZT=0.24$の熱電変換性能を実現した。さらに，Pipeらは，市販のPEDOT-PSS水溶

表3　種々の導電性ポリチオフェン誘導体の熱電特性

polymer*1 (dopant) *2 (method) *3	σ / S cm^{-1}	S / μV K^{-1}	P / μW m^{-1} K^{-2}	κ / W m^{-1} K^{-1}	ZT / －(rt)	Ref.
PTh (ClO_4) elec.	~201	~72	10.3	(0.1)	(0.03)	a)
PEDOT (ClO_4) elec. nanowire	16.8	78	9.2	(0.2)	(0.014)	b)
PEDOT (Tos) vacuum dep.	300	40	48	(0.3)	(0.05)	c)
PEDOT (Tos/TDAE) vacuum dep.	~74	~210	324	0.37±0.07	0.25	c)
PEDOT (PSS/DMSO) spin coating	620	33.4	(69.2)	0.42	(0.05)	d)
PEDOT (PSS/DMSO) spin coating＋EG treatment	880	73	470	0.33	0.42	d)

*1 PTh：polythiophene, PEDOT：poly(3,4-ethylenedioxythiophene)
*2 Tos：tosylate, PSS：polystyrenesulfonate, TDAE：tetrakis(dimethylamino)ethylene, DMSO：dimethylsulfoxide
*3 elcc：electrochemical polymerization
a) Y. Shinohara, Handbook on Thermoelectric Technology, pp. 307-3011, NTS (2008)
b) D. K. Taggart *et al.*, *Nano Lett.*, **11**, 125-131 (2011)；**11**, 2192-2193 (2011)
c) O. Bubnova *et al.*, *Nat. Mater.*, **10**, 429-433 (2011)
d) G.-H. Kim *et al.*, *Nat. Mater.*, **12**, 719-723 (2013)

液をキャストし，その後溶媒処理することで，$ZT=0.42$の有機熱電薄膜材料が合成できた[14)]。これらの報告は，有機熱電技術に大きな期待を抱かせた。しかし，その後，PEDOT以外の種々の導電性高分子も合成され，熱電特性も検討されているが，今のところ，導電性高分子のみより成る有機熱電変換材料で，上記報告に勝る報告はまだない。

実は，熱電性能指数ZT値の計算には，(2)式に示したように熱伝導度κが必要である。ところが，熱伝導性の小さな薄膜の熱伝導度を正確に求めることが案外困難である[15)]。とくに，電導度やゼーベック係数が一般に膜の面内方向で求められるので，熱伝導度も面内方向で求めて，面内で統一的に熱電変換特性を求めることが要求される。ところが，従来，熱伝導度は面直方向で求められてきており，異方性のない無機材料の場合には何の問題もなかった。しかし，有機薄膜の場合には，電導度に異方性があり，当然，熱伝導度にも異方性が出てくる。現在いろいろな方法で，有機薄膜の熱伝導度の異方性に関する研究が続けられている[15)]が，まだ，確かな方法が確立しているとは言い難い。そのため，最近の報告では，ZT値を報告せずに，パワーファクターP値のみを報告する例が増えてきている。

6　有機系ハイブリッド熱電材料の研究

前節で述べたように，導電性高分子で高い電導度を示すフィルムの製造は可能になった。しかし，高い電導度と同時に高いゼーベック係数を示す材料がなかなかない。ゼーベック係数を高くしようとすると，電導度が犠牲になる。それは，電導度σとゼーベック係数Sが，次に示すように，キャリア濃度nに関して，相反する特性であるからである。すなわち，電導度σとゼーベック係数Sは，それぞれ，(3)式および(4)式のように表すことができる。

$$\sigma = n\,q\,\mu \tag{3}$$

$$S = \mathrm{A}m^{*}\,T/n^{2/3} \tag{4}$$

ここで，それぞれ，nはキャリア濃度，qは電荷，μはキャリア移動度，AはBoltzmann定数，Coulomb定数とPlanck定数を含む物質係数，m^{*}はキャリアの有効質量，Tは絶対温度である。これらの式から分かるように，電導度を上げるためにキャリア濃度nを大きくすると，ゼーベック係数Sはnの3分の2乗に反比例して小さくなり，キャリア濃度nを変化させるだけでは，電導度とゼーベック係数を同時に増大することはできない。

この問題を解決するために研究者が次に目指したものが，大きなゼーベック係数を持つ無機半導体の利用である。有機熱電材料の特徴を維持しながら，無機熱電材料の特徴を取り入れる方法の1つが，両者の複合化，ないしはハイブリッド化である。概念を図5に示す。（ここで複合化はマイクロメートル以上のレベルで，ハイブリッド化はナノメートルまたは原子レベルでの，混合ないし融合をいう。）

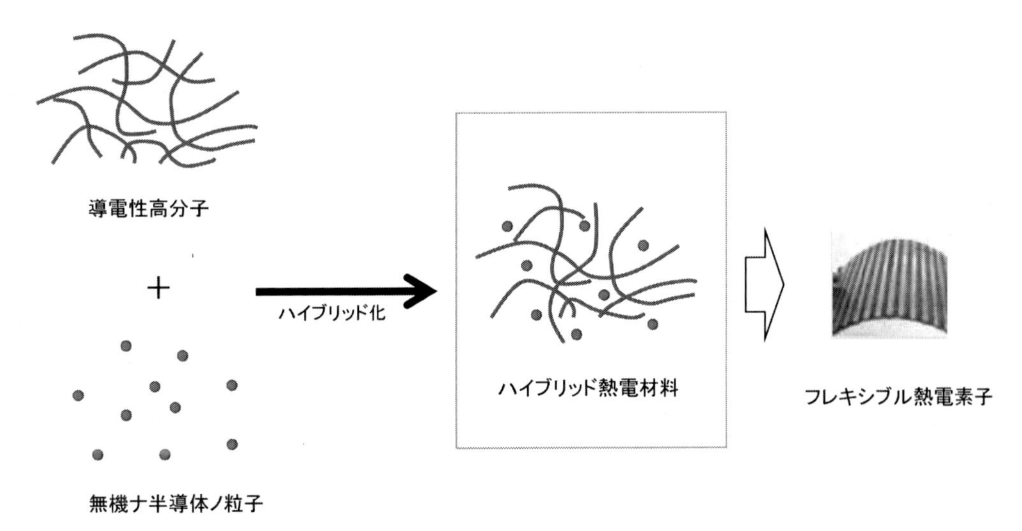

図5　導電性高分子と無機半導体ナノ粒子とのハイブリッド化によるハイブリッド熱電材料創成の概念

丁度この頃，量子効果の導入により熱電変換性能を飛躍的に向上できるとの理論が発表された[16)]。実際に無機半導体で，ナノ構造材料を用いることにより熱電性能が向上したという発表が相次いだ[17~22)]。このような状況のもと，ナノ化した無機半導体熱電材料を導電性高分子とハイブリッド化することによる熱電特性の向上を目指した研究も数多く発表された[23~29)]。なかでも，カーボンナノチューブ（CNT）との複合化では，以下に述べるように，パワーファクターの飛躍的な増大が報告されている。

カーボンナノチューブ（CNT）は，グラフェン膜を筒状に巻いた構造をしている。この巻き方によって，金属性，半導性，および絶縁性の性質を持つ。しかし，均一な構造のCNTを製造することには極めて困難である。実際に入手できるものは，これらの混合物またはそれからの精製物である。また，CNTは多層のもの（Multi-walled CNT；MWCNT）や単層CNT（Single-walled CNT；SWCNT），二層CNT（Double-walled CNT；DWCNT）が知られている。

CNTと導電性高分子とのハイブリッド体の熱電特性は，MWCNTとポリアニリン（PANI）でハイブリッド化した系ではまだ十分な熱電特性を示すものはなかった[30, 31)]。しかし，SWCNTまたはDWCNTとPEDOT-PSSとの組み合わせで，高いパワーファクターのものができるようになった[32~34)]。CNTとポリアニリンとの複合体のデータをまとめて表4，CNTとPEDOTとの複合体のものを表5に，それぞれ示す。とくに，最近は分子レベルの積層法を用いて，パワーファクターが1,825とか2,710といった1,000を超える薄膜が報告されている[35, 36)] これらの報告では，熱伝導度の検討も行われているが，電導度やゼーベック係数と同じ面内での測定が困難なため，熱電性能指数ZT値の計算は往々にして示されていない。

表4　CNT とポリアニリン（PANI）との複合体の熱電特性

複合体			σ	S	P	κ	ZT	Ref.
CNT*[1] (wt%)	PANI 調製法*[2]	厚さ (nm)	S cm^{-1}	μV K^{-1}	μW m^{-1} K^{-2}	W m^{-1} K^{-1}	–	
SW（41.4）	in situ polym.	20～40	125	40	20	1.5	0.004	a)
SW	in situ electropolym. (75 cycle)	–	45.4	31.5	6.50	–	–	b)
MW（40）	in situ polym.	–	～17	～10	0.18	–	–	c)
MW（30）	Grind & spark sintr.	–	1.59	25.5	0.107	～0.32	7.6×10^{-5}	d)
DW	PANI/Graphene LbL	～460	1170	130	1825	–	–	e)

*[1] SW：Single-walled, MW：Multi-walled, DW：Double-walled.
*[2] polym.：polymerization, sintr.: sintering, LbL：Layer-by-layer method.
a) Q. Yao *et al., ACS Nano,* **4**, 2445-2451（2010）
b) J. Liu *et al., Nanoscale,* **3**, 3616-3619（2011）
c) Q. Wang *et al., J. Mater. Chem.,* **22**, 17612-17618（2012）
d) Q. Zhang *et al., J. Mater. Chem. A,* **1**, 12109-12114（2013）
e) C. Cho *et al., Adv. Mater.,* **27**, 2996-3001（2015）

表5　CNT と PEDOT との複合体の熱電特性

複合体				σ	S	P	κ	ZT	Ref.
CNT*[1] (wt%)	PEDOT	調製法 他*[2]	厚さ (μm)	S cm^{-1}	μV K^{-1}	μW m^{-1} K^{-2}	W m^{-1} K^{-1}	–	
SW (35)	PH 500 (DMSO)	Gum Arabic	70～130	290	～26	25	～0.4	～0.02	a)
SW (60)	PH 1000	PVAc	–	～96	～41	～163	～0.38（⊥） ～1～10 (//)	–	b)
SW	(DMSO)	layered spin-coat	0.1138	241	30	21.1	–	–	c)
MW (40)	PH 1000 (DMSO)	TCPP	–	95	～70	～500	–	–	d)
SW	$FeCl_3$ polym.		–	570	～17	19.0	–	–	e)

*[1] SW：Single-walled, MW：Multi-walled.
*[2] PVAc：Poly(vinyl acetate), TCPP：*meso*-Tetra(4-carboxyphenyl)porphine.
a) D.-Y. Kim *et al., ACS Nano,* **4**, 513-523（2010）
b) C. Yu *et al., ACS Nano,* **5**, 7885-7892（2011）
c) H. Song *et al., RSC Adv.,* **3**, 22065-22071（2013）
d) G.P. Moriarty *et al., Enorg. Technol.,* **1**, 265-272（2013）
e) X. Hu *et al., Compos. Sci. Technol.,* **144**, 43-52（2017）

7　CNT を含む三元系ハイブリッド有機熱電材料

筆者らは最近 CNT と電導性高分子錯体のナノ分散体（nano-PETT，図 6 参照），それに汎用高分子のポリ塩化ビニル（PVC）を用いた三元系有機熱電変換材料を開発した。CNT の高い電導性，nano-PETT 錯体の強い配位力と導電性，および PVC の製膜性を組み合わせることで，安定なハイブリッド三元系有機熱電材料の開発に成功した[37]。nano-PETT は導電性高分子錯体（PETT：poly(nickel 1,1,2,2-ethylenetetrathiolate)）[38] の反応時に Dodecyltrimethylammonium bromide（DTAB）を添加しておくことで合成できた[39]。図 6 に合成経路と共に TEM 図で示すように，平均粒径 38 ± 12 nm の不規則なナノ粒子である。

高分子錯体 PETT は不溶性の固体である[38] が，nano-PETT は有機溶媒 NMP（N-Methylpyrrolidone）にきれいに分散する。CNT だけでは NMP にうまく分散できないが，これに nano-PETT と PVC の NMP 溶液を加えると，きれいに分散した濃厚溶液を作ることができる。この濃厚溶液を基板上にドロップ・キャストし，加熱乾燥することで，均一なフィルムを得ることができる。このフィルムを 30 分間メタノール中に漬けてから再度乾燥すると，余分な nano-PETT と PVC が洗浄除去されて，多孔質のフィルムとなる。メタノール処理前後のフィルムの電導度，ゼーベック係数，およびパワーファクターの CNT 添加量依存性を図 7 にまとめて示す。

メタノール洗浄により，ゼーベック係数は変化しないが，電導度が改善されていることが分かる。これは，メタノール処理が，電導度の低い nano-PETT 錯体と絶縁性の PVC を除去するためである。メタノール処理前後の XPS での元素分析から明らかになった[40]。メタノール処理し

NaOMe　NiCl$_2$　DTAB*　· 0.7 Na$^+$　3.5 DTA$^+$

*DTAB:dodecyltrimethylammonium bromide

Soluble in NMP，mp.(dec.)= 189°C，σ= 0.01 S/cm

(a)

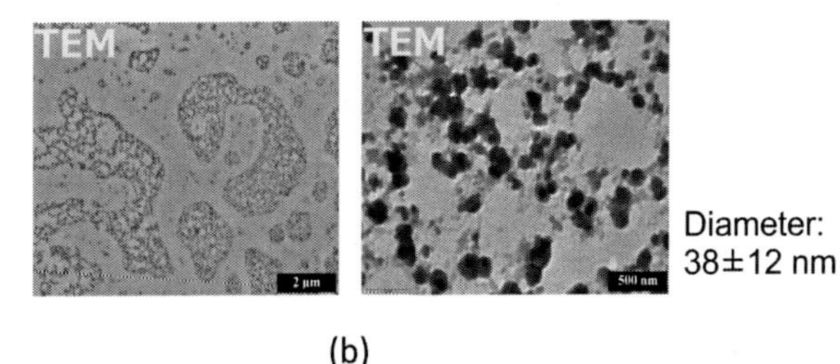

(b)

図 6　(a)高分散高分子錯体 nano-PETT の合成経路と(b)生成 nano-PETT の TEM 像

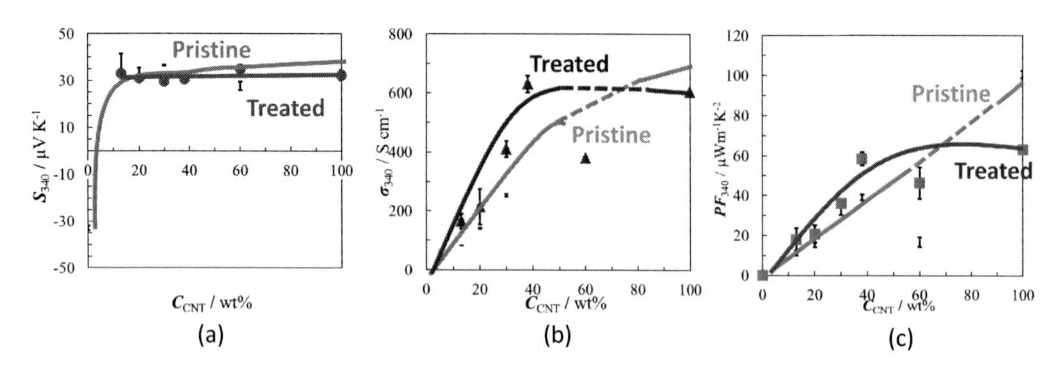

図7　メタノール処理前後のCNT/nano-PETT/PVC三元ハイブリッド・フィルムの(a)電導度（σ），(b)ゼーベック係数（S），および(c)パワーファクター（PF）のCNT添加量依存性[4]

たフィルムは多孔質で，面直の熱伝導度も0.07±0.03 W/m Kと極めて小さなものであった。面内方向での熱伝導度が求められず，面直方向の値を用いて計算した見かけの無次元熱電性能指数は室温付近で$ZT_a=0.3$という高い値となった[37]。

本報告[37]に用いたCNTは，Arc discharge法で合成された市販のSWCNTであった。より大量生産が可能で安価なSWCNTである，スーパー・グロースCNT（SG-CNT）を用いてもほぼ同程度の熱電性能を持つフィルムを作ることに成功している[40]。絶縁性のポリマーPVCの代わりに，酢酸セルロース[41]や可溶性ポリイミドを用いても，滑らかな熱電フィルムができる。

8　まとめと将来展望

熱電技術は，熱エネルギーを電気エネルギーに直接に変換できる技術として注目されている。とくに，有機系熱電変換材料は，加工性の良さやフレキシブルな大面積のフィルムの提供など，多くの利点を持つため，未利用の低温排熱の利活用のための手段の1つとして，多くの研究者の興味を集めている。有機系熱電材料の研究の歴史は浅く，今世紀の初めになって初めて導電性高分子を用いた熱電変換の可能性が明らかになった。高電導度のPEDOTを用いることにより，熱電性能指数ZT値が0.4程度まで向上した。しかし，有機系熱電材料には，加工性の良さやフレキシブル性に加えて，$ZT=1$の無次元性能指数を持つ無機系材料を上回る熱電変換性能が求められている。このためには，電導度と共にゼーベック係数の改善が必要である。

このための手段の1つが，ハイブリッド化であろう。ゼーベック係数の大きな無機半導体ナノ材料と有機導電性高分子とのハイブリッドでは，単に両者を混ぜるだけでは両者の混合比に応じてそれぞれの性質が変化するだけである。しかし，たとえば，両者の界面でエネルギー・フィルタリング効果[42, 43]が起これば，熱電特性を改善することができる。無機ナノ粒子と有機電導性高分子とのハイブリッドでなくても，有機導電性高分子同士でも，ドープ状態の異なるものを積層しても，これらの効果を発揮させることができる可能性もある。

熱電特性の改善のためのもう1つの方法は電導度の向上である。電導度はキャリア濃度とキャリア移動度に比例する。したがって，ドーパントを増やしキャリア濃度を上げるのも，一つの方法である。移動度の向上のためには，分子配列の加速が有効である。PEDOT-PSS膜での溶媒処理による熱電性能の改善が，粒子の配列の向上に基づくとの報告もある[44]。さらに，高分子系では，延伸が熱電性能向上に有効な方法である[45]ことも強調しておきたい。最近，電導度の向上のためにカーボン・ナノチューブやグラフェンを用いる研究も大いに注目を集めている。但し，これらの方法で電導度を上げ過ぎると熱伝導度も高くなるので，この点の兼ね合いも大切となる。

熱電性能指数の改善に熱伝導度の低下がある。有機材料は一般に熱伝導度が小さい。しかし，空気はさらに低い熱伝導度を示す。ボイド（空隙）を界面に作ることも，有効な手段である。ナノ材料を用いた複合材料での熱電特性の改善が，ボイドによる熱伝導度の低下に由来する場合も多い。

有機系熱電変換技術でもう一点強調しておきたいのは，モジュール作製の容易さと共にモジュール・デザインの多様性である。印刷法などの手法で容易にモジュールを作ることができるので，多様なデザインが可能である。無機材料では不可能な，有機材料に特有なデザインをとることで，これまで考えることができなかったような新しいデザインのモジュールの展開ができると信じる。

有機系熱電変換材料のなかで，導電性高分子あるいはカーボン・ナノチューブの関係するp型材料について筆者の興味を持つもののみを記述した。n型熱電材料の性能も最近大いに改善されている。特性評価技術についても最近大きな進歩がみられる。モジュールや応用展開についても新しい提案が報告されている。これらについては本書の他の章で詳しく述べられているので，それらを参照願いたい。

いずれにしろ，上述の多様な方法を駆使することで，幅広い分野に有機系熱電材料が利用されると期待される。フレキシブルで人体に直接触れる電子機器の電源，電池の交換や太陽電池を用いるのが困難な場所での電源，送電線の設置が困難な場所での電源，災害などの緊急時にも必要な時に直ぐに利用できる非常電源，登山や野外活動中に使える手軽な電源などが予想される。いずれにしろ，低品位の排熱や自然熱を利用する電源，あるいは熱センサーが最初の応用例になりそうである。さらに有機系熱電材料の熱電変換性能が改善され，真に低品位排熱や自然熱の有効利用に用いられる日が近いことを願う。

謝辞

本研究は，文科省（地域イノベーション戦略支援プログラム（グローバル型）「やまぐちグリーン部材クラスター」），経産省（未来開拓研究「未利用熱エネルギー革新的活用技術研究組合（TherMAT）」），新エネルギー・産業技術総合開発機構（NEDO），日本ゼオン㈱などの援助を得て行われた。

文　献

1) 梶川武信監修，熱電変換技術ハンドブック，エヌ・ティー・エス（2008）
2) 戸嶋直樹，現代化学，532，42-46（2015）
3) 戸嶋直樹，金属，**86**，221-229（2016）
4) N. Toshima, *Synth. Met.*, **225**, 3-21（2017）
5) H. Yan *et al.*, *J. Therm. Anal. Calorim.*, **69**, 881-887（2002）
6) H. Shirakawa *et al.*, *J. Chem. Soc., Chem. Comm.*, 578-580（1977）
7) N. Mateeva *et al.*, *J. Appl. Phys.*, **83**, 3111-3117（1998）
8) H. Yan *et al.*, *Chem. Lett.*, 1217-1218（1999）
9) H. Yan *et al.*, *Macromol. Mater. Eng.*, **286**, 139-142（2001）
10) N. Toshima *et al.*, *J. Electron. Mater.*, **44**, 384-390（2015）
11) Y. Hiroshige *et al.*, *Synth. Met.*, **156**, 1341-1347（2006）
12) Y. Hiroshige *et al.*, *Synth. Met.*, **157**, 467-474（2007）
13) O. Bubnova *et al.*, *Nat. Mater.*, **10**, 429-433（2011）
14) G.-H. Kim *et al.*, *Nat. Mater.*, **12**, 719-723（2013）
15) Q. Wei *et al.*, *ACS Macro Lett.*, **3**, 948-952（2014）
16) L.D. Hicks *et al.*, *Phys. Rev. B*, **47**, 12727-12731（1993）
17) J. R. Szczech *et al.*, *J. Mater. Chem.*, **21**, 4037-4055（2011）
18) J. Androulakis *et al.*, *J. Am. Chem. Soc.*, **129**, 9780-9788（2007）
19) Y. Ma *et al.*, *Nano Lett.*, **8**, 2580-2584（2008）
20) G. Joshi *et al.*, *Nano Lett.*, **8**, 4670-4674（2008）
21) I. Chowdhury *et al.*, *Nat. Nanotechnol.*, **4**, 235-238（2009）
22) K. Koumoto *et al.*, *Annu. Rev. Mater. Res.*, **40**, 363-394（2010）
23) B. Zhang *et al.*, *ACS Appl. Mater. Interf.*, **2**, 3170-3178（2010）
24) N. Toshima *et al.*, *J. Electr. Mater.*, **40**, 898-902（2011）
25) T. Anwer *et al.*, *J. Ind. Eng. Chem.*, **19**, 1653-1658（2013）
26) W. Wang *et al.*, *RSC Adv.*, **4**, 26810-26816（2014）
27) N. Toshima *et al.*, *J. Electr. Mater.*, **44**, 384-390（2015）
28) M. H. Lee *et al.*, *J. Alloys Comp.*, **657**, 639-645（2016）
29) H. Ju *et al.*, *Chem. Eng. J.*, **297**, 66-73（2016）
30) Q. Wang *et al.*, *J. Mater. Chem.*, **22**, 17612-17628（2012）
31) Q. Zhang *et al.*, *J. Mater. Chem. A*, **1**, 12109-12114（2013）
32) D.-Y. Kim *et al.*, *ACS Nano*, **4**, 513-523（2010）
33) C. Yu *et al.*, *ACS Nano*, **5**, 7885-7892（2011）
34) H. Song *et al.*, *RSC Adv.*, **3**, 22065-22071（2013）
35) C. Cho *et al.*, *Adv. Mater.*, **27**, 2996-3001（2015）
36) C. Cho *et al.*, *Adv. Energy Mater.*, **6**, 1502168（2016）
37) N. Toshima *et al.*, *Adv. Mater.*, **27**, 2246-2251（2015）
38) Y. M. Sun *et al.*, *Adv. Mater.*, **24**, 932-937（2012）

39) K. Oshima *et al., Chem. Lett.,* **44**, 1185-1187 (2015)
40) K. Oshima *et al., J. Electr. Mater.,* **46**, 3207-3214 (2017)
41) K. Asano *et al., Jpn. J. Appl. Phys.,* **55**, 02 BB02 /1-02 BB02 /5 (2016)
42) M. Ohtaki *et al., Intern'l Conf. Thermoelectrics,* **25** (Pt. 1), 276-279 (2006)
43) A. Soni *et al., Nano Lett.,* **12**, 1203-1209 (2012)
44) Q. Wei *et al., Adv. Mater.,* **25**, 2831-2836 (2013)
45) S. Ichikawa *et al., Polymer J.,* **47**, 522-526 (2015)

第2章　フレキシブル熱電変換技術に関わる基本原理と材料開発指針

中村雅一*

1　はじめに

熱電変換では，導電性の材料に生じるゼーベック効果を利用する。ゼーベック効果を説明している簡単な解説を読むと，それが熱電対の原理を説明するためのものであるか，半導体物性を解説するものであるか，あるいは，より専門的に低次元半導体におけるゼーベック効果を解説するものであるかなどによって全く説明が異なり，初心者は戸惑うことが多い。熱電材料研究を行う者にとって，そのような断片的かつ近似的な知識のみでは現象の本質を見誤ることになる。

そこで本章では，まずゼーベック効果に関わる基本原理を概説し，半導体に見られるゼーベック係数と導電率の相反関係，エネルギー変換効率と各種熱電物性値の関係，ならびに，それらに基づく従来の熱電材料設計指針について解説する。その後，エナジーハーベスティング技術としてフレキシブルで薄型の熱電変換素子を用いる場合の付加的な条件について説明し，フレキシブル熱電材料における設計指針を議論する。

2　熱電変換素子の基本構造とエネルギー変換効率

ゼーベック効果は，導電性の物質の両端に温度差ΔTを与えたときに電位差ΔVが生じる現象であり，その大きさは

$$\alpha = -\frac{\Delta V}{\Delta T} \tag{1}$$

で表されるゼーベック係数で計られる。ここで，符号に注意頂きたい。二つの電極のうち同じ側を基準として温度差と電位差を測定したとき，この式のように極性が定義されることによって，電流の源である電荷キャリア（以後は単にキャリアと呼ぶ）の極性が正（半導体中のホールや電解質中のカチオンなど）ならゼーベック係数も正に，負（半導体中の電子や電解質中のアニオン）なら負になる。ただし，金属にはこの関係は通用せず，電子がキャリアであっても正負いずれのゼーベック係数も現れうる。

ゼーベック効果とゼーベック係数の極性を理解しやすい例として，p型半導体におけるゼーベック効果のモデル図を図1に示す。温度差も電位差もこの図の左側を基準にしており，右側がより高温になった状態を示している。高温側では，フェルミ＝ディラック分布が広がることや，

---

*　Masakazu Nakamura　奈良先端科学技術大学院大学　物質創成科学研究科　教授

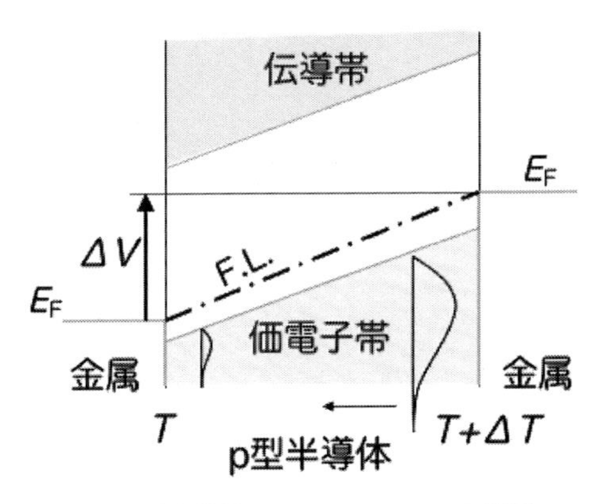

図1　p型半導体におけるゼーベック効果のモデルバンドダイアグラム
温度差も電位差も基準は左側であり，この場合，ΔTは正，ΔVは負となる。

場合によってはドーパントの活性化率が上昇することも加わり，ホール密度がより大きく，そのエネルギー分布（図中，半紡錘形で表されている）もより高エネルギー側に伸びる。すると，高温側から低温側にキャリアの拡散が生じ，低温側に過剰なホールが蓄積し，高温側ではホールが不足する。これによって，左から右に向かう電場が発生し，やがて拡散による電流成分（左向き）と電場によるドリフト電流成分（右向き）が釣り合う。このとき，左側を基準とすると右側が負の電位となる。$\Delta V<0$，$\Delta T>0$であるから，$\alpha>0$となる。

図2(a)に，熱電変換素子の最も一般的な基本構造であるπ型セルの構造を示す。p型半導体ブロックとn型半導体ブロックがπの字のように電気的に接続されている。図の上側を高温にすると，p型半導体ブロックは正の，n型半導体ブロックは負のゼーベック係数を持つため，電気回路に対して同じ方向に熱起電力が足し合わされる。図2(b)に，π型セルにおける熱エネルギーおよびそれによって生じる電気エネルギーの流れと，損失について示す。高温側からの無効な熱流を減らすためには，熱伝導率κが小さいほうが望ましい。熱流から効果的に電気エネルギーを発生させるためには，ゼーベック係数αが大きいほうが望ましい。さらに，それをなるべく多く外部回路に取り出すためには，導電率σが小さいほうが望ましい。これらを，これらを総

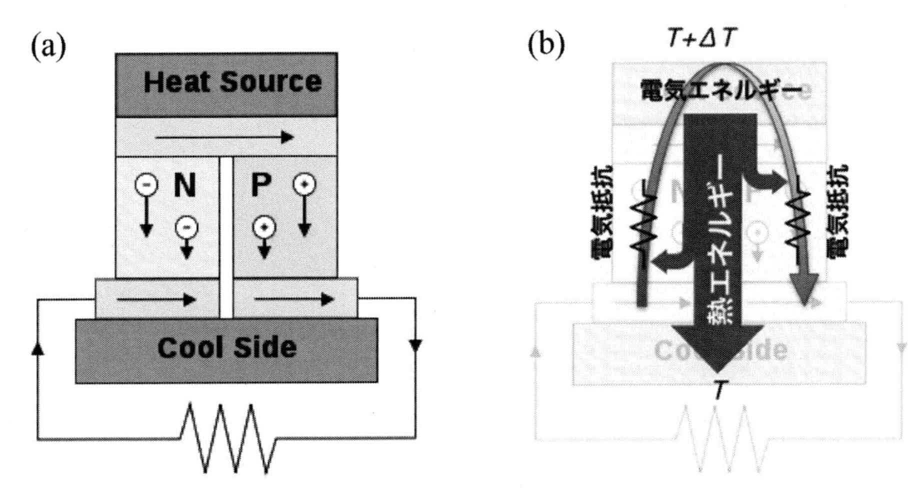

図2　熱電変換素子の基本構造（π型セル）
(a)n型半導体ブロックとp型半導体ブロックの電気的接続，(b)π型セルにおけるエネルギーの流れと損失

合すると，熱電材料の性能は無次元性能指数

$$ZT=\frac{\alpha^2\sigma T}{\kappa} \tag{2}$$

で表され，デバイス構造などを最適化した場合に得られる最大のエネルギー変換効率は，デバイス構造によらず，

$$\eta=\frac{T_H-T_L}{T_H}\cdot\frac{\sqrt{1+ZT}-1}{\sqrt{1+ZT}+\frac{T_L}{T_H}} \tag{3}$$

となることが知られている。ここで，T_H および T_L はそれぞれデバイスの高温側および低温側の温度である。一見すると解りにくいが，変換効率は ZT 増加につれて単調に増加し，やがて(3)式の第1因子であるカルノー効率に漸近してゆく。

3 ゼーベック係数を表す一般式およびゼーベック係数と導電率の相反性

図1のようにフェルミレベルがバンドギャップ内に存在する非縮退半導体に限ってゼーベック効果を説明するなら，半導体工学における基礎的な知識だけでも現象を説明でき，その範囲での近似的な式もそこから導き出すことができる[2]。しかし，実際に熱電変換に使われる，あるいは，これから使われるようになってくるであろう材料には，それでは不十分であると思われる。そこで，次により一般的な理論を概説する。

固体物理学において平衡からわずかに外れた状態を記述することに幅広い成功を収めている線形応答理論より，電場 E および温度勾配場 ∇T があるときの電流密度は，

$$J=K_0E-\frac{K_1}{eT}(-\nabla T) \tag{4}$$

同じく熱流密度は，

$$J_Q=-\frac{K_1}{e}E+\frac{K_2}{e^2T}(-\nabla T) \tag{5}$$

と表され，輸送係数 K_0，K_1，および，K_2 は，

$$K_n=\int_{-\infty}^{\infty}(\varepsilon-\mu_e)^n\sigma_S(\varepsilon,T)\left[-\frac{\partial f_{FD}(\varepsilon,T)}{\partial\varepsilon}\right]d\varepsilon \tag{6}$$

と表される[1]。ただし，e は素電荷，T は絶対温度，μ_e は電子の化学ポテンシャル（大差はないので，以後はフェルミエネルギーと呼ぶ），σ_S はスペクトル伝導度と呼ばれる特定のエネルギー範囲を持つキャリアの導電率に対する寄与分を表す関数，f_{FD} はフェルミ＝ディラック関数である。(5)式は熱流の式であるが，キャリアが運ぶ成分のみの式であることに注意して頂きたい。熱流は，これ以外にフォノンによっても運ばれ，多くの物質ではキャリアが運ぶ熱（つまり電子熱伝導率）よりもフォノンが運ぶ熱（格子熱伝導率）のほうが大きいが，フォノンによる熱流の項は，ここには含まれていない。すなわち，この理論の前提は，キャリアとフォノンの相互

作用はまれであり，電子はフォノンとの散乱によってエネルギーを失う緩和時間近似が成り立つことが前提である。

(4)式において $J=0$ とおくことで，ゼーベック係数は次のように表すことができる。

$$\alpha(T) = -\frac{1}{eT} \cdot \frac{\int_{-\infty}^{\infty} (\varepsilon - \mu_e)\,\sigma_S(\varepsilon, T)\left[-\frac{\partial f_{FD}(\varepsilon, T)}{\partial \varepsilon}\right] d\varepsilon}{\int_{-\infty}^{\infty} \sigma_S(\varepsilon, T)\left[-\frac{\partial f_{FD}(\varepsilon, T)}{\partial \varepsilon}\right] d\varepsilon} \tag{7}$$

分母の積分は電位勾配に対する電流の輸送係数 K_0（つまり導電率 σ）であり，分子の積分は温度勾配に対する電流の輸送係数 K_1 である。両者の違いは，スペクトル伝導度に対して乗じる窓関数が $-\partial f_{FD}/\partial\varepsilon$ であるか $(\varepsilon-\mu_e)[-\partial f_{FD}/\partial\varepsilon]$ であるかによる。それぞれの窓関数の概形を図3に示す。分母の窓関数がフェルミエネルギーで極大を持つ偶関数であるのに対して，分子のほうは奇関数となっていることが特徴である。この窓関数の違いによって，様々なエネルギーに分布するキャリアのうち，特に導電率に寄与するものと，特にゼーベック係数に寄与するものが異なることが判る。ゼーベック係数を大きくするには，これを利用すればよいのであるが，現実の物質では，ほとんどの場合においてゼーベック係数を大きくすると導電率が小さくなるという相反関係から逃れられない。

(7)式に三次元半導体における教科書的なスペクトル伝導度を入れて計算した結果を，図4に一点鎖線で示す。導電率および無次元性能指数の一部であるパワーファクター($\alpha^2\sigma$)についても，同様に計算したものをプロットしてある。このように，ゼーベック係数を大きくすることと導電率を大きくすることが両立しないところが熱電材料研究を複雑にしている第1の理由である。そこで，パワーファクターが最大となるような位置にフェルミエネルギーがくるようにするのであるが，この図から判るように，半導体に不純物を高密度に添加して縮退状態で用いることが一般的である。従って，従来の無機熱電材料研究では，不純物添加したときのパワーファクター最大値が大きく（不純物を大量に入れてもキャリア移動度があまり低下しないことが望ましい），かつ，熱伝導率が小さい半導体材料を探索してきたわけである。

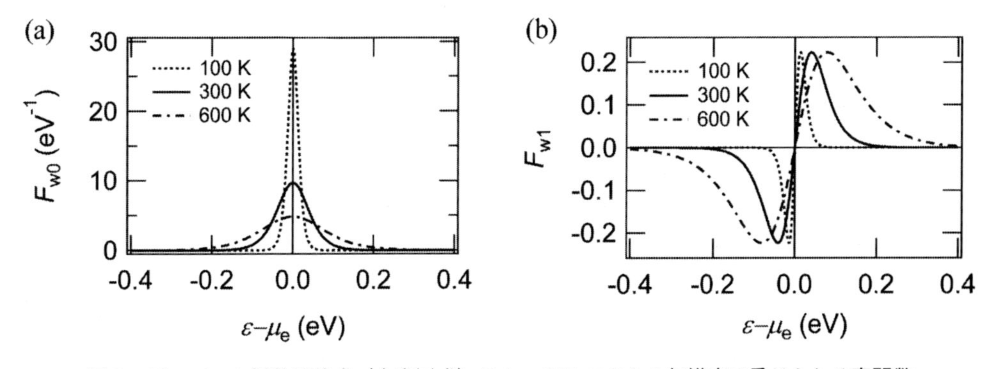

図3　ゼーベック係数理論式（本文(7)式）においてスペクトル伝導度に乗じられる窓関数
(a)分母の窓関数，(b)分子の窓関数

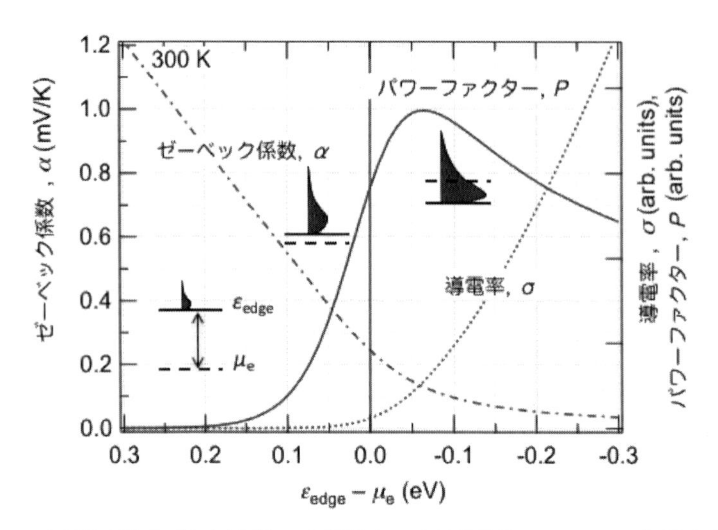

図４　ゼーベック係数理論式（本文(7)式）に理想的な三次元半導体のスペクトル伝導度を代入して計算したキャリア輸送バンド端とフェルミエネルギーの差に対するゼーベック係数，導電率，および，パワーファクターの変化

なお，本節で述べたゼーベック係数の一般式も万能ではないことに注意を要する。これが成り立つのは，キャリアは散乱による速度比例の抵抗力を受けて運動し，電場や温度勾配が小さいために電流（熱流）は線形近似が成り立ち，さらには，キャリアとフォノンの相互作用が弱い場合に有効な理論である。有機半導体においてこれが成立しない例も知られている（第Ⅱ編　第4章参照）。

4　ゼーベック係数の様々な近似式

(7)式は金属／半導体を問わず多くの材料で一般的に使えると考えられており，理論的な特性予測には使いやすいが，実験で得られる物理量との相性が良くない。そこで，ケースバイケースで妥当であると考えられる近似を用い，実験で容易に得られる物理量が顕わに入った式に変形したものが頻繁に用いられる。例えば，n型非縮退半導体の場合について，キャリア運動エネルギーのべき乗に近似されたスペクトル伝導度とf_{FD}に対するボルツマン近似を用いることで，

$$\alpha = -\frac{k_B}{e}\left(\frac{5}{2} + \gamma + \frac{\varepsilon_C - \mu_e}{k_B T}\right) \tag{8}$$

となる。ここで，k_Bはボルツマン定数，γは散乱機構によって決まる定数，ε_Cは伝導帯端エネルギーである。バンドギャップが広く低キャリア密度の半導体では，この式はさらに$\alpha \fallingdotseq (\varepsilon_C - \mu_e)/eT$と近似され，伝導帯端とフェルミエネルギーの差（eV）を絶対温度（K）で割ることで簡便にゼーベック係数が求まることが判る。

(8)式から，さらに半導体における移動度を定数とした導電率の式$\sigma = e n \mu$（nはキャリア密

度，μはキャリア移動度）を使い，

$$\alpha = -\frac{k_B}{e}\left(\frac{5}{2} + \gamma - \ln\frac{\sigma}{\sigma_0}\right) \tag{9}$$

という関係式が得られる。σ_0は材料と温度によって決まる定数であり，三次元半導体の実効状態密度から，

$$\sigma_0 = 2e\mu\left(\frac{2\pi m^* k_B T}{h^2}\right)^{3/2} \tag{10}$$

と書ける。ここで，m^*はキャリアの有効質量である。

同様の近似式を縮退半導体について求めると，三次元縮退半導体のフェルミエネルギー

$$\varepsilon_F = \frac{\hbar^2(3\pi^2 n_e)^{2/3}}{2m^*} \tag{11}$$

を仮定することで，

$$\alpha = -\frac{k_B}{e}\left(\frac{3}{2} + \gamma\right)\frac{A}{\sigma^{2/3}} \tag{12}$$

という関係式が得られる。ただし，

$$A = \frac{2m^* k_B T(\pi e\mu)^{2/3}}{3^{5/3}\hbar^2} = \frac{8\pi^{8/3} m^* k_B T(e\mu)^{2/3}}{3^{5/3} h^2} = \frac{27.14\, m^* k_B T(e\mu)^{2/3}}{h^2} \tag{13}$$

である。

前節において，導電率とゼーベック係数の一般式から，パワーファクター最大のときには半導体は縮退していることが示された。実験において得られるパワーファクター最大値付近でのゼーベック係数と導電率の関係から，それを検証してみる。図5に，シリコン単結晶についてゼーベック係数と導電率の関係を求めた実験結果に，非縮退半導体用の(9)式と縮退半導体用の(12)式をフィッティングさせたものを示す。ここから，キャリア密度を増やしてゆくと，パワーファクター最大値に至る前に実験結果が非縮退半導体の近似式からずれ始め，パワーファクター最大値では縮退状態になっていることが判る。ただし，縮退状態での近似式は実験との一致があまりよくない。これは，不純物の密度が極めて高いためにキャリアの不純物散乱が顕著であることや，不純物バンドが形成されることによると考えられる。

ところで，不純物バンドができるほど縮退した半導体の一部や多くの金属のようにフェルミエネルギー付近で状態密度関数が連続かつ変化が弱くなっている場合には，(7)式における分子の窓関数（図3(b)）から推測されるように，ゼーベック係数がフェルミエネルギー付近でのスペクトル伝導度（あるいは状態密度関数）の微分に比例する傾向が強くなり，一方でゼーベック係数と導電率の相関は弱くなる。ここから，量子井戸構造などを用いて低次元化した半導体などの状態密度関数がバンド端付近で急激に変わる材料を用いることで大きなパワーファクターを得る方法[3,4]などが提案されてきた。そのような場合に，しばしばMottの式と呼ばれる次の近似式が用いられることがある。

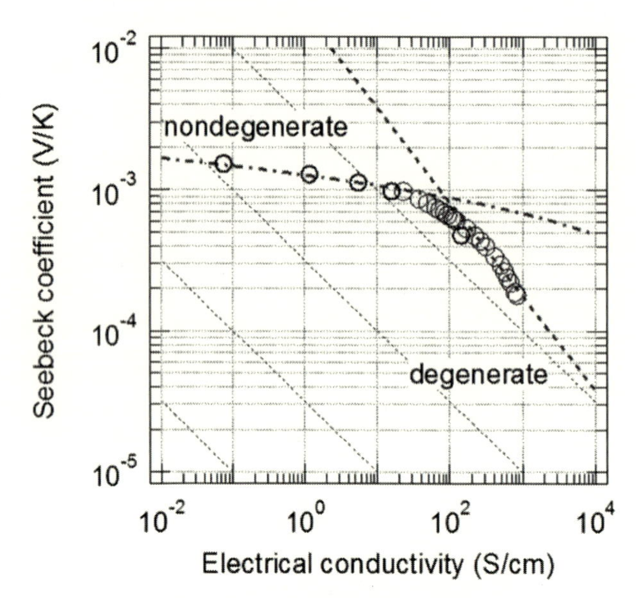

図5　シリコン単結晶におけるゼーベック係数と導電率の関係を表す実験結果（○印）と二種の近似式（一点鎖線および破線）の比較
等間隔に並んだ点線は，2桁ごとの等パワーファクター線である。

$$a = -\frac{\pi^2}{3}\frac{k_B{}^2 T}{e}\left[\frac{d \ln D(\varepsilon)}{d\varepsilon}\right]_{\varepsilon=\mu_e} \tag{14}$$

ここで，$D(\varepsilon)$ は状態密度関数である。この近似式を求めるにあたって $\varepsilon=\mu_e$ まわりでのSommerfeld展開を用いる。従って，この近似式が成り立つためには，状態密度関数がフェルミエネルギー±数 k_BT 程度の範囲において連続かつなめらかである必要があることに注意を要する。これは，図3(b)の窓関数を乗じた(7)式の分子の積分がスペクトル伝導度の微分操作と見なすことができる条件であると理解される。

5　フレキシブル熱電変換素子特有の条件

本書が想定するフレキシブル熱電変換素子特有の条件について考える。

例えば，フィルム基板上に熱電変換素子を塗布形成する場合，素子厚みに対して無視できない厚みの発電に寄与しない基材が存在することになり，その結果，基材による温度降下が素子活性部の温度差を小さくしてしまう。また例えば，人体や住環境の排熱によって発電することを考える場合，素子の低温側は理想的な熱浴とは言いがたい大気となる場合が多いと予想される。さらに，例えば人体と衣服の接触から類推されるように，高温側との熱接触も必ずしも良好であるとは限らない。従って，熱源と素子の間の熱抵抗，および，素子から大気への放熱速度によって素子に実効的に付与される温度差が制限される。図6に，無駄な基材がない理想的な熱電デバイス

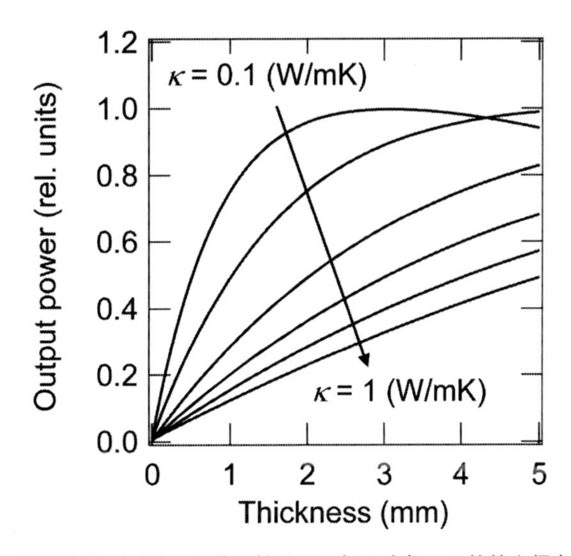

図６　37℃の熱源に熱電変換デバイスを貼り付け，22℃の大気への放熱を仮定した場合における，出力とデバイスの熱伝導率 κ およびデバイス厚み d との関係

ZT は固定されており（熱伝導率と導電率が比例と考えればよい），出力はこの図の範囲の最大値で規格化してある。

を作製し，人体貼り付け・空冷型で動作させると仮定したときの，素子厚みおよび熱伝導率と出力電力の関係を示す。熱伝導率としては，無機材料としてかなり小さい値（1 W/mK）から有機材料としてやや小さめの値（0.1 W/mK）の範囲を示している。高い出力電力を得るためには，なるべく熱伝導率が小さい材料を用いるほうが良いこと，また，フレキシブル性を確保するためにはデバイスが薄いほうが有利であるにも関わらず，0.1 W/mK 程度の素子熱伝導率でも 2〜3 mm の素子厚みが必要であることが判る。より薄型にするには，0.1 W/mK 以下という極めて低い熱伝導率であることが望ましい。

加えて，一般的な π 型セル直列構造を考える場合，n 型部と p 型部を素子表面と裏面で交互に接続する電極が必要である。この部分は発電に寄与せず，配線抵抗および活性部との接触抵抗のために変換効率を(7)式に示される理論値より低下させる。小さい温度差しか得られずセル１段あたりの出力電圧が小さくなりがちであることを考えると，必要な電圧を出力するためにセル直列数を多くせざるを得ず，このような直列抵抗によるロスも極めて大きくなる。これを避けるためには，出力電力を電流ではなく電圧で稼ぐことが望ましく，同じ ZT であればゼーベック係数が大きい材料のほうが有利になる。

以上の考察より，特にフレキシブル熱電変換素子のための熱電材料への要求として，大きい ZT に加えて，なるべくゼーベック係数が大きく熱伝導率が小さいことが重要である。さらに，素子の構造にも，素子の実際の動作状況において，素子活性部にできる限り大きい温度差が生じるような工夫が必要である。発電に寄与しない構造保持のみを目的とする基材を使わない素子構造が理想であることは当然であるが，フレキシブルデバイスにおいて，これを実現することは容易ではない。基材を用いることが避けられない場合，それが熱流に対して直列的に挿入される場合は厚みをできるだけ薄く，素材の熱伝導率を大きくし，並列的に挿入される場合はその体積をなるべく小さく，素材の熱伝導率を小さくする工夫が必要である。

文　　献

1） 竹内恒博，日本熱電学会誌，**8**(1)，17（2011）ほか
2） K. Seeger, “Semiconductor Physics: An Introduction” 9 th ed., Springer, Berlin（2004）
3） L.D. Hicks and M. S. Dresselhaus, *Phys. Rev. B*, **47**, 12727（1993）
4） L.D. Hicks and M. S. Dresselhaus, *Phys. Rev. B*, **47**, 16631（1993）

第1章　フレキシブル熱電変換素子に向けた有機熱電材料の広範囲探索

中村雅一*

1　はじめに

有機エレクトロニクスにおける長年の課題は，無機半導体では困難な機能や応用を有機半導体で実現することにある。この点において，エレクトロミネッセンスもトランジスタも太陽電池も，すでに市場にあるあまたの材料／デバイスと競合し，なかなか苦戦が続いている。筆者も他の多くの研究者と同様，それに対する答えを探し続けているが，2007年ごろに熱電機能がその一つになるのではないかと思い当たった。そのように考えたきっかけや理由は本題から外れるためここでは述べないが，その一つに有機材料の熱伝導率の低さがある。

図1に，様々な材料の熱伝導率を導電率に対してプロットしたものを示す。右端にプロットされている金属材料（×印）では，両者が比例するヴィーデマン＝フランツ則が現れているが，SiやGeなどの典型的な無機半導体材料（△印）や有機半導体材料（■印）および導体材料（▲印）では，熱伝導率が導電率に依存しないことがわかる。特筆すべきは有機材料の熱伝導率分布である。格子熱伝導率が大きいSiとの比較では約1/1,000，広く研究されている無機熱電材料と比較しても1/10～1/100程度である。この特徴から，典型的な無機熱電材料と同じZTを得るた

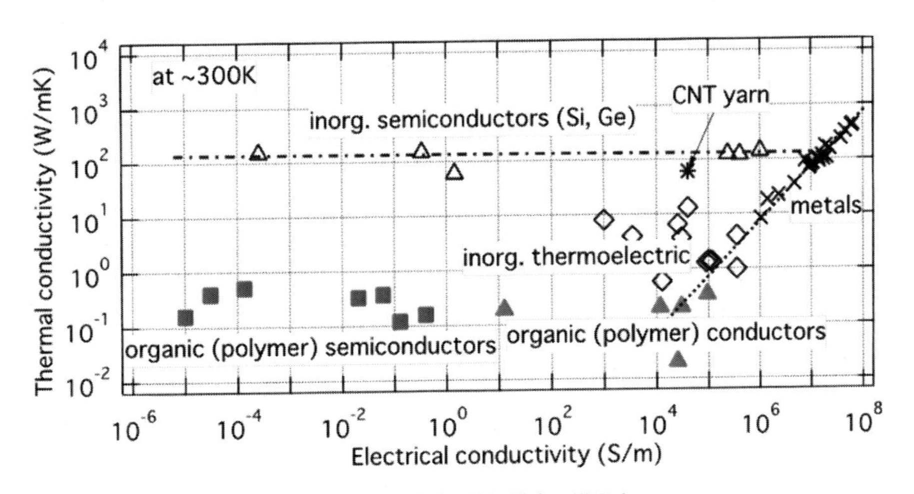

図1　様々な材料の熱伝導率と導電率

一点鎖線は無機半導体のうち特にSiの熱伝導率の平均値を示したもの，点線は種々の金属の値（×印）にヴィーデマン＝フランツ則を表す傾き1の線をフィッティングしたものである。

*　Masakazu Nakamura　奈良先端科学技術大学院大学　物質創成科学研究科　教授

めに必要なパワーファクターは1/10程度以下で良いことになる。さらに，第Ⅰ編　第2章に述べられているように，熱流に対して温度差を与えやすく，従来の熱電デバイスよりも薄い素子が作製容易であることを意味する。これは，フレキシブル熱電変換素子実現のために有利な条件である。

それでは，どのような有機半導体あるいは有機導体材料が熱電応用にとって有望なのであろうか？　本章では，様々な有機系材料を筆者らのグループで独自に評価した結果に，文献に報告されている結果を加え，広範囲な材料探索結果とそこから判断した有望な材料系について説明する。

2　有機熱電材料の広範囲探索結果

材料が微少量しか得られない場合に，熱伝導率の正確な測定は困難である。しかし，様々な有機半導体あるいは有機導体（高導電性ポリマーを含む）において，導電率が何桁も異なるにもかかわらず熱伝導率は同程度であり，ほとんどが0.1～0.5 W/mKの範囲に入っている（図1）。従って，有機系材料の熱電性能を大まかに探索するには，ひとまずゼーベック係数と導電率のみによって決まるパワーファクターを評価すれば良いと考えられる。

そこで筆者らは，超高真空中で材料を蒸着後その場測定でき，極めて電気抵抗の大きい試料までゼーベック係数が測定可能な装置を独自開発し，様々な有機系材料（有機／無機複合材料を含む）の薄膜状態におけるゼーベック係数と導電率を評価してきた[1~4]。比較のための無機材料の値[5~9]，および，有機系材料についての我々および他グループ[10~43]からの報告値を，図2に示す。図中に記入された斜めの点線は等パワーファクター線であり，一点鎖線で示された10^{-4} W/K^2 mが典型的な有機材料の熱伝導率を仮定した場合に室温でのZTがおよそ0.1になるラインである。

第Ⅰ編　第2章に解説されているように，非縮退半導体におけるゼーベック係数と導電率の関係は，

$$\alpha = -\frac{k_B}{e}\left(\frac{5}{2} + \gamma - \ln\frac{\sigma}{\sigma_0}\right) \tag{1}$$

$$\sigma_0 = 2e\mu\left(\frac{2\pi m^* k_B T}{h^2}\right)^{3/2} \tag{2}$$

（k_Bはボルツマン定数，eは素電荷，γは散乱機構によって決まる定数，m^*はキャリアの有効質量）

で表される。図中の斜線でハッチングされた領域は，(1)式および(2)式に有機半導体として報告例のあるキャリアの移動度および有効質量のうち最もゼーベック係数が大きくなる組合せを代入したものを上限とし，デバイス研究で使われる有機半導体材料のうち比較的移動度が小さい材料の値を代入したものを下限とする範囲を表している。有機半導体材料（■印）は，ほぼ全てがこの従来理論で予想される範囲にプロットされていることがわかる。従って，有機半導体も従来理論

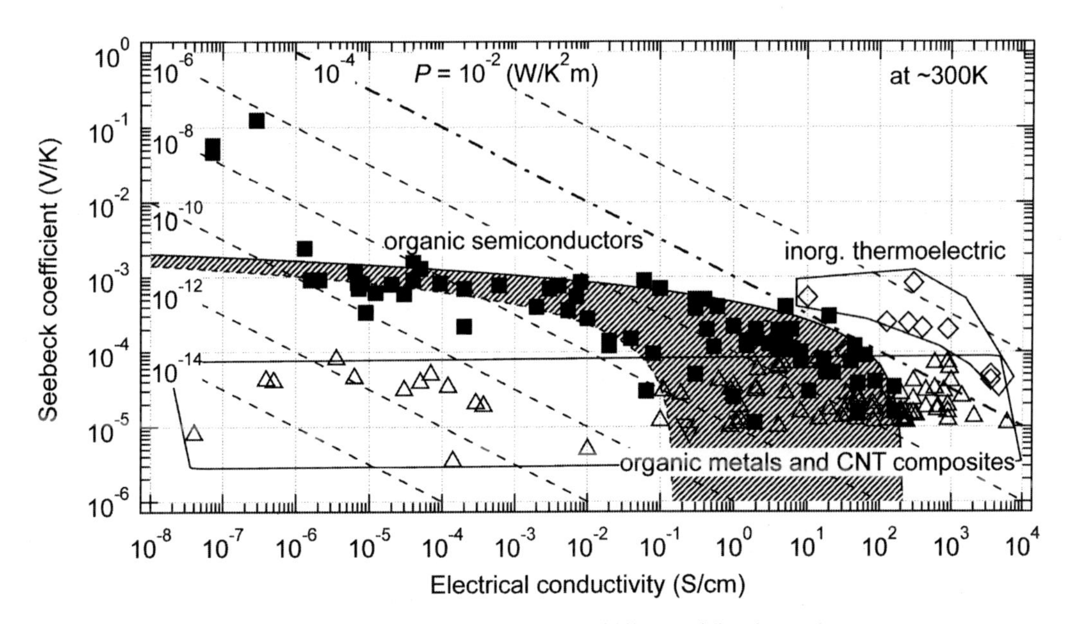

図2　様々な有機系材料のゼーベック係数および導電率の分布
斜めに走る点線は等パワーファクター線であり，一点鎖線が $ZT = 0.1$ に相当する値である。ハッチングされた領域は，(1)式がこのグラフで横方向に移動する範囲を有機半導体の常識的な物性値を用いて示している。

である(1)式に従い，予想されるパワーファクター上限は 10^{-4} W/K^2 m 程度となると考えられる。すなわち，室温付近では $ZT = 0.1$ 付近が性能限界になる。無機熱電材料（◇印）がこれらより右上にプロットされているのはキャリア移動度が2桁程度大きいからであり，有機半導体のキャリア移動度が 10 cm^2/Vs 前後を上限とする限り，よほど特異的に熱伝導率が低いものを見つけ出さないかぎり，半導体材料のキャリア密度最適化という方法では十分な性能が得られないことになる。あるいは，従来型よく知られているものとは異なる熱電メカニズムによる材料を探すべきかもしれない。

3　有望な材料系についての考察

それでは，どのような材料系が良いのであろうか？　文献を引用しつつ，上記限界を超える可能性があると思われる材料系についてまとめる。

高導電性ポリマーの代表材料である PEDOT:PSS に，この材料を高導電率化することで知られているジメチルスルホキシド（DMSO）処理を施すことによって，大きなパワーファクターが得られることが報告されている[38]。ZT の最大値は 0.42 とのことである。PEDOT:PSS では，この他にも比較的大きな ZT 値が報告されている[44, 45]。ただし，この材料の多くの研究は熱電物性に異方性が大きい薄膜状態で行われており，ZT を求めるための3つの物性値の測定方向に注意を要する[46]。カーボンナノチューブ（CNT）とポリマーなどの複合材料は，フレキシブル導電性材料としてもPEDOT:PSSなどの高導電性ポリマーのライバルである。このCNT複合材料についても，フレキシブル熱電変換デバイスを目指した研究が盛んに行われている[39~42, 47~50]。報告されているZT最大値は0.1程度[49]になりつつあるが，これも全ての物性値が同じ方向で測定されているわけではないようである。

高導電性ポリマーやCNT複合材料は，本来，物性的には縮退半導体あるいは金属（特に分離していないCNTの場合，1/3の確率で含まれる金属性ナノチューブのために，凝集体のマクロな電気伝導は金属的と考えられる）に属する材料であり，(1)式の相反関係には縛られない。図1において，△印でプロットされている一群が横長のほぼ水平な領域に入っていることが，それを表している。従って，もし高い導電率を活かしたまま比較的大きいゼーベック係数が得られるなら，大きなZTが得られるはずである。しかし，これら金属的な材料の室温付近におけるゼーベック係数は，フェルミレベル付近において状態密度関数が有限かつ大きな変化を持たないことが多いため，高々数十μV/Kであることが普通である（第I編　第2章)。そのため，熱伝導率が増加しない範囲において有機系導体としては記録的な高導電率を示すか，あるいは例外的に大きいゼーベック係数を持たないかぎり，大きなパワーファクターとならないはずである。

ところが，後者の例外的に大きいゼーベック係数が高導電率と共存する例が報告されている。例えば，PEDOT:PSSを脱ドーピングして部分的にPEDOTリッチとすることで100μV/K以上のゼーベック係数を制御したとの報告[51]や，CNTにポリエチレンイミンを吸着させたものによって複合材料を形成した試料において，100μV/K近いゼーベック係数が報告されている[41]。水や電解質を含み，イオン伝導性が共存している材料では，イオンゼーベック効果と呼ばれるイオン伝導成分による過渡的な起電力が重畳されている可能性も指摘されている[52]。しかし，これらの材料のいくつかについては，「不均一系」であることによって大きな導電率とゼーベック係数が共存しているのではないかと筆者は考えている。大きなゼーベック係数を持つ「半導体的」な相と大きな導電率を持つ「金属的」な相を電流経路に対して直列的にうまく並べることができれば，(1)式の呪縛から逃れて大きなパワーファクターが得られる可能性を示しているものと思われる。この材料系では，金属的相において大きくなりがちな熱伝導率をいかにして半導体的相で小さくできるかが鍵となる。特にCNT複合材料では，CNT間の接合部がこれらの物性値に重要な役割を果たしている可能性が指摘されている[53]。そのようなCNT間の接合部を制御し，不均一系の特徴を活かした熱電材料設計を行った例を第II編　第8章において紹介する。

不均一系熱電材料とは別に，有望と考えられる材料系がもう一種ある。図2に表示された半導体カテゴリーに入る材料のうち，(1)式の予想を大きく超えるゼーベック係数が得られているものが図の左上にプロットされている。これらは，高純度C_{60}薄膜において得られたものである[43]。従来理論に縛られる典型的半導体材料の限界を超えられるのではないかという期待から，また，なぜこのような巨大なゼーベック係数が得られるのかという物性理論的な側面からも，興味深い材料群である。これについては，第II編　第4章に詳しく紹介されている。

文　　献

1) M. Nakamura, A. Hoshi, M. Sakai and K. Kudo, *Mater. Res. Soc. Symp. Proc.*, **1197**, 1197-D09-07 (2010)
2) 中村雅一，応用物理，**82**，954-959 (2013)
3) 中村雅一，日本熱電学会誌，**10**，8-15 (2014)
4) 中村雅一，小島広孝，応用物理学会 M&BE 誌，**25**，271-278 (2014)
5) 日本熱物性学会編，新編熱物性ハンドブック，p.130，養賢堂 (2008)
6) S.N. Girard, J. He, X. Zhou, D. Shoemaker, C.M. Jaworski, C. Uher, V.P. Dravid, J.P. Heremans and M.G. Kanatzidis, *J. Am. Chem. Soc.*, **133**, 16588 (2011)
7) 日本セラミックス協会・日本熱電学会編，熱電変換材料，p.106-118，日刊工業新聞社 (2005)
8) J. Tani and H. Kido, *J. Appl. Phys.*, **88**, 5810 (2000)
9) N.P. Blake, S. Latturner, J.D. Bryan, G.D. Stucky and H. Metiu, *J. Chem. Phys.*, **115**, 8060 (2001)
10) K. Harada, M. Sumino, C. Adachi, S. Tanaka and K. Miyazaki, *Appl. Phys. Lett.*, **96**, 253304 (2010)
11) A. Barbot, C. DiBin, B. Lucas, B. Ratier and M. Aldissi, *J. Mater. Sci.*, **48**, 2785 (2013)
12) T. Menke, D. Ray, J. Meiss, K. Leo and M. Riede, *Appl. Phys. Lett.*, **100**, 093304 (2012)
13) Y. Choi, Y. Kim, S.G. Park, Y.G. Kim, B.J. Sung, S.Y. Jang and W. Kim, *Org. Electron.*, **12**, 2120 (2011)
14) G.D. Zhan, J.D. Kuntz, A.K. Mukherjee, P. Zhu and K. Koumoto, *Scr. Mater.*, **54**, 77 (2006)
15) D. Kim, Y. Kim, K. Choi, J. Grunlan and C. Yu, *ACS Nano*, **4**, 513 (2010)
16) C.A. Hewitt, A.B. Kaiser, S. Roth, M. Craps, R. Czerw and D.L. Carroll, *Appl. Phys. Lett.*, **98**, 183110 (2011)
17) J. Chen, X. Gui, Z. Wang, Z. Li, R. Xiang, K. Wang, D. Wu, X. Xia, Y. Zhou, Q. Wang, Z. Tang and L. Chen, *ACS Appl. Mater. Interfaces*, **4**, 81 (2012)
18) M. Piao, M.R. Alam, G. Kim, U.D. Weglikowska and S. Roth, *Phys. Statics Solidi B*, **249**, 1468 (2012)
19) S. Demishev, M. Kondrin and V. Glushkov, *J. Exp. Theor. Phys.*, **89**, 182 (1998)
20) M. Pfeiffer, A. Beyer, T. Fritz and K. Leo, *Appl. Phys. Lett.*, **73**, 3202 (1998)
21) Y. Hiroshige, M. Ookawa and N. Toshima, *Synth. Met.*, **156**, 1341 (2006)
22) H. Yoshino, G.C. Papavassiliou and K. Murata, *J. Therm. Anal. Cal.*, **92**, 457 (2008)
23) K.C. Chang, M.S. Jeng, C.C. Yang, Y.W. Chou, S.K. Wu, M.A. Thomas and Y.C. Peng, *J. Electron. Mater.*, **38**, 1182 (2009)
24) H. Itahara, M. Maesato, R. Asahi, H. Yamochi and G. Saito, *J. Electron. Mater.*, **38**, 1171 (2009)
25) C. Liu, F. Jiang, M. Huang, R. Yue, B. Lu, J. Xu and G. Liu, *J. Electron. Mater.*, **40**, 648 (2011)
26) M. Sumino, K. Harada, M. Ikeda, S. Tanaka, K. Miyazaki and C. Adachi, *Appl. Phys. Lett.*,

99, 093308 (2011)
27) O. Bubnova, Z. Khan, A. Malti, S. Braun, M. Fahlman, M. Berggren and X. Crispin, *Nature Mater.*, **10**, 429 (2011)
28) T.C. Tsai, H.C. Chang, C.H. Chen and W.T. Whang, *Org. Electron.*, **12**, 2159 (2011)
29) N. Dubey and M. Leclerc, *J. Pol. Sci B: Pol. Phys.*, **49**, 467 (2011)
30) M. He, J. Ge, Z. Lin, X. Feng, X. Wang, H. Lu, Y. Yang and F. Qiu, *Energy Environ. Sci.*, **5**, 8351 (2012)
31) N. Toshima, N. Jiravanichanun and H. Marutani, *J. Electron. Mater.*, **41**, 1735 (2012)
32) R. Yue and J. Xu, *Synth. Met.*, **162**, 912 (2012)
33) Y. Sun, P. Sheng, C. Di, F. Jiao, W. Xu, D. Qiu and D. Zhu, *Adv. Mater.*, **24**, 932 (2012)
34) G.P. Moriarty, K. Briggs, B. Stevens, C. Yu and J.C. Grunlan, *Energy Technol.*, **1**, 265(2013)
35) T.C. Tsai, H.C. Chang, C.H. Chen, Y.C. Huang and W. T. Whang, *Org. Electron.*, **15**, 641 (2014)
36) R. Schlitz, F. Brunetti, A. Glaudell, P. Miller, M. Brady, C. Takacs, C. Hawker and M. Chabinyc, *Adv. Mater.*, **10**, 1 (2014)
37) H. Shi, C. Liu, J. Xu, H. Song, B. Lu, F. Jiang, W. Zhou, G. Zhang and Q. Jiang, *ACS Appl. Mater. Interfaces*, **5**, 12811 (2013)
38) G-H. Kim, L. Shao, K. Zhang and K. P. Pipe, *Nature Mater.*, **12**, 719 (2013)
39) K. Choi and C. Yu, *PLoS One*, **7**, e44977 (2012)
40) K. Zhang, M. Davis, J. Qiu, L. Hope-Weeks and S. Wang, *Nanotechnology*, **23**, 385701(2012)
41) D.D. Freeman, K. Choi and C. Yu, *PLoS One*, **7**, e47822 (2012)
42) K. Suemori, S. Hoshino and T. Kamata, *Appl. Phys. Lett.*, **103**, 153902 (2013)
43) H. Kojima, R. Abe, M. Ito, Y. Tomatsu, F. Fujiwara, R. Matsubara, N. Yoshimoto and M. Nakamura, *Appl. Phys. Express*, **8**, 121301 (2015)
44) 産業技術総合研究所プレスリリース, http://www.aist.go.jp/aist_j/press_release/pr2012/pr20120831/pr20120831.html
45) N. Toshima and N. Jiravanichanun, *J. Electron. Mater.*, **42**, 1882 (2013)
46) Q. Wei, M. Mukaida, K. Kirihara and T. Ishida, *ACS Macro Lett.*, **3**, 948 (2014)
47) Y. Nonoguchi, K. Ohashi, R. Kanazawa, K. Ashiba, K. Hata, T. Nakagawa, C. Adachi, T. Tanase and T. Kawai, *Sci. Rep.*, **3**, 3344 (2013)
48) K. Choi , A. Tazebay and C. Yu, *ACS Nano*, **8**, 2377 (2014)
49) W. Zhao, H. Tan, L.P. Tan, Sh. F. Fan, H.H. Hng, F. Ch. Boey, I.S. Beloborodov and Q. Yan, *ACS Appl. Mater. Interfaces*, **6**, 4940 (2014)
50) Y. Nakai, K. Honda, K. Yanagi, H. Kataura, T. Kato, T. Yamamoto and Y. Maniwa, *Appl. Phys. Express*, **7**, 025103 (2014)
51) H. Park, S.-H. Lee, F. S. Kim, H.-H. Choi, I.-W. Cheong and J.-H. Kim, *J. Mater. Chem. A*, **2**, 6532 (2014)
52) H. Wang, U. Ail, R. Gabrielsson, M. Berggren and X. Crispin, *Adv. Energy Mater.* **5**, 1500044 (2015)
53) Y. Nakai, K. Honda, K. Yanagi, H. Kataura, T. Kato, T. Yamamoto and Y. Maniwa, *Appl. Phys. Express*, **7**, 025103 (2014)

第2章　高い熱電変換性能を示す導電性高分子：PEDOT系材料について

石田敬雄*

1　序

現在の社会における未利用熱が膨大であり，それを活用できれば非常に有意義であるということはいうまでもない。150℃以下の未利用熱に関する熱電変換が注目され，特に2007年以降，その性能が大きく向上してきた[1]。その有力な材料の一つとなっているのはPEDOT系材料[2]である。本章ではこれまで高い熱電変換性能が報告されてきたPEDOT系材料（表1）について，その合成技術から熱電特性に至るところまで報告する。

2　PEDOT系の合成，薄膜化技術

ここではこのPEDOT材料の導電率向上の最近の進展について主に記述する。なおPEDOTの歴史と合成の技術的詳細を網羅した包括的な書籍をH.C. Starck Cleviosが出版している[3]。図1(a)にPEDOTの化学構造を示す。PEDOTは1988年に初めて報告され，水分および酸素に対して安定な導電性ポリマーとして合成された[4]。ポリアセチレン，ポリアニリン，およびポリピロールなどの既存の導電性ポリマーは大気安定性が低く，その用途が限定されていたが，PEDOTの高い大気中安定性はその用途を大きく広げることとなった。PEDOTの最も一般的な合成経路は，3,4-エチレンジオキシチオフェン（EDOT）からの酸化重合である。導電性PEDOTは正の電荷を帯びる。従って，塩化物（Cl^-），過塩素酸塩（ClO_4^-），tos（図1(b)），およびポリスチレンスルホン酸塩（PSS；図1(c)）のような対イオンは，電荷均衡化のために存在し，これらの対イオンはドーパントと呼ばれている。しかし，これらの対イオンはPEDOTを酸化することができず，PEDOTと対イオンの単純な混合だけではドーピング状態は変化せず，高導電性は発現しない。有機半導体におけるP型のドーピングは酸化反応であるため，PEDOT合成時の初期ドーパントは，合成後に除去されるFe^{3+}などの酸化剤である。一般に高導電性PEDOT膜は，下記の2つの方法のいずれかで形成されている。

① *in situ* 重合

典型的な例はPEDOT：tosであり，酸化剤として$Fe(tos)_3$を用いる。PEDOT：tos薄膜について報告された最高の電気伝導率は4,300 S/cmであった[5]。パターン化された材料基板を用いて合成された単結晶PEDOTナノワイヤーでは8,797 S/cmの驚異的な導電率が報告されている[6]。

---

*　Takao Ishida　（国研）産業技術総合研究所　ナノ材料研究部門　研究グループ長

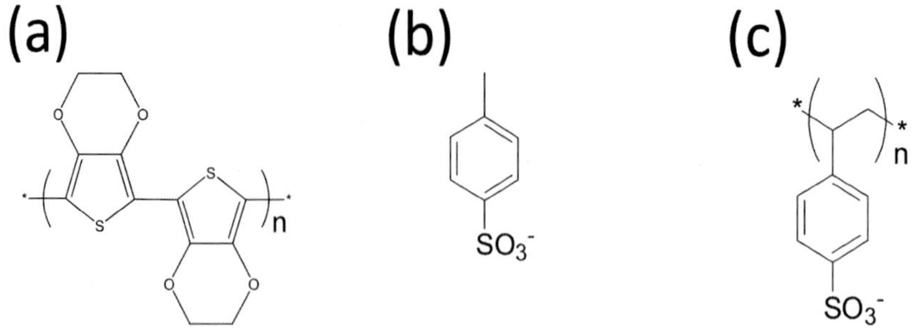

図1　導電性高分子PEDOT系の主な構成要素
(a) poly（3,4-ethylenedioxythiophene），(b)トルエンスルホン酸（tos），(c)ポリスチレンスルホン酸塩（PSS）

②安定なPEDOT分散液からのコーティング

通常は市販されている安定したPEDOT分散液を用いる。用途に応じてPEDOT：PSSのグレードが異なる。これらの中でもClevios社製のPH1000は最高の導電性を示し，エチレングリコール（EG）またはジメチルスルホスホキシド（DMSO）などの高沸点溶媒の添加で膜の電気伝導度が大幅に向上し，1,000 S/cmまでの導電率が再現性良く得られる[7~9]。近年色素増感太陽電池の対極用途を目指した研究において硫酸処理で4,300 S/cmという高い導電率も報告されている[10]。

薄膜の微細構造，結晶性についてもいろいろな報告がなされている。PH1000の場合，Takanoらはシンクロトロン X線回折で共溶媒を添加した後のPEDOTナノ結晶の形成を観察した[11]。我々は，さらに膜構造に着目し，斜入射広角X線回折（GIWAXD）および斜入射小角X線散乱（GISAXS）を用いPH1000の電気伝導度と構造の変化を考察した[12]。GIWAXDからはEGを溶液に添加することによって結晶サイズが大きくなった。PEDOTナノ結晶のπ共役面は基板に対して垂直であり，GISAXSからは，EGの添加によってPEDOTナノ結晶の高秩序化が示唆され，これらのナノ結晶は超格子のような層状構造を形成していると考えている。すなわちEGのような高沸点溶媒が，固体フィルム中のPEDOTナノ結晶の結晶性および秩序を改善して導電性が向上したものと考えられる（図2）。

高導電性PEDOTにおけるキャリア移動度およびキャリア密度は，材料性能を改善するための非常に重要なパラメータである。しかしながら，これらのパラメータは，PEDOT膜において

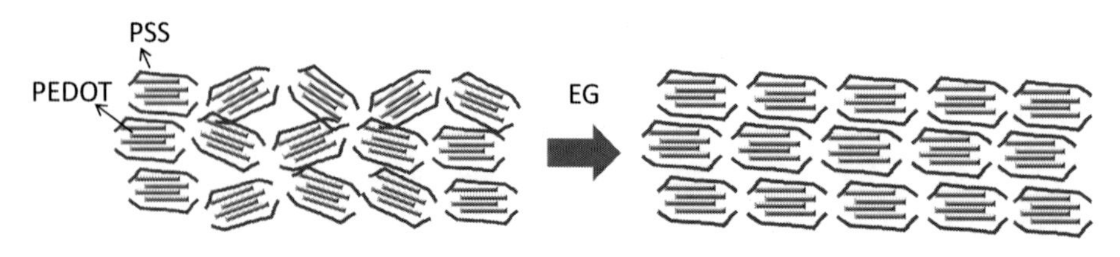

図2　PEDOT：PSSのエチレングリコールなど高沸点溶媒添加の際の構造変化の模式図

十分な評価がなされていなかった。これはおそらく，PEDOTのキャリア密度が高く，膜中のH^+などの可動イオンの存在が原因であると考えられる。通常無機材料に用いられるホール効果測定において，ホール電圧はキャリア密度に反比例するので，ホール効果を用いて導電性ポリマーの移動度を測定することは困難である。よってPEDOTのキャリア密度と移動度はホール効果以外の様々な手法を用いて推定されている[12~17]。例えば，Yamashitaらはキャリア移動度を決定するためにテラヘルツおよびIR-UV（赤外－紫外）分光法を用いた[17]。我々は，イオン液体トランジスタとその場でのUV-可視-NIR（近赤外）分光法とを組み合わせてキャリア輸送特性を計測した[12]。その結果，EGを添加した導電性の高いPH1000膜の薄膜トランジスタから抽出したキャリア移動度は，1.7 cm^2/Vsであり，キャリア密度は10^{21} cm^{-3}のオーダーであった。EG添加のないフィルムでは，キャリア移動度は，0.045 cm^2/Vsという非常に低い値を示し，キャリア密度は，10^{20} cm^{-3}のオーダーであった。これらの結果は，電気伝導度の改善の理由はキャリア移動度の向上によることを示唆している。

3　PEDOT系熱電材料の性能

表1に代表的なPEDOT系熱電材料の性能を示す。PEDOT：PSSでは2010年に47 $\mu W/m \cdot K^2$のPFが報告されていた[18]。その後2011年にスウェーデンからPEDOT：tosで324 $\mu W/m \cdot K^2$という高いPFが報告された[19]。2013年にはPH1000においても化学処理でPSS層をさらに減らすdedopingでミシガン大学から化学的に過剰なPSS層を取り除く処理によって，469 $\mu W/m \cdot K^2$という高いPFが報告された[20]。筆者らのグループではPEDOT：PSSが高い吸湿性を持つことに着眼し，膜中に十分な水分を供給することでPEDOT：PSSの導電性を損なうことなくゼーベック係数が高くなることを確認した[21]。PEDOT：PSSを含んだ水溶液にエチレングリコールを添加して作製した800 S/cmを超える高い導電率の膜において，高湿度環境での測定でゼーベック係数が最大65 $\mu V/K$，PF～355 $\mu W/m \cdot K^2$という非常に高い熱電性能を得た[21]（図3）。

表1　代表的な導電性高分子系材料の熱電変換性能値（Sはいずれも最大ZTもしくはPFの時の値）

材料	S（$\mu V/K$）	PF（$\mu W/m \cdot K^2$）	文献番号
PEDOT：PSS	22	47	18)
PEDOT：tos	200	324	19)
PEDOT：PSS	73	469	20)
PEDOT：PSS	65	355	21)
PEDOT：PSS	49	295	22)
PEDOT：tos	55	453	26)
PEDOT：tos	46.7	321	28)
PEDOT：PSS・Te	114.9	284	29)
PEDOTナノワイヤー/PEDOT：tos	59.3	446.6	28)

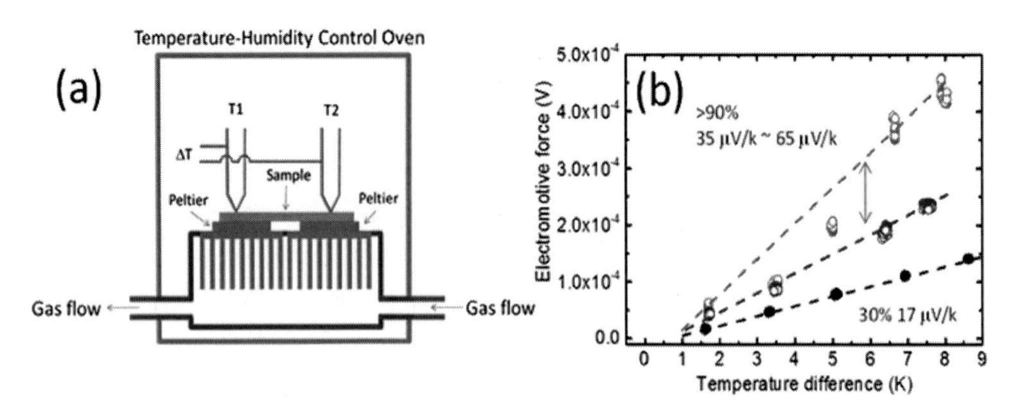

図３　(a)恒温恒湿器中に作成したゼーベック係数計測装置の模式図，(b)ゼーベック係数計測結果，90%以上の湿度でゼーベック係数が非常に大きくなった[12)]

またミシガン大学のグループも我々の論文を受けて高湿度環境での計測を行い，高い湿度条件において我々に近い295 μW/m·K^{2}の性能を得たことを報告していた[22)]。高湿度下で大きなゼーベック係数が得られる原因として，筆者たちは水からのプロトンドーピングによってキャリア密度が減るためにゼーベック係数が増えるが水が誘電体として働くために電子とホールの相互作用を減らしてキャリア移動度を増やす機構を考えている。またこの現象には膜中に存在するイオン種の酸化還元反応によりイオンゼーベック現象により，非常に大きなゼーベック係数が得られている可能性も示唆されている[23)]。

一方乾燥状態の高分子，例えばP3HT系ポリマーでは導電率が増えるとゼーベック係数が単調に減少し，PFは導電率の二乗に比例して増加するモデルが提唱されている[24)]。しかし我々はPEDOT：PSSで乾燥状態でキャリア密度を正確に制御して導電率とゼーベック係数とPFの関係を見たところ，導電率が増加するのに対してゼーベック係数は減少していく傾向は同様だったがPFはピークを持つことが明らかになった[25)]。

一方PEDOT：tosでもスウェーデンのグループから2014年に453 μW/m·K^{2}のPFが報告された[26)]。しかし同じグループから再現性良く得られるのは20～40 μW/m·K^{2}レベルの性能であるという報告もなされている[27)]。ただし最近PEDOT：tosで300 μW/m·K^{2}レベルを超えるPFが別のグループから報告されており[28)]，PEDOT：tosに関しては高いゼーベック係数が生じる膜の作製法のポイントがあるのかもしれない。またPEDOT：tosでは半金属性を持ち導電率と同時にゼーベック係数が上がる興味深いモデルが提案されている[26)]。

またゼーベック係数を上げるためにPEDOTへの無機材料などの添加によるハイブリッド化が検討されており，最近は適切な無機元素，例えばテルル[29)]やPEDOTナノワイヤー[28)]とのハイブリッド化でより大きな280～450 μW/m·K^{2}前後のPFが報告され，徐々に性能が上がってきている。

また筆者たちはPEDOT：PSSを用いたモジュールにおいて，大型のフィン型モジュールを試作し[30)]，3年後に小型フィン型モジュールで50Kの温度差で24 μW/cm^{2}の出力密度を達成した[31)]。またフレキシブルデバイス用途を目指し，繊維にPEDOTを含有させた薄層モジュールの試作にも成功し，単位体積当たりのPEDOTの使用量を大幅に少なくすることができた[32)]。PEDOT：PSSを用いた有機モジュールの詳細については本書の筆者のグループの同僚の執筆部分に記述されており，詳細はその部分を参照されたい。

4　おわりに

導電性高分子系材料で性能の高いPEDOT系材料の合成と構造，物性，熱電性能について概要を紹介した。PEDOT系材料においては300 μW/m・K^{2}以上の高いPFの出る条件がいくつか報告されているものの，現段階では20〜50 μW/m・K^{2}の値がPEDOT系での再現性あるPFの値であろう。しかしながらモジュールの設計次第で我々は低いPFの材料でも発電能力の高いモジュールができることを実証した。もしPEDOT系材料の改良で300 μW/m・K^{2}以上のPFが再現性良く得られれば現在のモジュール設計でエネルギーハーベスティングに活用可能な温度差10℃以下で10センチ角以下の面積で無線信号を飛ばせる有機モジュールが実現するかもしれない。そのためには導電性高分子PEDOTの本質的な理解と改良が必要である。まだまだ道は遠いかもしれないが頑張っていきたい。

謝辞

本文に引用した筆者たちの研究の一部は未利用熱エネルギー革新的活用技術研究組合において行われました。NEDOなど関係各位に感謝します。またこれらの研究は産総研の向田雅一，桐原和大，衛慶碩，内藤泰久氏らとの共同研究です。この場を借りて深く感謝いたします。

文　　献

1) Y. Hiroshige, M. Ookawa, N. Toshima, *Synth. Met.*, **157**, 467 (2007)
2) Q. Wei, M. Mukaida, K. Kirihara, Y. Naitoh, T. Ishida, *Materials*, **8**, 732 (2015)
3) A. Elschner, S. Kirchmeyer, W. Lövenich, U. Merker, K. Reuter, PEDOT: Principles and Applications of an Intrinsically Con-ductive Polymer; CRC Press (2010)
4) F. Jonas, G. Heywang, S. Werner, Novel Polythiophenes, Process for Their Preparation, and Their Use, DE 3813589, 22 April (1988)
5) J.Y. Kim, M.H. Kwon, Y.K. Min, S. Kwon, D.W. Ihm, *Adv. Mater.*, **19**, 3501-3506 (2007)
6) B. Cho, K.S. Park, J. Baek, H.S. Oh, Koo Y.-E. Lee, M.M. Sung, *Nano Lett.*, **14**, 3321 (2014)
7) X. Crispin, F.L.E Jakobsson, A. Crispin, P.C.M. Grim, P. Andersson, A. Volodin, C. van Haesendonck, M. van der Auweraer, W.R. Salaneck, M. Berggren, *Chem. Mater.*, **18**, 4354–

4360（2006）
8） S. Ashizawa, R. Horikawa, H. Okuzaki, *Synth. Met.*, **153**, 5（2005）
9） J.Y. Kim, J.H. Jung, D.E. Lee, J. Joo, *Synth. Met.*, **126**, 311（2002）
10） N. Kim, S. Kee, S.H. Lee, B.H. Lee, Y.H. Kahng, Y.-R. Jo, B.-J. Kim, K. Lee, *Adv. Mater.*, **26**, 2268（2014）
11） T. Takano, H. Masunaga, A. Fujiwara, H. Okuzaki, T. Sasaki, *Macromol*, **45**, 3859（2012）
12） Q. Wei, M. Mukaida, Y. Naitoh, T. Ishida, *Adv. Mater.*, **25**, 2831（2013）
13） D.A. Bernards, G.G. Malliaras, *Adv. Funct. Mater.*, **17**, 3544（2007）
14） S. Lee, D.C. Paine, K.K. Gleason, *Adv. Funct. Mater.*, **24**, 7187（2014）
15） F.-C. Hsu, V. Prigodin, A. Epstein, *Phys. Rev. B*, **74**, 235219（2006）
16） H. Okuzaki, M. Ishihara, S. Ashizawa, *Synth. Met.*, **137**, 947（2003）
17） M. Yamashita, C. Otani, M. Shimizu, H. Okuzaki, *Appl. Phys. Lett.*, **99**, 143307（2011）
18） B. Zhang, J. Sun, H.E. Katz, F. Fang, R.L. Opila, *ACS Appl. Mat.&Interface*, **5**, 3170（2010）
19） O. Bubnova *et al.*, *Nat. Mater.*, **10**, 429（2011）
20） G.H. Kim, L. Shao, K. Zhang, K.P. Pipe, *Nat. Mater.*, **12**, 719（2013）
21） Q. Wei, M. Mukaida, K. Kirihara, Y. Naitoh, T. Ishida, *Appl. Phys. Exp.*, **7**, 031601（2014）
22） G.-H. Kim, J. Kim, K.P. Pipe, *Appl. Phys. Lett*,. **108**, 093301（2016）
23） H. Wang, U. Ail, R. Gabrielsson, M. Berggren, X. Crispin, *Adv. Energy. Mater.*, **5**, 1500044（2015）
24） A.M. Glaudell, J.E. Cochran, S.N. Patel, M.L. Chabinyc, *Adv. Energy. Mater.*, **5**, 1401072（2015）
25） Q. Wei, M. Mukaida, K. Kirihara, Y. Naitoh, T. Ishida, *ACS Appl. Mater. Interfaces*, **8**, 2054（2016）
26） O. Bubnova *et al.*, *Nat. Mater.*, **13**, 190（2014）
27） Z.U. Khan *et al.*, *J. Mater. Chem.*, **C3**, 10616（2015）
28） K. Zhang, J. Qiud, S. Wang, *Nanoscale*, **8**, 8033（2016）
29） E.J. Bae, Y.H. Kang, K.-S. Jang, S.Y. Cho, *Sci Reports*, **6**, 18805（2016）
30） Q. Wei, M. Mukaida, K. Kirihara, Y. Naitoh, T. Ishida, *RSC Adv.*, **4**, 28802（2014）
31） M. Mukaida, Q. Wei, T. Ishida, *Synthetic Metals*, **225**, 64（2017）
32） K. Kirihara, Q. Wei, M. Mukaida, T. Ishida, *Synthetic Metals*, **225**, 41（2017）

第3章　有機強相関材料における巨大ゼーベック効果

町田　洋[*1]，井澤公一[*2]

物体内に温度差を付けた際にそれに伴って起電力が発生する現象をゼーベック効果と呼び，ゼーベック係数Sはこの効果の大きさを表す尺度を与える。この現象は物体中の電子が，温度が高いところから低いところへと拡散するために起こる。一般に電子は電場Eや温度勾配∇Tにより駆動力を受け，それによって電子の流れが生成される。そのため電流密度j_eおよび熱流密度j_qはそれらの線形和として次のように与えられる。

$$j_e = \sigma E + \sigma S(-\nabla T) \tag{1}$$

$$j_q = \sigma STE + \kappa(-\nabla T) \tag{2}$$

ここでσとκはそれぞれ電気伝導度と熱伝導率を表す。(1)式で電流密度がゼロ（$j_e=0$）である場合を考えると，ゼーベック係数Sが

$$S = E/\nabla T \tag{3}$$

と得られる。

またゼーベック係数は，

$$\Pi = j_q/j_e \tag{4}$$

と定義されるペルチェ係数ΠとKelvin関係式

$$\Pi = ST \tag{5}$$

によって関係付けられる。

ゼーベック係数の大きさについての直感的な理解は次のように得ることができる[1, 2]。温度勾配がなく（$\nabla T=0$），電流密度が有限である（$j_e \neq 0$）状況を考えると(1)，(2)式から次式が得られる。

$$j_q/T = S j_e \tag{6}$$

ここで左辺のj_q/Tはエントロピーの流れであるため，ゼーベック係数が電荷の流れによって

＊1　Yo Machida　東京工業大学　理学院　物理学系　助教

＊2　Koichi Izawa　東京工業大学　理学院　物理学系　教授

生じたエントロピーの流れを定める物理量であり，伝導を担うキャリア1個あたりのエントロピーと深く関係していることが分かる。キャリアのエントロピーを測定する物理量としては比熱が有名であるが，比熱には格子や磁気的な寄与などが重畳し，キャリアのみの寄与を分離し難い。これとは対照にゼーベック係数はキャリアのエントロピーのみを直接測定することができ，その点がこの物理量の特徴と言える。

熱力学第3法則からエントロピーは絶対零度でゼロであるため，素朴にはゼーベック係数は絶対零度では消失することが期待される。ここでは実際に固体のゼーベック係数が低温でどのように振る舞うか考える。ペルチェ係数Πを定めるキャリアの平均熱エネルギーは化学ポテンシャルμとフェルミエネルギーE_Fの差で与えられ，$\mu - E_F$はT^2/T_F（T_Fはフェルミ温度）に比例する[3]（図1(a)）。したがって(5)式のKelvin関係式から電子の拡散によるゼーベック係数Sは

$$S \propto (k_B/e)(T/T_F) \tag{7}$$

と与えられる。このことから金属におけるゼーベック係数は温度に比例して減少し，絶対零度では消失することが分かる。エントロピーの観点から考えると，図2(a)に示すように金属では多くの場合キャリア数は温度変化に対してほぼ一定であるが，キャリアのエントロピーは低温では温度に比例して減少するため，キャリア当たりのエントロピーに関係するゼーベック係数は温度に比例して減少することになる。また(7)式のゼーベック係数の表式には分母にフェルミ温度T_Fが

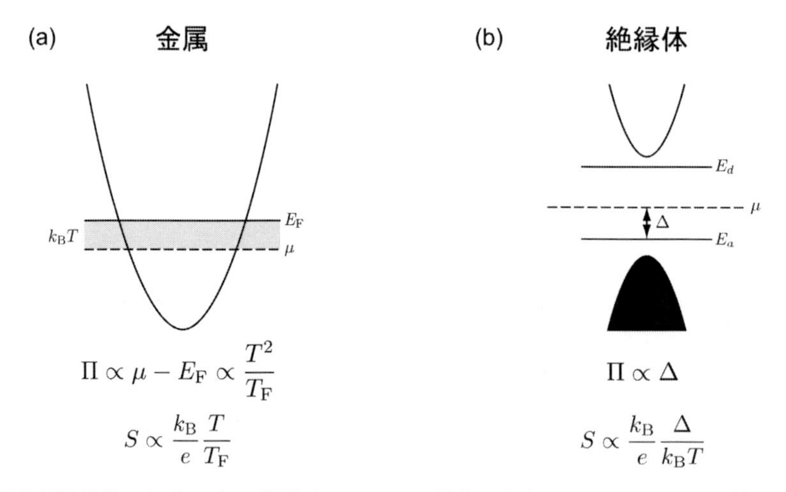

図1　(a)金属と(b)絶縁体におけるバンド構造と，ペルチェ係数Πを定めるキャリアの平均熱エネルギーとの関係を表す概念図

金属ではキャリアの平均熱エネルギーは，化学ポテンシャルμとフェルミエネルギーE_Fの差で与えられ，それは温度の2乗に比例する。したがって，Kelvin関係式（$\Pi = ST$）よりゼーベック係数は温度の1乗に比例し，減少する。絶縁体ではキャリアの平均熱エネルギーは，化学ポテンシャルとそれに最も近い占有された状態との間のエネルギーギャップΔのオーダーをもつ。そのためゼーベック係数は温度に反比例して増加する。

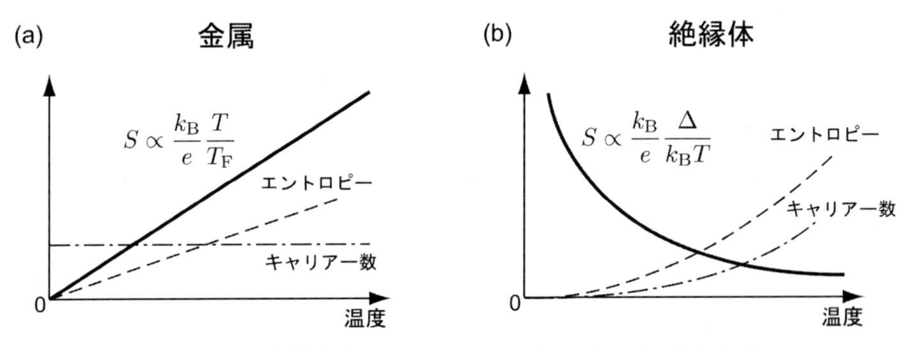

図2　(a)金属と(b)絶縁体におけるエントロピー，キャリア数および
ゼーベック係数 S の温度依存性を表す概念図

含まれていることから，ゼーベック係数を低温まで測定することで対象としている金属物質のフェルミ温度を知ることができる。これに関連して強相関電子系と呼ばれる電子間のクーロン相互作用が強い系では，相互作用によってフェルミ温度が著しく抑制されているため，ゼーベック係数は通常金属に比べ非常に大きな値をとる。この効果を利用して，遷移金属酸化物をはじめとする強相関物質において大きなゼーベック効果を実現しようとする試みは高効率の熱電材料開発の一つの潮流となっている。しかしながら金属では(7)式の T/T_F の減衰因子ために，ゼーベック係数の絶対値はおよそ $S \sim \pi^{2/3} k_B/e \sim 288\,\mu V/K$ の上限を超えることはできない。

一方，絶縁体におけるゼーベック係数は金属とは全く異なる振る舞いを見せる。絶縁体の場合，ペルチェ係数Πの大きさは化学ポテンシャルと化学ポテンシャルに最も近い占有された状態の間に存在するエネルギーギャップΔのオーダーで定められる（図1(b)）。その結果ゼーベック係数はKelvin関係式から $S \propto (k_B/e)(\Delta/k_B T)$ と与えられ，温度の減少と共に増加する。このとき金属とは対照的に，絶縁体のゼーベック係数の大きさには原理上，上限はなく金属に比べ格段に大きな値をとり得る。エントロピーの観点から考えると，絶縁体のゼーベック係数の振る舞いは，共に絶対零度で消失するキャリア数とエントロピーの温度に対する相対的な減少率で決まる。図2(b)に示すように，キャリアがエネルギーギャップΔを超えて熱的に励起されることによって生じる熱活性型の電気伝導が支配的な場合，キャリア数の減少率がエントロピーのそれを上回るため，ゼーベック係数は温度の減少と共に増加する。現在，応用的に利用されている熱電材料の多くはこの原理に従う半導体である。

しかしながら実在する全ての絶縁体には結晶の不完全性が存在するため，温度を下げていくと電気伝導は熱活性型の伝導から，結晶中の欠陥がつくるポテンシャルにトラップされたキャリアの，トラップ間のホッピングによる伝導，いわゆるvariable range hopping（VRH）伝導に従うようになる[4]。ではこのVRH伝導が支配的になる低温領域でゼーベック係数はどのように振る舞うのだろうか？　金属と同様に絶対零度では消失するのだろうか？　あるいは低温に向かってゼーベック係数はさらに増加し続け，低温極限においても有限の値をとるのだろうか？　ゼーベック係数の振る舞いがキャリア数とエントロピーの減少率の違いで決まることを踏まえると，後者の可能性も素朴には排除されない。実際，絶対零度でのゼーベック係数の値に関して消失する[5)]，有限値をとる[6, 7)]など種々の理論予測があるが，絶縁体の低温領域でのゼーベック係数の測定例がこれまでになかったため，この問いに対する答えは実験的には全く分かっていない。したがってこのような根本的な問いを明らかにすることよって，固体の熱電現象の関するさらなる理解が得られる可能性がある。最近，有機導体 $(TMTSF)_2PF_6$ のゼーベック係数を 0.1 K に至る極低温まで測定することで，この問題の一端が明らかにされたので以下に紹介する[8)]。

有機導体 $(TMTSF)_2PF_6$ は圧力下ではあるが有機物では初めて超伝導を示すことが見出された物質として知られる[9)]。この物質は図 3 に示すように TMTSF 分子が a 軸方向に積層した構

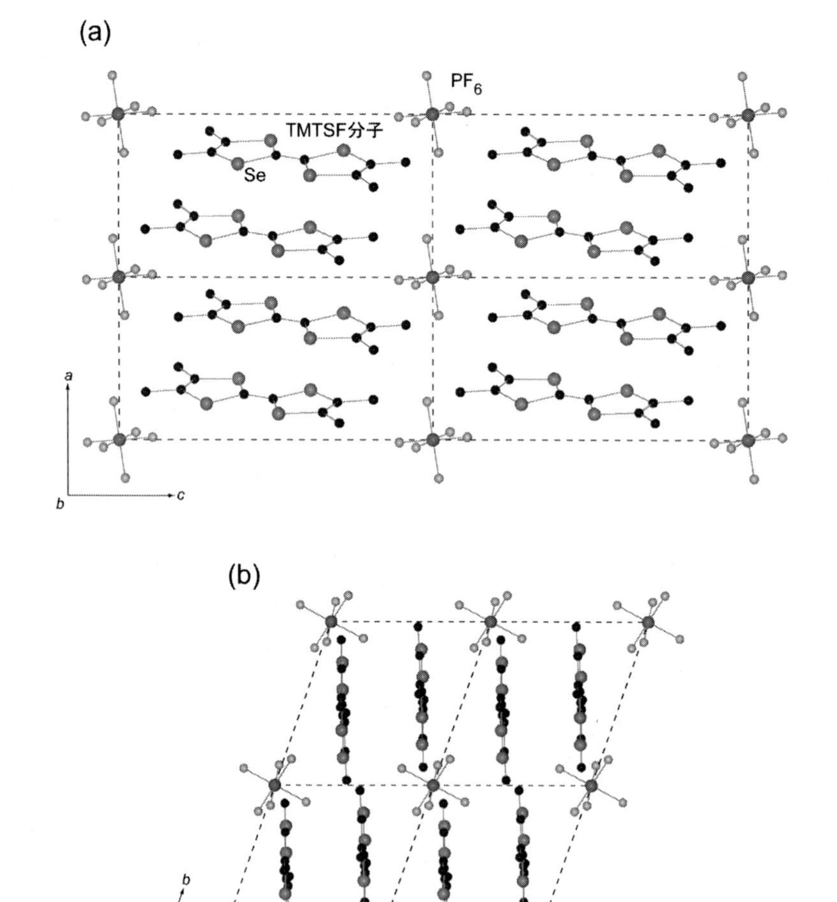

図 3 $(TMTSF)_2PF_6$ の結晶構造
(a)は b 軸方向から(b)は c 軸方向から見た図。点線は単位格子を表す。

造をもつ。このTMTSF分子内のセレン原子の a 軸方向に伸びた p 軌道の波動関数の重なりに起因して，バンド構造は擬一次元性を有しており，a，b，c 軸方向それぞれの波動関数の重なり積分 t_a，t_b，t_c の比は，$t_a : t_b : t_c \sim 1 : 0.1 : 0.01$ 程度となる[10)]。このように b や c 軸方向の分子間の電子の重なり積分が小さく，相対的に電子間斥力相互作用が大きいため，この系は強相関電子系と見なされる。

ゼーベック係数を測定する一般的な手法の一つに定常法がある。この方法では図4に示すように，真空中において試料の一端に付けた抵抗をジュール加熱することにより，試料に対して定常的に熱流 j_q を流す。このとき試料内にできた温度差 ΔT を試料と金線でつながれた2つの温度計により測定する。そして，電圧計により測定した熱起電力 ΔV と合わせてゼーベック係数 $S = -\Delta V / \Delta T$ を得る。この手法は温度域によって適切な温度計を選択することで広い温度範囲に適用可能であるが，本章の主題である絶縁体の低温極限におけるゼーベック係数測定を実現するためには特段の工夫や注意が必要となる。まず金線と試料との間には接触抵抗の低い良好なコンタクトを形成する必要がある。以下で紹介する有機導体では予め試料表面に金膜を蒸着し，その上に金線を銀ペーストで固定することで接触抵抗が数オーム以下のオーミックコンタクトを形成している。また，ヒーターで発生した熱の試料以外への流出を極力抑える工夫も必要となる。そのため温度計やヒーター，試料のリード線には熱抵抗の高いマンガニン線や超伝導線などを用いることで熱流出を抑える。特に熱起電力を測定するためのリード線として超伝導線を用いることはゼーベック係数測定においても好都合である。それは通常ゼーベック係数は試料とリード線材のそれぞれのゼーベック係数の差として測定されるが，超伝導線は熱起電力がゼロであるため試料の絶対ゼーベック係数を直接的に得ることができるからである。さらに本章で取り上げるような高抵抗試料の熱起電力測定には，用いる電圧計の入力インピーダンスにも注意を払う必要がある。例えば $(TMTSF)_2PF_6$ の場合，後で述べるように低温で絶縁体化し電気抵抗は最大で10 MΩに達するため，電圧測定には入力インピーダンスが10 GΩ以上といった試料の抵抗に比べ十分に大きいナノボルトメーターを用いる必要がある。

図5に $(TMTSF)_2PF_6$ の電流を a 軸方向に流して測定された電気抵抗率 ρ の温度依存性を示

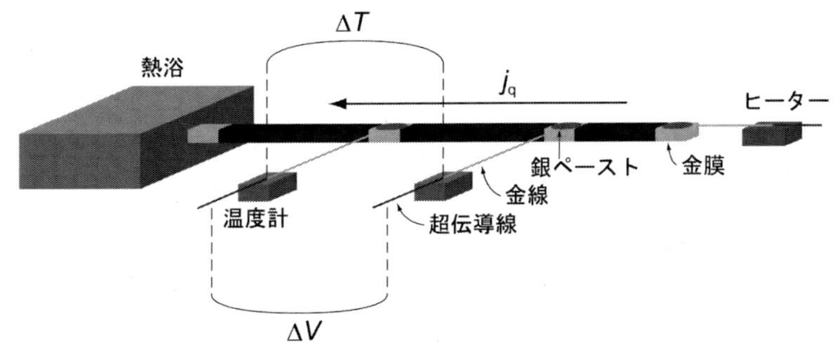

図4　定常法によるゼーベック係数測定のためのセットアップの概略図

す。この系は高温では金属的であり，電気抵抗率は温度の降下に伴って減少する。しかし T_{SDW} ～12 K においてスピン密度波（SDW）状態への転移に伴い，フェルミ面上にギャップが開くことによって絶縁体化する。これに伴い電気抵抗率は 7 桁以上にも及ぶ極めて大きな増大を示す。10 K 以下の SDW 状態では，挿入図に示すように電気抵抗率は熱活性型の温度依存性に従う。図中の実線で表す式 $\rho \propto \exp\ (\Delta / k_B T)$ によるフィッティングからエネルギーギャップ Δ はおよそ 20 K と見積もられる。この値は過去の報告と整合する[11]。さらに 1 K 以下の低温では電気抵抗率の上昇は明らかに鈍化し，電気伝導が VRH で支配される領域に入ったことが分かる。実際，図 6 に示すように電気抵抗率は VRH の表式 $\rho \propto \exp\ [(T/T_0)^{-\gamma}]$ でよく表される。ここで γ は電気伝導の次元性によって異なる値をとることが知られている。しかし実際には図から分かるとおり 1 次元の場合の $\gamma = 1/2$ と 2 次元の $\gamma = 1/3$ のどちらにおいても電気抵抗率は広い温度範囲で直線的であり，その区別は困難である。

電気抵抗率の測定結果を踏まえて，次に熱流を a 軸方向に流して測定されたゼーベック係数の振る舞いを見ていく。図 7 に示すようにスピン密度波状態への転移に伴い，ゼーベック係数にも T_{SDW} 付近に明確な飛びが現れる。T_{SDW} 以下の電気抵抗率が熱活性型の温度依存性を示す温度域では，S の絶対値は温度降下と共に顕著に増加し，その温度依存性は前述の熱活性型の振る舞い $S \propto (k_B/e)\ (\Delta / k_B T)$ に従う。ここで図中の実線で示すフィッティングからエネルギーギャップ Δ はおよそ 20～30 K と見積もられる。これは電気抵抗率からの見積もりと同程度である。こ

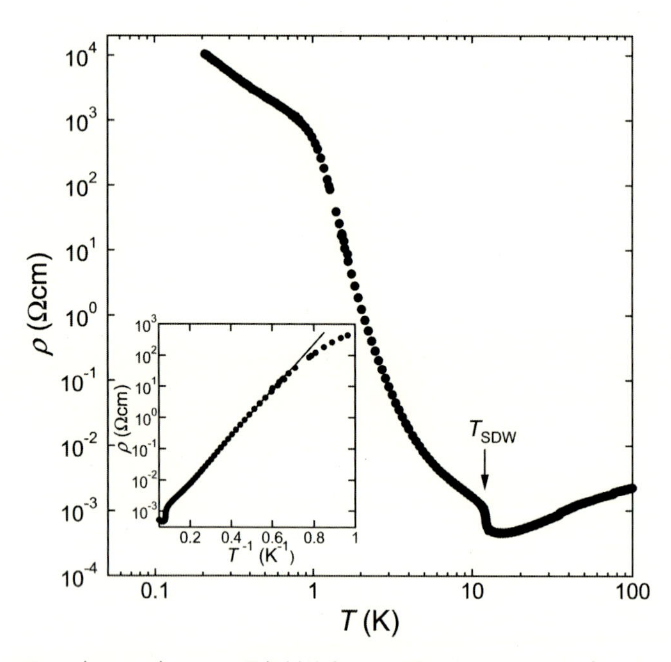

図 5　$(TMTSF)_2PF_6$ の電気抵抗率 ρ の温度依存性の両対数プロット

図中の矢印はスピン密度波（SDW）状態への転移温度 T_{SDW}～12 K を示す。挿入図に示すようにおよそ 1.6 K から 10 K の温度範囲で電気抵抗率は熱活性型の温度依存性 $\rho \propto \exp\ (\Delta / k_B T)$ に従う。

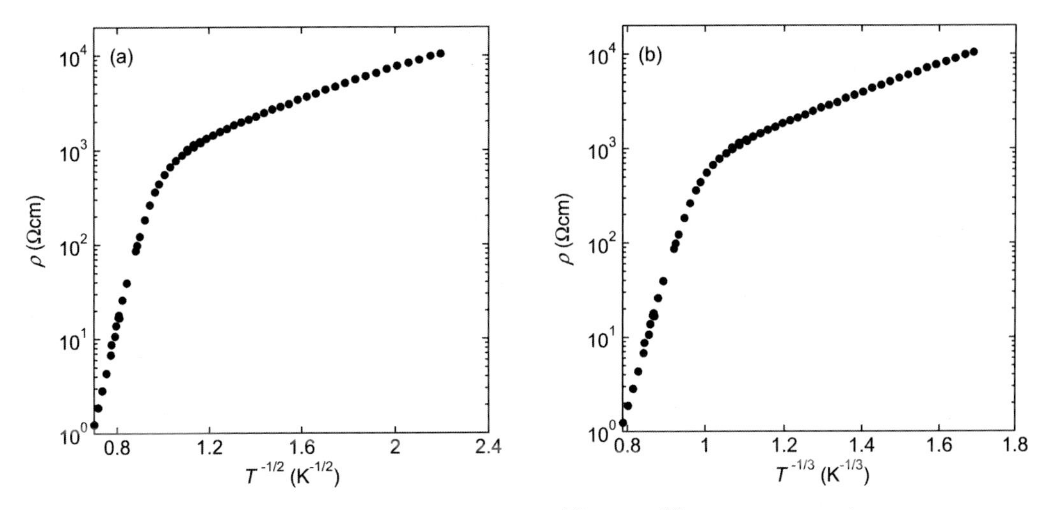

図6　$(TMTSF)_2PF_6$ の電気抵抗率 ρ の(a) $T^{-1/2}$ と(b) $T^{-1/3}$ に対する片対数プロット

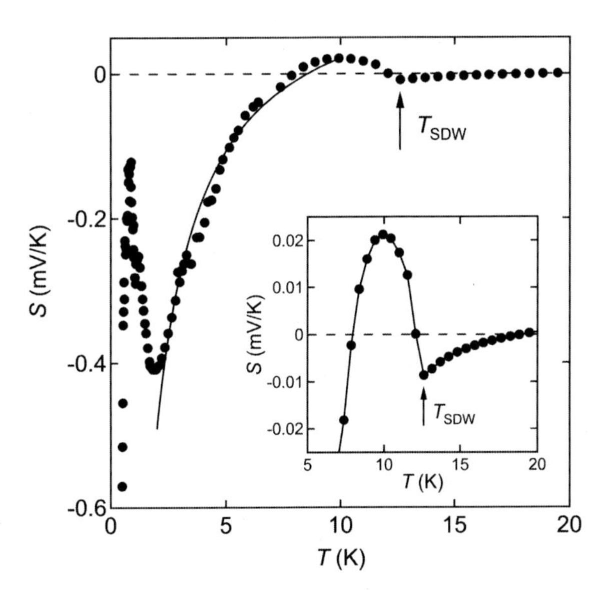

図7　$(TMTSF)_2PF_6$ のゼーベック係数 S の温度依存性
実線はゼーベック係数の熱活性型の温度依存性に期待される式 $S \propto (k_B/e)(\Delta/k_BT)$ によるフィッティング結果。挿入図はスピン密度波転移温度 T_{SDW} 付近の拡大図。

れらのゼーベック係数の特徴は，他の擬一次元有機導体のSDW状態で見られるゼーベック係数の振る舞いと共通している[12, 13]。さらに温度を下げるとゼーベック係数の絶対値は2K付近でピークを形成する。現時点でこの異常の起源は不明であるが，同じ温度域でスピン－格子緩和率(NMR）においても異常が観測され，スピン密度波の非整合－整合転移との関連が議論されてい

る[14]。驚くべき現象はさらに低温まで温度を下げることによって起きる。図8に示すように1K以下のVRH領域に入ると同時に，ゼーベック係数の絶対値は増加に転じ，低温に向かって発散的に増大する。その結果，ゼーベック係数は最低温の0.1K付近で$|S|$~40 mV/Kに達する。この絶対値は，良く知られたビスマス－テルル系熱電材料のそれと比べても1桁以上大きく[15]，このことから$(TMTSF)_2PF_6$の極低温において巨大な熱電効果が実現していることが分かる。ゼーベック係数の絶対値が巨大であるということは，ホッピングキャリア1個あたり巨大なエントロピーを輸送していることを意味している。絶縁体の極低温でキャリアが大きなエントロピーをもち得るということは驚くべき事実であるが，これはキャリアのエントロピーと深く関係するゼーベック係数を極低温まで測定することによってこそ初めて明らかとなった事実と言える。

巨大なゼーベック係数の起源として，熱的に誘起されたフォノンの流れに電子・格子相互作用を通じて電子が引きずられることによって生じるフォノンドラッグの効果が想起される。この効果は，一般にキャリア数の少ない半導体や絶縁体に対して大きな寄与をもたらす。しかしながら極低温ではフォノンの熱伝導は非常に小さく，また1K以下で突如としてフォノンドラッグの寄与が顕在化するとは考えづらい。加えてVRH領域における電子はポテンシャルにトラップされており，そのような局在的な電子にはフォノンドラッグの効果は非常に小さいことが理論的に示されている[7]。有限かつ巨大なゼーベック係数がVRH領域で実現していることから，その起源にむしろVRH伝導が関わっていると考える方がごく自然である。VRH領域におけるゼーベック係数はZvyaginによって最初に理論計算が行われ，3次元の場合$S \propto T^{1/2}$に従い減少し，絶対零度では消失することが予測されている[5]。実際，数は多くないもののこれまでにいくつかの物質でVRH領域でのゼーベック係数測定が行われ，いずれも$T^{1/2}$に従う温度依存性が報告さ

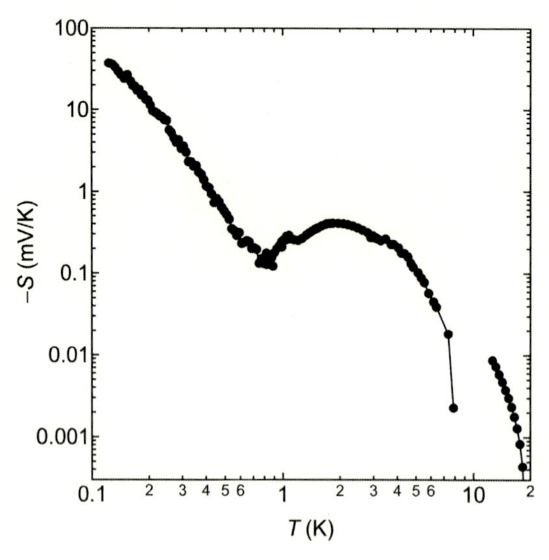

図8 $(TMTSF)_2PF_6$のゼーベック係数$-S$の温度依存性の両対数プロット

れている[16~21]。これを踏まえると（TMTSF)$_2$PF$_6$におけるゼーベック係数の発散的な増大が如何に異常な振る舞いであるかということが分かる。一方，電子間のクーロン相互作用のために化学ポテンシャル付近にクーロンギャップが存在する場合，VRH伝導を担うホッピングキャリアが低温極限で有限のゼーベック係数をもたらすという理論予測がBurnsとChaikinによって為されている[6]。クーロンギャップの存在は電気伝導にも影響を及ぼし，次元に寄らず電気抵抗率は$\rho \propto \exp[(T/T_0)^{-1/2}]$に従うことが予測されている。しかし先述の通り電気抵抗率測定の結果からは，クーロンギャップが存在する場合での冪（$\gamma=1/2$）と，存在しない場合での2次元における冪（$\gamma=1/3$）を区別することは困難であり，そこからクーロンギャップの有無を議論することは難しい。一般的にも電気抵抗率の冪から判断することが難しいことはBurnsらが論文中で指摘しているとおりである[6]。一方，クーロンギャップの有無は低温極限でのゼーベック係数には絶対値が有限か，ゼロかという明確な違いをもたらすことが指摘されていた。しかしながらこの理論予測が実験的に確かめられたことはこれまでになく，ここで紹介した（TMTSF)$_2$PF$_6$における低温極限での有限のゼーベック係数はその実験的な裏付けとなる可能性がある。言い換えれば，“ゼーベック係数は絶対零度極限においても有限に残り得るか？”という基本的な問いに初めて実験的に答えが与えられた可能性がある。またこの結果はこれまで注目されることのなかった絶縁体に熱電現象に対する電子相関効果の重要性を浮き彫りにした点においても興味深い。このことは高効率の熱電変換材料の開発を主眼とした巨大ゼーベック効果の実現に向けて，強相関絶縁体が重要な役割を果たす可能性を示唆している。

将来の応用的研究に先立って解決されなければならない問題も，一方で存在する。まず得られたゼーベック係数の絶対値に対する定量的な理解は得られていない。これには理論的な研究の進展を待たねばならないが，この問題を含めこれからの熱電現象の研究には微視的な理解も重要であることを指摘したい。また低温極限での有限のゼーベック係数が全ての絶縁体において，クーロンギャップのエネルギースケールより低温まで温度を下げたときに普遍的に現れる現象であるか明らかではない。電子相関の強い有機絶縁体特有の現象である可能性も排除されない。これまでに報告されている絶縁体のゼーベック係数測定は最低でも5Kに留まっており，低温極限での振る舞いは明らかではない。今後，系統的な研究によって明らかにされるべき課題である。

謝辞

本稿で紹介した（TMTSF)$_2$PF$_6$のゼーベック係数に関する研究はフランスESPCIのX. Lin氏，K. Behnia氏と韓国梨花女子大学のW. Kang氏との共同研究である。ここに記して謝意を表する。

文　　献

1) H.B. Callen, *Phys. Rev.*, **73**, 1349 (1948)
2) K. Behnia, "Fundamentals of Thermoelectricity", Oxford University Press (2015)
3) N.W. Ashcroft and N.D. Mermin, "Solid State Physics", Cengage Learning (1976)
4) N.F. Mott, *J. Non-Cryst. Solids*, **1**, 1 (1968)
5) I.P. Zvyagin, *Phys. Status Solidi* (*b*), **58**, 443 (1973)
6) M.J. Burns and P.M. Chaikin, *J. Phys. C*, **18**, L743 (1985)
7) G.D. Mahan, *J. Electron. Mater.*, **44**, 431 (2015)
8) Y. Machida, X. Lin, W. Kang, K. Izawa and K. Behnia, *Phys. Rev. Lett.*, **116**, 087003 (2016)
9) D. Jérome *et al.*, *J. Phys.* (*Paris*), *Lett.*, **41**, 95 (1980)
10) L. Ducasse *et al.*, *J. Phys. C: Solid State Phys.*, **19**, 3805 (1986)
11) P.M. Chaikin, P. Haen, E.M. Engler and R.L. Greene, *Phys. Rev. B*, **24**, 7155 (1981)
12) K. Mortensen, E.M. Conwell and J.M. Fabre, *Phys. Rev. B*, **28**, 5856 (1983)
13) M.-Y. Choi *et al.*, *Phys. Rev. B*, **31**, 3576 (1985)
14) S. Nagata, M. Misawa, Y. Ihara and A. Kawamoto, *Phys. Rev. Lett.*, **110**, 167001 (2013)
15) Z. Zhang, P.A. Sharma, E.J. Lavernia and N. Yang, *J. Mater. Res.*, **26**, 475 (2011)
16) M.A. Buhannic, M. Danot, P. Colombet, P. Dordor and G. Fillion, *Phys. Rev. B*, **34**, 4790 (1986)
17) A.B. Kaiser, P*hys. Rev. B*, **40**, 2806 (1989)
18) C.-J. Liu and H. Yamauchi, *Phys. Rev. B*, **51**, 11826 (1995)
19) S.V. Demishev *et al.*, *JETP Lett.*, **68**, 824 (1998)
20) Y. Ishida, A. Mizutani, K. Sugiura, H. Ohta, and K. Koumoto, *Phys. Rev. B*, **82**, 075325 (2010)
21) K. Suekuni, K. Tsuruta, H. Fukuoka, and M. Koyano, *J. Alloys Compd.*, **564**, 91 (2013)

第4章　有機半導体材料における巨大ゼーベック効果

小島広孝*

1　はじめに

熱電変換材料の指標を示す無次元性能指数（ZT）およびパワーファクター（P）はいずれも導電率（σ）に比例し，ゼーベック係数（α）の2乗に比例する。

$$ZT = PT/\kappa = \alpha^2 \sigma T/\kappa$$

熱電材料としては一般に，電気は伝わりやすく，熱は伝わりにくい材料が望まれるが，特にゼーベック係数の大きな材料は熱電性能を格段に向上させることができる。本稿では，著しく大きなゼーベック係数を示す現象を巨大ゼーベック効果と呼び，これまでに有機半導体材料において見出された巨大ゼーベック効果と，それに関連するいくつかの考察について紹介する。

2　巨大ゼーベック効果の発見

有機半導体材料はその純度を高めるにつれて電気抵抗が著しく上昇する。これは電気伝導に関わる不純物の濃度が低下することが主な原因として考えられる。高抵抗試料の熱電特性を測定する場合には，その出力信号が電気的なノイズに埋もれてしまうため，正確にその電気的性質を評価することは難しい。そのため，通常の有機半導体試料の測定においては，試料の純度を高めるのではなく，むしろ積極的に不純物を化学的にドーピングすることによって抵抗を下げ，その電気的な応答性が確保されている。特に，ドーパントの種類を変えることで，有機半導体試料内に注入される電荷の符号を制御できることから，主にn型熱電変換材料の開発にも一役買っている[1)]。よく用いられるn型ドーパントとしては，ポリエチレンイミン（PEI）やポリアニリン（PANI）などの高分子のほか，ホスフィン類縁体，金属錯体などが用いられる場合が多い。

一方で，事例数は少ないながら，有機半導体の純物質におけるゼーベック測定も行われてきている。

中村らは有機半導体薄膜に特化したゼーベック係数評価装置を開発し，蒸着薄膜試料のその場測定を実施した[2)]。ペンタセン，PEDOT：PSS，電荷移動錯体に関する予備的な測定については，試料抵抗が10^4～10^{12} Ωと高かったものの，ゼーベック係数が最大1.2 mV/Kを示した。その後，筆者も当該研究グループに加わり，C_{60}の蒸着薄膜において150 mV/Kを超える巨大なゼー

＊　Hirotaka Kojima　奈良先端科学技術大学院大学　物質創成科学研究科　助教

ベック係数を示すことを報告した[3]。このときの試料抵抗は実に$10^{15}\,\Omega$を超えており，計測時に出力信号を観測するためには電気的な定常状態に達するまでの時間を要するものの，温度差（ΔT）に正比例する熱起電圧（ΔV）が数十分間以上にわたって安定して得られた（図1）。また，複数の試料について繰り返し計測することで，巨大ゼーベック効果の再現性が確かめられ，過渡的な応答を検出しているわけではなく，定常的な現象として観測されることが確認された。C_{60}にドーパントを混合した試料では対照的に，このような巨大なゼーベック係数はこれまでに確認されておらず[4~7]，巨大ゼーベック効果は高純度なC_{60}でのみ観測される稀有な現象であることが示唆された。

100 mV/K オーダーを超えるような巨大なゼーベック係数は，従来の非縮退半導体の熱電理論では説明できない値であり，仮に極端な条件を仮定した場合でさえ，数 mV/K 程度に留まることから，これまでに知られていない未知の発現機構が存在することが強く示唆された[3]。

3　巨大ゼーベック効果の一般性

巨大ゼーベック効果の一般性を調べるため，主に有機トランジスタ材料として用いられてきた有機半導体材料を対象とした広範囲なゼーベック測定を行った。ここでは主に分子の形状に着目し，分子幅のアスペクト比（縦横比）の小さな正四角形状分子であるベンゾポルフィリン（BP）誘導体から，アスペクト比の大きな直線状分子であるペンタセンやチエノアセン類縁体（BTBT および DNTT）までの数種類の分子を選択した（図2左）。これらの昇華性を示す低分子量材料について真空蒸着法により成膜し，その場測定により薄膜試料のゼーベック係数を見積もった。その結果，C_{60}と同様に，多くの有機半導体材料において10～100 mV/K の巨大なゼーベック係

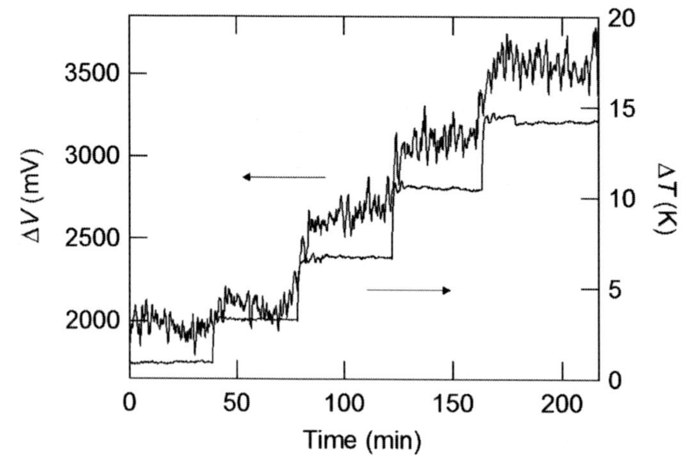

図1　C_{60}の熱電測定における温度差（ΔT）と熱起電圧（ΔV）の時間変化
文献3）を改変

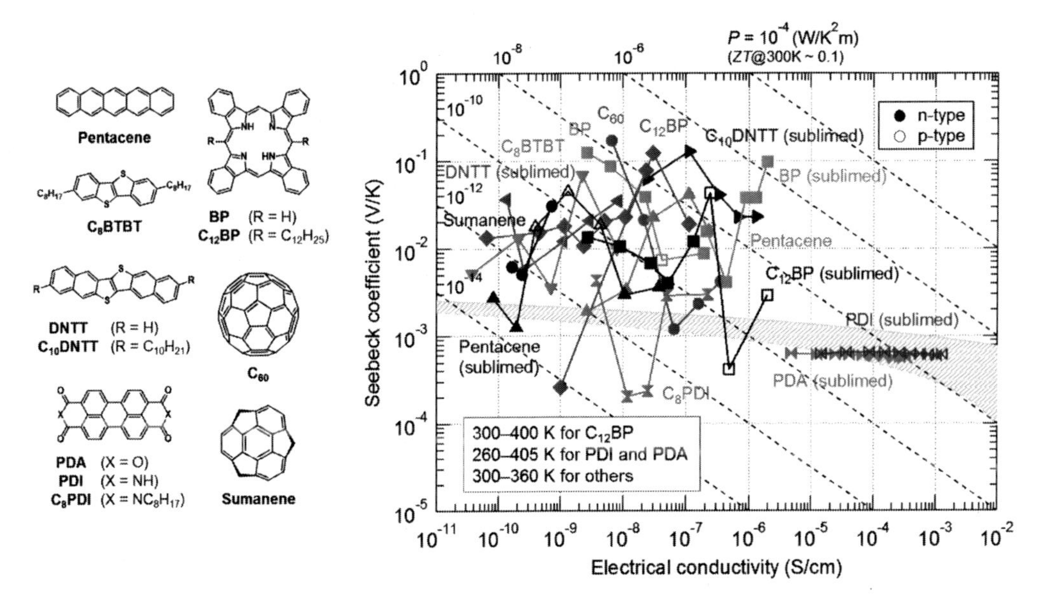

図２　種々の化合物に関するゼーベック係数と導電率
図中の塗りつぶしは従来理論で予測される範囲を示す。
同一材料における右側の点ほど，高温での測定結果を示す。

数が立て続けに観測された（図２右)。

さらに，種々のアルキル基置換体についても同様にゼーベック測定を行った。アルキル基を導入することで，疎水性相互作用（ファスナー効果）によって分子間相互作用がより強固になることが知られており，有機トランジスタ分野ではこれを利用した移動度の改善例が多数報告されている[8, 9]。熱電変換材料においては，剛直なπ電子骨格と対照的な柔らかいアルキル鎖を導入することによって，熱エネルギーを分子運動として散逸できる可能性が期待された。しかしながら，実際に得られたゼーベック係数は，無置換体と比べて有意な差は表れず，期待された熱散逸の効果はいずれの材料系においても限定的なものであると予想される。

これらの材料群で得られた巨大ゼーベック効果の特徴として，ゼーベック係数が測定温度によって著しく変化することが挙げられる。またその一方で，導電率は熱活性型の振る舞い（$\propto \exp(E_a/k_BT)$；E_aは活性化エネルギー，k_Bはボルツマン定数，Tは温度）を示した。大まかな傾向として，この導電率活性化エネルギーが大きくなるほど，ゼーベック係数が大きくなる傾向が見られた（図3)。すなわち，電気伝導に関わる何らかのパラメータが温度変化に応じて変化し，これとゼーベック係数の変化が連動している疑いがある。

4　巨大ゼーベック効果の有用性

巨大ゼーベック効果は従来理論では説明のつかない未知の現象であり，基礎物性の観点から非

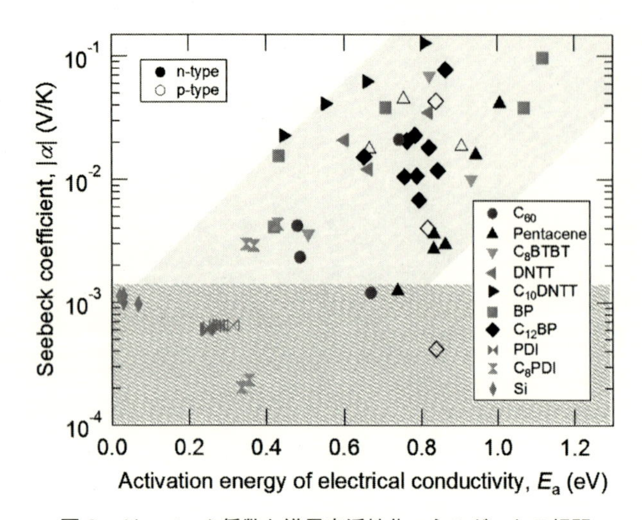

図3　ゼーベック係数と導電率活性化エネルギーとの相関
図中の濃淡の塗りつぶしはそれぞれ従来理論に従う材料と巨大ゼーベック効果を発現した材料の傾向を示す。

常に興味深い現象であるが，それだけにとどまらず，巨大なゼーベック係数による恩恵は応用面からも有望視される。ZTはゼーベック係数の2乗で増加するため，巨大ゼーベック効果によりZTの顕著な向上が期待できる。しかしながら，これまでに見つかっている巨大ゼーベック効果を示す材料はいずれも導電率が著しく低いため，結果的には熱電変換効率の飛躍的な向上はそこまで期待できない。それでは，熱電材料として全く使えないかというとそうとも言い切れない。通常の熱電材料は熱起電圧が小さいため，各素子を直列に接続することで出力電圧を累乗している。最も一般的な素子構造は，p型とn型の熱電材料を交互に接続することで無駄なく温度差から起電圧を取り出すことができる[10]。このような直列接続素子はその形状からΠ型構造と呼ばれる。このため，できれば同程度の熱電性能をもつp型材料とn型材料のペアが必要になる。しかし，一般的な有機半導体材料では，その深い電子準位に起因して，高性能なn型材料を作ることが困難であるため，望ましいn型材料の選択がネックとなる場合が多い。この点において，巨大なゼーベック係数をもつ材料では，単一セル構造であっても十分な電圧を取り出すことができるため，Π型構造のような直列接続を必ずしも必要としない。すなわち，p型あるいはn型のみで素子作製を行うことができ，素子構造も非常に単純なユニレグ構造でよい。例えば，ゼーベック係数が0.15 V/Kの材料を用いれば，10℃の温度差から1.5 Vの出力電圧を得ることができる。素子構造が極めて単純であるためにコスト面からも有利な素子を達成できる可能性がある。

5　分子配向と巨大ゼーベック効果

有機トランジスタ材料において，分子構造や分子形状などによって薄膜内部での分子配向が異なり，それによって特定方向に対する電気伝導性が大きく変化することはよく知られている[11]。ゼーベック効果においても，電気伝導は重要な役割を担っているため，有機トランジスタの場合と同様に分子配向の影響を強く受けると予測される。試料内部の分子配向はX線回折などの手法を用いて評価することができ，特にSPring-8などの放射光施設を利用することで，薄膜のような結晶化度の小さな試料についても有益な情報を得ることができる。本節では，2次元すれすれ入射X線回折測定（2D-GIXD）[12]を用いて，薄膜試料の分子配向に関する情報を取得した。

有機トランジスタ材料として最も代表的な分子の一つであるペンタセンは，細長い分子構造をもち，ヘリンボーン構造と呼ばれる二次元的な結晶構造をもつ。真空蒸着によって成膜された薄膜内部では，主に基板表面に対して分子長軸方向が垂直に立ち上がったような分子配向を取りやすい（図4(a)）。一方，ベンゾポルフィリン（BP）誘導体は二次元平板状のπ電子構造をもっているが，薄膜内部ではペンタセンと同様に基板表面に垂直な配向を取りやすい（図4(c)）。また，

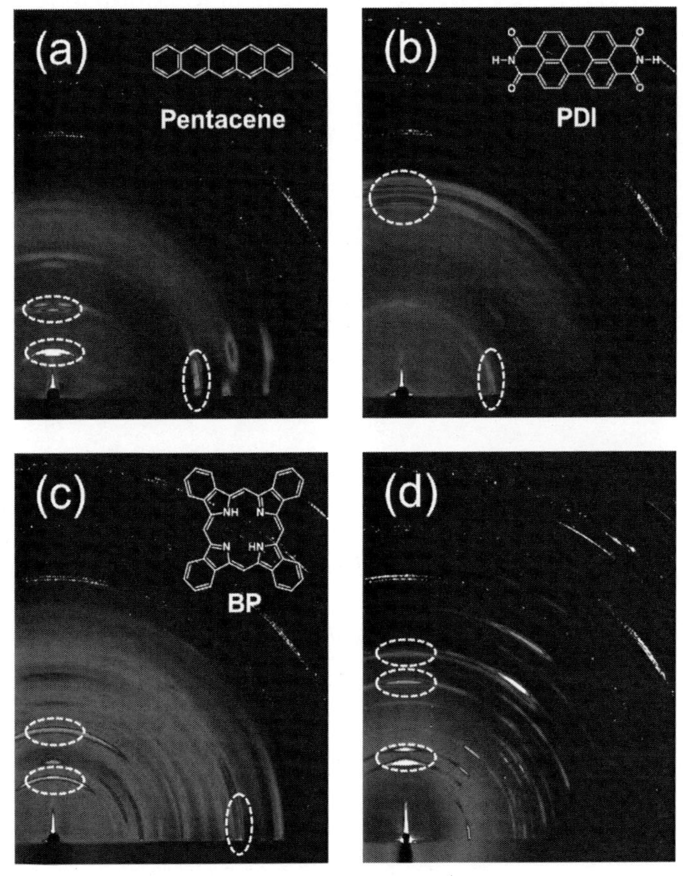

図4　2D-GIXDパターン
主要なスポットを丸で示した。
(a)ペンタセン，(b)PDI，(c)BP（ガラス基板上），(d)BP（平坦化サファイア基板上）

ペリレンテトラカルボキシジイミド（PDI）類縁体は，言わばちょうどペンタセンとBPの中間程度のπ共役平面をもつ。PDIは他の2系統の分子と比べて，π共役面が基板表面に平行な配向を取りやすい（図4(b)）。これらペンタセン，PDI，BPのうち，ペンタセンとBPでは巨大ゼーベック効果が現れているのに対し，PDIでは未だに巨大ゼーベック効果は観測されていない。このことから，分子配列が巨大ゼーベック効果の発現に大きく影響している可能性がある。

そこで，ガラス基板上の試料では巨大ゼーベック効果を示したBPに対して，基板として平坦化処理を施したサファイア基板を用い，分子配向を制御した試料に対して熱電測定を行った。これは，BPと類似の分子構造をもつ銅フタロシアニン（CuPc）では，平坦化サファイア基板を用いることで基板に対して平行配向を示す分子ドメインが増加することがわかっているためである[13]。

AFMによる表面観察の結果から，平行配向を示す平板状のドメインの割合が増加し（図5），またGIXDの結果からも平行配向の分子に由来するピークの強度が強くなったため（図4(d)），BPに対してもCuPcと同様の分子配向制御の効果が認められた。平坦化サファイア基板上のBP薄膜についてゼーベック測定を行ったところ，ガラス基板上では巨大ゼーベック効果が現れていた温度域で，それが見られないことがわかった。一方で，さらに高温域で測定を行うことで，巨大ゼーベック効果が観測された（図6）。このことから，分子配向が巨大ゼーベック効果の発現に影響している可能性が高く，基板の種類によってゼーベック係数の温度依存性に対して変化を与えることがわかった。

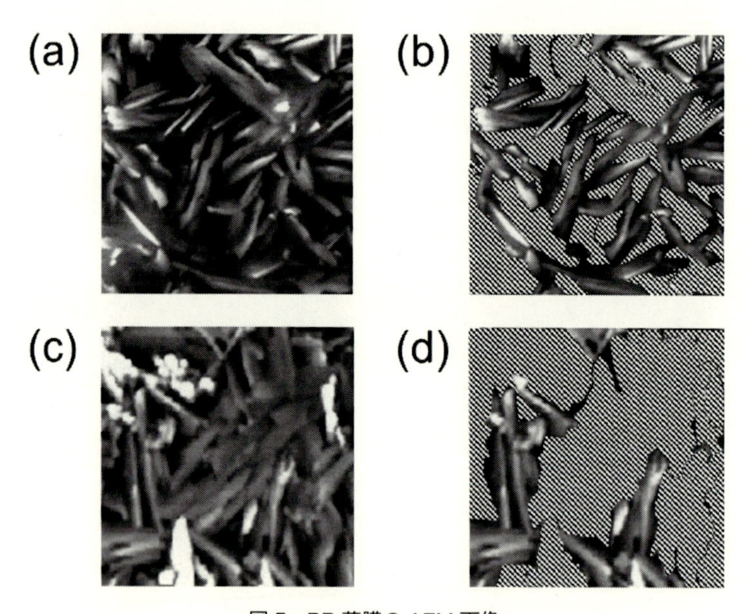

図5　BP薄膜のAFM画像
(a)(b)ガラス基板上，(c)(d)サファイア基板上（(b)(d)はそれぞれ(a)(c)における平板状のドメインを塗り分けて示した）

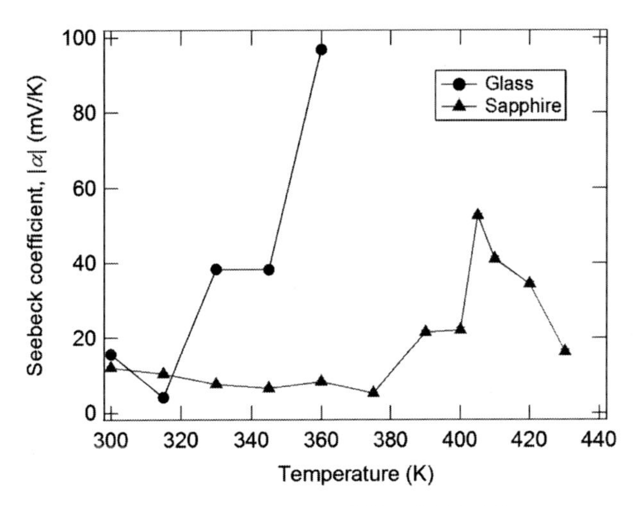

図6　BPのゼーベック係数の基板依存性
いずれもn型のゼーベック係数を示した。

6　基準振動解析

実験から得られた導電率の温度依存性から，導電率の活性化エネルギーとゼーベック係数との間に大まかな相関関係が観測された。ここで有機トランジスタ材料分野などにおいて，電荷注入時の構造変化に伴うエネルギー損失を表す再配列エネルギーが，マーカス理論に基づいて計算されている[14, 15]。この再配列エネルギーは温度に対して熱活性型の表式になっていることから，再配列エネルギー自身がゼーベック効果に関与している疑いがもたれる。そこで量子化学計算（DFT計算）により再配列エネルギーの計算を行った。構造最適化を行った中性および荷電状態の単一分子について，それぞれB3 LYP/6-31 G(d)準位において基準振動解析を行い，電子－フォノンカップリング（Huang-Rhys因子）を算出した。これをエネルギーの次元に換算して足し合わせたものが再配列エネルギーに相当する。

ゼーベック測定を行った各材料分子に対して再配列エネルギーを求めたところ，分子によって多少のばらつきはあるものの，電子および正孔注入時の構造変化について，顕著な差異は認められなかった。一方で，Huang-Rhys因子の振動数分布を調べたところ，巨大ゼーベック効果が確認されている各分子において，特異的な基準振動モードが低波数域に現れた（図7(a)(c)(e))。これらの基準振動モードは分子面内における全対称伸縮運動に起因するものであり，言わばπ共役長への摂動が比較的大きな振動モードと言える（図7(b)(d)(f))。一方で，このモードのエネルギーの再配列エネルギーへの寄与はそれ程大きくなく，ペンタセンの場合でも27％にとどまる。この特徴的なモードは電子注入時にのみ現れており，これらの材料ではn型の巨大ゼーベック係数が得られていることから，両者の相関が疑われる。対称的に，巨大ゼーベック効果が観測されていないPDIでは，複数の離散的な基準振動モードが観測された（図7(g))。

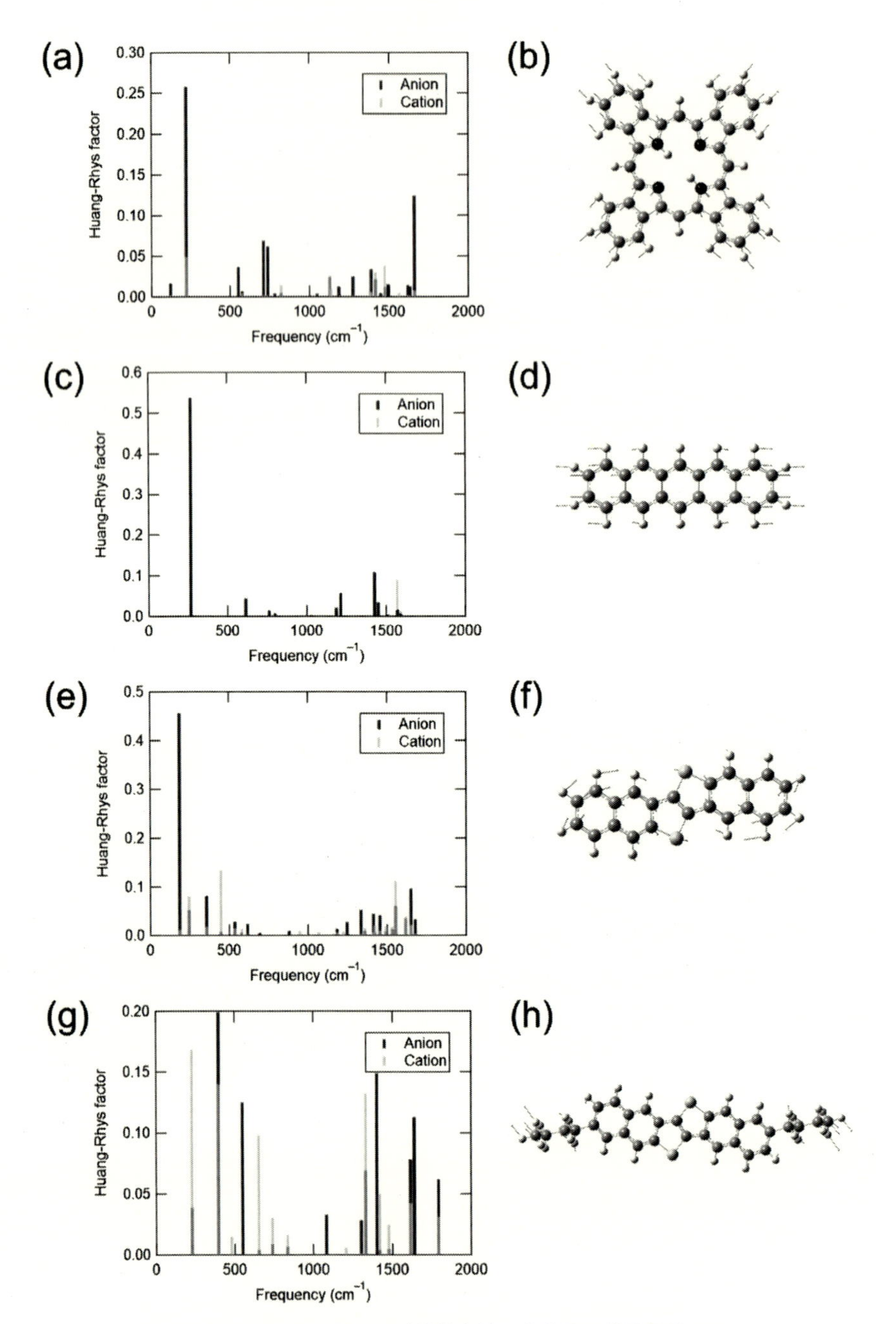

図7　Huang-Rhys因子の波数依存性と代表的な基準振動モード
(a)(b) BP，(c)(d)ペンタセン，(e)(f) DNTT，(g) PDI，(h) C_4 DNTT

次に，アルキル基置換体に関しても，同様の計算を行った。側鎖の導入によるπ共役長の変化はほぼ無視できるため，アルキル基の導入や側鎖の長さによる電子準位や再配列エネルギーの変化は見られなかった。一方で，低波数域にアルキル基に由来する基準振動が新たに出現した（図

7(h))。この波数域は無置換体の計算で見られた特徴的な基準振動モードと類似の波数域であるため，もし仮に基準振動モードの対称性などを考慮せずに，単にエネルギーの比較的低い基準振動モードによって熱の散逸などが起こっているのであれば，ゼーベック効果に対して同様の影響を与える可能性がある。すなわち，アルキル基などの側鎖を導入することによって，巨大ゼーベック効果の発現を制御できる可能性が示唆された。

7　格子熱伝導率

前節では単一分子内での分子振動に関する計算化学的評価を行ったが，実際に実験で計測している試料内部では材料分子は集合体構造を形成している。そこで分子集合体構造をモデリングし，その中で起こっている熱伝導に焦点を当てて，分子動力学計算による格子熱伝導率の算出を試みた。

結晶構造を基にして数百分子を含む集合体をモデリングし，250 K から 450 K までの温度範囲で定圧定温（NPT）計算を行い，得られた各原子のエネルギーとストレステンソルから，Green-久保方程式に基づいて熱伝導率を計算した[16]。計算には分子動力学計算パッケージ LAMMPS[17] を用い，力場は general AMBER force field（GAFF）[18] および既報の力場[19] を用いた。同様の計算を，ランダムな分子配向をもつアモルファス構造に対しても行った。

スマネンの格子熱伝導率の計算結果を図8(a)(b)に示す。スマネンは C_{60} の部分構造をもつ，非

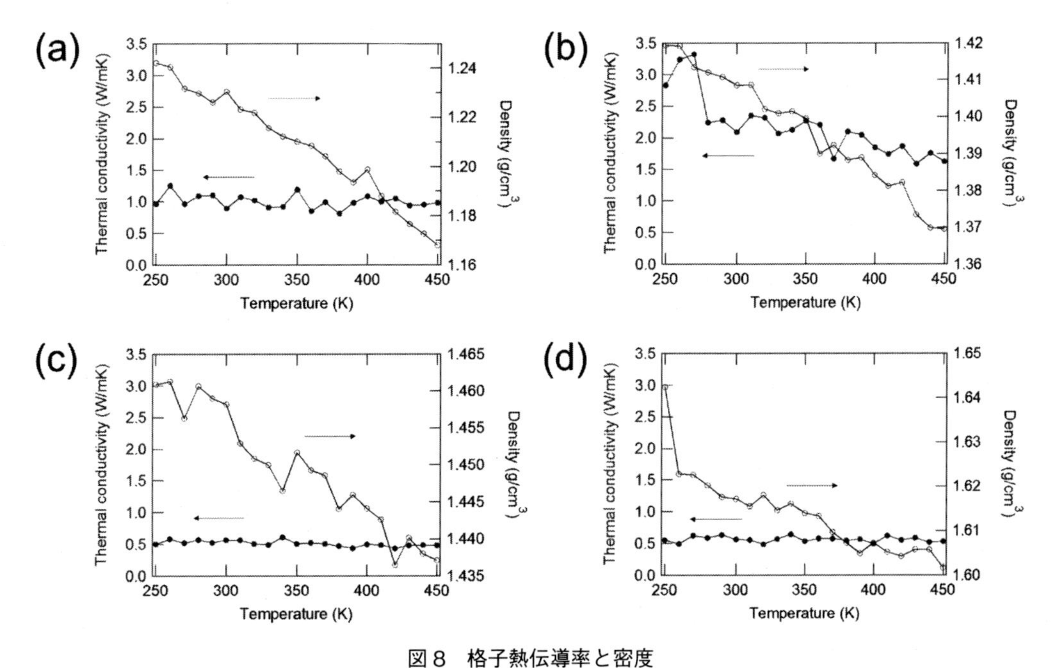

図8　格子熱伝導率と密度
スマネンの(a)アモルファス構造と(b)結晶構造，C_{60} の(c)アモルファス構造と(d)結晶構造

平面性π共役分子である。薄膜試料に対するゼーベック測定でも30 mV/K程度の巨大なゼーベック係数が観測されている。計算で得られた結晶構造の熱伝導率は，アモルファス構造の熱伝導率の2倍程度まで増加している。これは密な分子パッキングによって分子間距離が近いことから，熱伝導が容易に起こるためと考えられる。

次にC_{60}の結果を図8(c)(d)に示す。C_{60}分子は対称性が高く，固体中でさえ回転運動していることが知られている[20~22]。これは一般的なπ共役分子が熱運動として主に並進運動していることと対照的であり，この回転運動によって付加的な熱の散逸が起こっていると予想される。これに由来して，結晶構造でもアモルファス構造と同様の低い熱伝導率が算出された。

また，結晶構造において格子熱伝導率の方向依存性を調べたところ，C_{60}では高対称性により当方的な値が得られたのに対し，スマネンではスタック方向であるz方向に対して垂直なx方向およびy方向に高い値を示した（図9）。これはside-by-sideの分子間相互作用による熱伝導が優位なことを示しており，スタック方向に電気伝導が流れやすいという時間分解マイクロ波伝導度測定（TRMC）の実験結果[23]およびバンド理論計算の結果[24]とは相反する結果と言える。すなわち，通常の材料では相関している熱伝導と電気伝導について独立に制御できる可能性を示しており，ゼーベック効果に有利な低熱伝導率と高導電率の両立にも期待できることが示唆された。

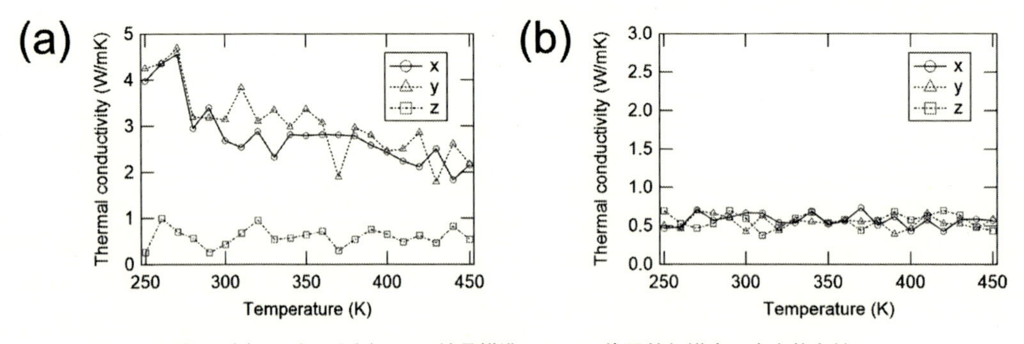

図9 (a)スマネンと(b)C_{60}の結晶構造における格子熱伝導率の方向依存性

8 おわりに

これまでの実験から，従来理論では説明のつかない巨大ゼーベック効果という非常に稀な現象が，有機半導体においては実はごくありふれた現象であることが示されつつある。一方で，なぜ巨大ゼーベック効果が生じるのか，ゼーベック係数が一体どこまで大きくなるのか，といった疑問には未だ明確な回答がなされていない。分子配向や分子振動などの観点からいくつかの状況証拠は揃いつつあるものの，巨大ゼーベック効果の発現機構や支配因子などの特定には至っておらず未解明の部分が多い。基礎物性の観点からの興味だけでなく，応用面からも革新的な素子創出の可能性を秘めているこの巨大ゼーベック効果に関して，引き続き実験と計算の両面から注目したい。

文　　献

1) Y. Nonoguchi, K. Ohashi, R. Kanazawa, K. Ashiba, K. Hata, T. Nakagawa, C. Adachi, T. Tanase and T. Kawai, *Sci. Rep.*, **3**, 3344 (2013)
2) M. Nakamura, A. Hoshi, M. Sakai and K. Kudo, *Mater. Res. Soc. Proc.* **1197**, 1197 (2010)
3) H. Kojima, R. Abe, M. Ito, Y. Tomatsu, F. Fujiwara, R. Matsubara, N. Yoshimoto and M. Nakamura, *Appl. Phys. Express*, **8**, 121301 (2015)
4) M. Sumino, K. Harada, M. Ikeda, S. Tanaka, K. Miyazaki and C. Adachi, *Appl. Phys. Lett.*, **99**, 93308 (2011)
5) T. Menke, D. Ray, J. Meiss, K. Leo and M. Riede, *Appl. Phys. Lett.*, **100**, 93304 (2012)
6) T. Menke, P. Wei, D. Ray, H. Kleemann, B.D. Naab, Z. Bao, K. Leo and M. Riede, *Org. Electron.*, **13**, 3319 (2012)
7) N. Hayashi, K. Kanai, Y. Ouchi and K. Seki, *Mater. Res. Soc. Proc.*, **965**, 965 (2007)
8) F. Garnier, A. Yassar, R. Hajlaoui, G. Horowitz, F. Deloffre, B. Servet, S. Ries and P. Alnot, *J. Am. Chem. Soc.*, **115**, 8716 (1993)
9) H. Inokuchi, G. Saito, P. Wu, K. Seki, T.B. Tang, T. Mori, K. Imaeda, T. Enoki, Y. Higuchi, K. Inaka and N. Yasuoka, *Chem. Lett.*, **1263** (1986)
10) G. Snyder and E. Toberer, *Nature Mater.*, **7**, 105 (2008)
11) Z.B. Henson, K. Müllen and G.C. Bazan, *Nature Chem.*, **4**, 699 (2012)
12) T. Watanabe, T. Hosokai, T. Koganezawa and N. Yoshimoto, *Mol. Cryst. Liq. Cryst.*, **566**, 18 (2012)
13) M. Nakamura and H. Tokumoto, *Surf. Sci.*, **398**, 143 (1998)
14) K. Sakanoue, M. Motoda, M. Sugimoto and S. Sakaki, *J. Phys. Chem. A*, **103**, 5551 (1999)
15) J.-L. Brédas, D. Beljonne, V. Coropceanu and J. Cornil, *Chem. Rev.*, **104**, 4971 (2004)
16) A.P. Thompson, S.J. Plimpton and W. Mattson, *J. Chem. Phys.*, **131** (2009)
17) S. Plimpton, *J. Comput. Phys.*, **117**, 1 (1995)
18) J.M. Wang, R.M. Wolf, J.W. Caldwell, P.A. Kollman and D.A. Case, *J. Comput. Chem.*, **25**, 1157 (2004)
19) L. Monticelli, *J. Chem. Theory Comput.*, **8**, 1370 (2012)
20) W.I.F. David, R.M. Ibberson, T.J.S. Dennis, J.P. Hare and K. Prassides, *Europhys. Lett.*, **18**, 219 (1992)
21) P.A. Heiney, J.E. Fischer, A.R. McGhie, W.J. Romanow, A.M. Denenstein, J.P. McCauley Jr., A.B. Smith and D.E. Cox, *Phys. Rev. Lett.*, **66**, 2911 (1991)
22) P.A. Heiney, *J. Phys. Chem. Solids*, **53**, 1333 (1992)
23) T. Amaya, S. Seki, T. Moriuchi, K. Nakamoto, T. Nakata, H. Sakane, A. Saeki, S. Tagawa and T. Hirao, *J. Am. Chem. Soc.*, **131**, 408 (2009)
24) B.T. Wang, M.A. Petrukhina and E.R. Margine, *Carbon*, **94**, 174 (2015)

第5章　カーボンナノチューブのゼーベック効果

林　大介[*1]，客野　遥[*2]，中井祐介[*3]，真庭　豊[*4]

1　はじめに

カーボンナノチューブ（CNT）は，軽量・柔軟で，かつ比較的に化学的・熱的に安定な物質である。地上のどこにでも存在している炭素のみからなる環境負荷が小さな材料である。このような特徴に加えて，その特異な電子物性により様々な応用が提案されている[1)]。単層カーボンナノチューブ（SWCNT）は，それ自体でフレキシブルなフィルムを構成でき，柔軟なデバイス素材となりうる。

本稿では，SWCNT フィルムの熱電物性について筆者らの研究を中心に紹介する[2~4)]。通常の SWCNT フィルムは，構造にしたがって電子状態が異なる多数の SWCNT からなる（図1）。また，有限長の SWCNT からなるバンドルと，さらにこのバンドルが絡み合った複雑な階層構造をもつ。本稿では，このような混合フィルムのマクロな熱電物性に注目する。

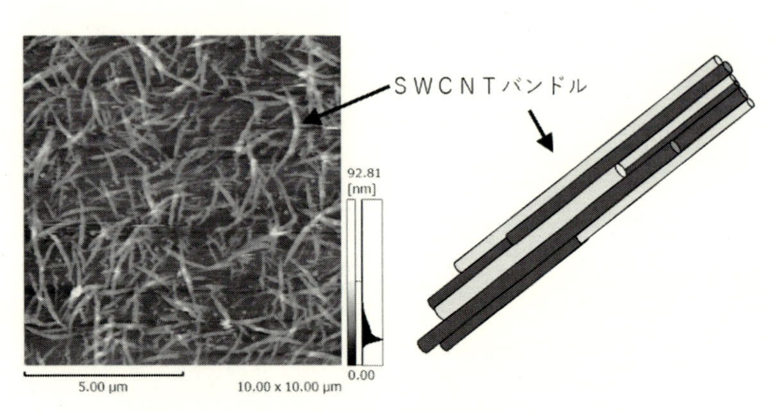

図1　SWCNT フィルムの原子間力顕微鏡（AFM）像
右は，種類の異なる多数の SWCNT からなるバンドルの模式図。

＊1　Daisuke Hayashi　首都大学東京　大学院理工学研究科
＊2　Haruka Kyakuno　神奈川大学　工学部　物理学教室　助教
＊3　Yusuke Nakai　首都大学東京　大学院理工学研究科　助教
＊4　Yutaka Maniwa　首都大学東京　大学院理工学研究科　教授

2　ゼーベック効果と熱電変換素子

ゼーベック効果は，物質の両端に温度差$\Delta T = T_H - T_C$（T_H，T_Cは高温部と低温部の温度）を与えるとそこに起電力ΔVが発生する現象である。ΔTが小さいときは，$\Delta V = -S\Delta T$と書け，Sをゼーベック係数あるいは熱電能と呼ぶ。Sは材料により決まる定数で，その大きさ（と符号）は一般に温度によって変化する。

温度差を利用して，熱を電気エネルギーに変換する熱電変換素子は，Sの値が異なる2種類の材料を組み合わせて作られる。Sの符号が異なるp型およびn型熱電材料を組み合わせて使用すると，起電力が足し合わされ，有効に低温部（または高温部）の負荷に電力を供給できる。

素子材料部の熱電変換効率（供給熱量に対する出力電力の割合）の最大値は，

$$\eta_{\max} = \frac{P}{Q} = \frac{T_H - T_C}{T_H} \cdot \frac{\sqrt{1+ZT} - 1}{\sqrt{1+ZT} + (T_C/T_H)} \tag{1}$$

で与えられる。ここで$T = (T_H + T_C)/2$である。(1)式は，最大効率がカルノー効率$(T_H - T_C)/T_H$と材料効率の積からなる，と理解できる。ZTは材料の無次元性能指数と呼ばれ，ZTが大きくなるほど効率の良い素子ができる。またZTは電気伝導率σ，熱伝導率κを使って，

$$ZT = (S^2\sigma/\kappa)T \tag{2}$$

と表され，一般的な意味での良い熱電材料とは，熱起電力が大きく，電気を良く流し，熱を伝えにくい材料であるといえる。また$P = S^2\sigma$はパワーファクターと呼ばれ，単位温度差を与えたときの発電電力の尺度となる。

3　単層カーボンナノチューブ（SWCNT）

典型的なSWCNTの直径は0.7〜5.0 nm程度である。直径が異なるSWCNTを入れ子状にしたものは多層CNT（MWCNT）と呼ばれている。CNTは炭素の同素体の一つであり，他の炭素同素体としてはダイヤモンド，フラーレン，グラフェン，グラファイトなどが知られている。ダイヤモンドは絶縁体，フラーレンは半導体，グラファイトは半金属，グラフェンはゼロギャップの半導体である。これに対して，SWCNTはその構造により金属型SWCNT（m-SWCNT）と半導体型SWCNT（s-SWCNT）に大別される。半導体型では，エネルギーギャップの大きさがSWCNT直径に依存（細いほど大きい）して変化する。

SWCNTの構造，したがってその電子状態は，二つの整数の組，カイラル指数（n，m）で指定される。$n-m$がゼロまたは3の倍数のときは金属型となり，他の場合は半導体型となる。

SWCNTは，CVD法，アーク放電法，レーザー蒸発法などの方法により合成されている。最近，特に，CVD法の一種であるスーパーグロース（SG）法やeDIPS法などの方法により生成されたマクロ量の高純度SWCNTが比較的容易に手に入るようになった。しかしこれらの材料で

も，m-SWCNT と s-SWCNT が混在し，また異なる直径の SWCNT の混合物でもある。近年，このような混合試料から，半導体型と金属型 SWCNT を分離精製する技術が発展している。さらに単一構造の SWCNT を精製分離する技術や合成する試みも進んでいる。しかしこれら高純度 SWCNT 材料を十分な量確保することはいまだ容易ではなく，したがって本稿では，混合フィルムの熱電物性の理解に向けた理論計算と実験に絞って紹介したい。

4　SWCNT のゼーベック係数（計算）

まず，1 本の SWCNT と一対の SWCNT-SWCNT 接合のゼーベック係数 S と抵抗 R の計算結果を紹介する[2~4]。

電子状態の計算では，Hoffmann-Carbon ポテンシャルまたは Cerda. carbon［graphite］ポテンシャルによる半経験的（extended Hückel）理論を用いた。S とコンダクタンス G（$=1/R$）は，

$$S=\frac{1}{qT}\frac{K_1}{K_0},\quad G=q^2K_0 \tag{3}$$

より得られる。ここで q はキャリアの電荷，T は温度，K_n は次式で与えられる。

$$K_n=\frac{2}{h}\int_{-\infty}^{\infty}\zeta(\varepsilon)\left(-\frac{df}{d\varepsilon}\right)(\varepsilon-\mu)^n\,d\varepsilon \tag{4}$$

$\zeta(\varepsilon)$ はエネルギー ε のキャリアの透過関数であり，非平衡グリーン関数法により計算される。本稿では，すべて $T=300$ K の結果を示す。

4.1　半導体型（s-）と金属型 SWCNT（m-SWCNT）のゼーベック係数

典型的な SWCNT の電子状態密度（DOS），ゼーベック係数 S，パワーファクター P の化学ポテンシャル μ 依存性の計算結果を図 2 に示す。ここでは，P をチューブ 1 本あたりの値，すなわちチューブ 1 本の抵抗値 R を用いて $P=S^2$（$1/R$）とした。化学ポテンシャルは，キャリアをドープしたときのホール数や電子数に依存する。ホール（電子）ドープにより μ は負（正）方向に動く。DOS にみられるスパイク状の発散構造は 1 次元バンドに由来するファンホーブ特異点（VHS）である。

半導体型（s-）では，非常に大きな S の最大値 S_{max} が半導体ギャップの中央付近，すなわちギャップ中心から k_BT から数 k_BT 程度離れたところに正負のピーク構造として現れる。一方，伝導・価電子バンド内には，VHS 近傍に，相対的に小さなピーク構造が出現する（たとえば，図 2 左の S で $0.6<\mu<1.0$ eV）。

s-SWCNT の P の最大値は，第一 VHS（ギャップ端，図中の矢印）近傍に現れる。キャリア数を制御して，μ を第一 VHS（バンド端）からギャップ中心の方向に変化させると，S が大きくなるため，P は一旦上昇する。しかし，さらにバンド端から離れると R の急激な増加のため

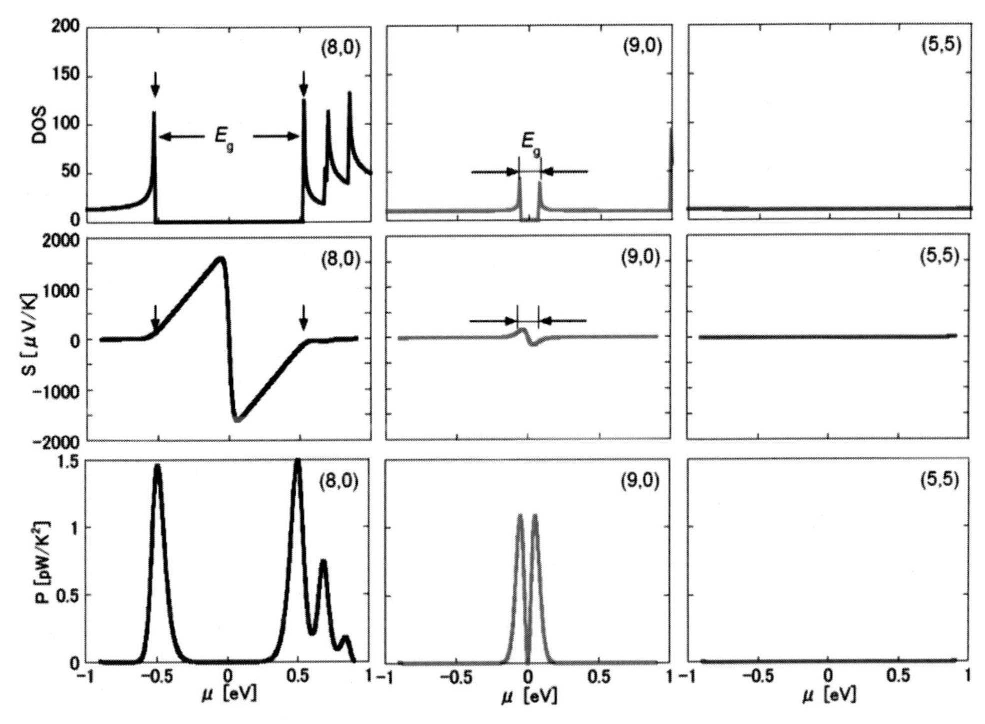

図2　s-SWCNT（左）とm-SWCNT（右の二つ）のDOS，SおよびPのμ依存性
SWCNTの直径は，左から順番に0.627，0.694，0.675 nm。Cerda. carbon［graphite］ポテンシャルを用いた。（ギャップの大きさE_gなどの詳細は，計算法や使用したポテンシャルに依存する。）温度は300 K。

Pは減少し，ギャップ端近傍に大きなピーク構造をつくる。

金属型（m-）SWCNTは2種類に分類される。一つは，アームチェアー型（n, n）SWCNTである（図右端）。そのDOSは，図のように，二つの第一VHS（図2の範囲外）の間で有限の一定値をとり，それに対応してSとPはともに半導体型と比較して非常に小さな値となる。一方，アームチェアー型以外のm-SWCNT（$n-m$が3の倍数）では$\mu=0$近傍に小さなギャップが出現することが知られており（図2中央），このギャップに由来して，SおよびPに，半導体型と同様なピーク構造が出現する[4)]。（このギャップはタイトバインディング計算では再現されない。）

以上のように，ギャップを有するSWCNT（s-SWCNTとアームチェアー型以外のm-SWCNT）では，ギャップ中央，したがって低キャリア領域にSの大きな最大値が出現しうる。しかし，m-SWCNTのギャップは，通常のs-SWCNTの半導体ギャップよりずっと小さいので，Sのピーク構造はs-SWCNTと比較して小さくなる。一方，SWCNTの伝導・価電子バンド内のVHS近傍にもSとPのピーク構造が出現しうるが，ギャップ内ピークと比較してずっと小さくなるのが一般的である。（最近，1次元バンドの多重度を制御することにより，バンド内のPを有効に大きくできることが示唆されている[4)]。）

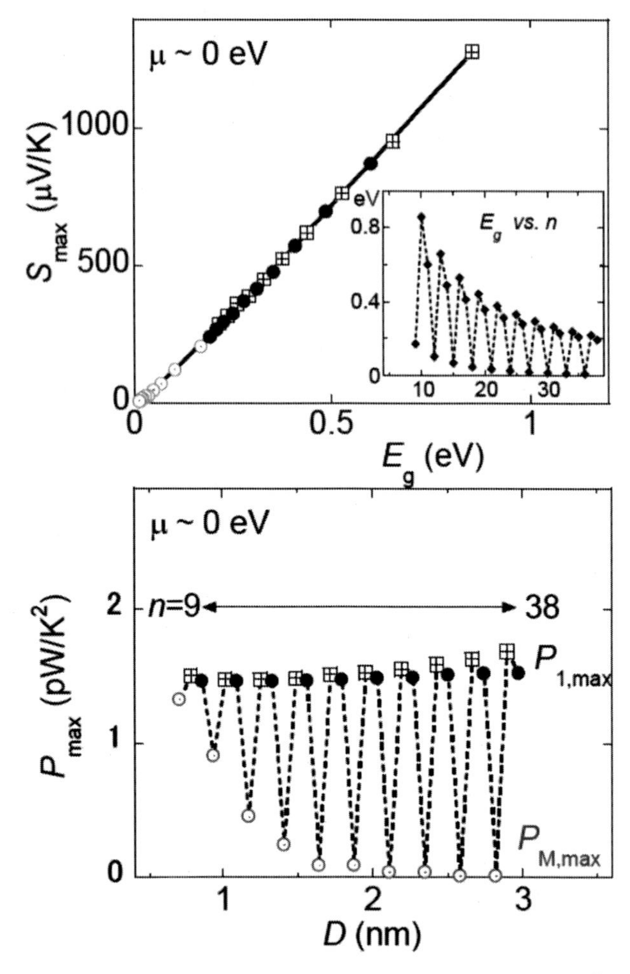

図3　(n, 0) SWCNT の S と P の最大値の直径 D 依存性 [4)]
○は，ギャップを有する金属型の (n, 0) SWCNT。温度は 300 K。

4. 2　直径依存性（1 本の SWCNT）

図3に，(n, 0) SWCNT について，ギャップ内の S と P の最大値（S_{max} と P_{max}）をエネルギーギャップ E_g（$\propto$ 1/n，$1/D$；D は直径）の関数として表した [4)]。大きな E_g をもつ細い s-SWCNT ほど，S_{max} が大きくなることがわかる。これは，ギャップ内では，μ がギャップ端から中央（μ = 0）に向かって変化するとき，S の絶対値が SWCNT 直径に依存しない傾きで大きくなるためである。したがって，E_g が大きい細い SWCNT ほど最大値が大きくなる。しかし，P_{max} はギャップ端近傍に現れるため，チューブ 1 本あたりの P_{max} はチューブ直径 D にほとんど依存しない。

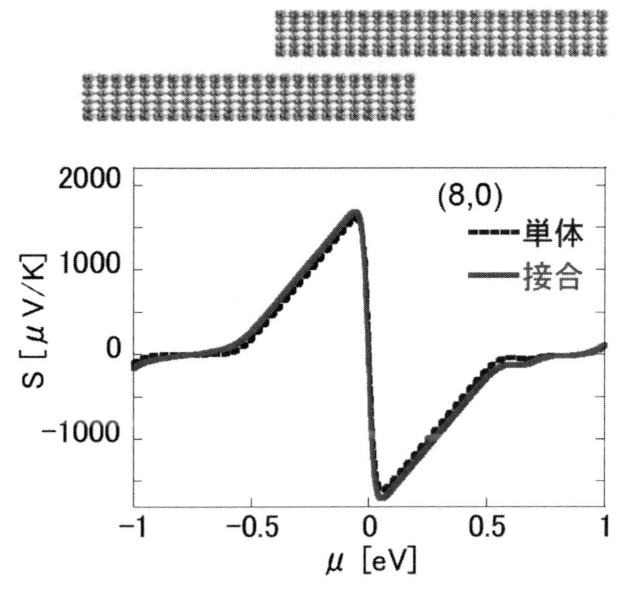

図4　単体の場合と接合された場合（上図）の（8，0）SWCNTの S（μ）
Cerda. carbon［graphite］ポテンシャルを用いた。

4. 3　SWCNT-SWCNT接合の効果

前述したようにフィルム内には，SWCNT同士の接合が多数存在している。そこで，SWCNT-SWCNT接合のゼーベック係数に簡単に触れる[2)]。図4に，半導体型（8，0）SWCNTについて，単体の場合と接合の場合における，Sのμ依存性を比較した。半導体ギャップ内のSは，単体と接合の場合とでほとんど変化しないことがわかる。一方コンダクタンス（$1/R$）は接合の存在で急激に減少し，また接合を作るナノチューブ間距離などに非常に敏感である。Sが接合の存在にあまり敏感でないことは，Sに関するモット公式から予測される。すなわち，Sはコンダクタンスの絶対値ではなく，むしろコンダクタンスのlogのμ依存性と関連しているためと考えられる。いずれにせよ，低キャリアドープ領域を扱う限り，Sは接合界面の存在に影響されにくく，一方電気伝導度は極めて敏感であるといえる。

4. 4　m-SWCNTとs-SWCNTの混合

m-SWCNTとs-SWCNTのSとRは，まったく異なった振る舞いを示すことがわかった。したがって，これらの成分（s成分とm成分と呼ぼう）が混合しているフィルムの熱電物性を考えることは重要である。

フィルム内では，s成分とm成分が複雑に絡み合ったネットワーク構造をとると考えられる。しかしここでは，簡単のためネットワークの構成要素として，s成分とm成分からなる直列接続と並列接続を取り出して，その振る舞いを考えよう[2~4)]。そうすると，容易に推測されるよう

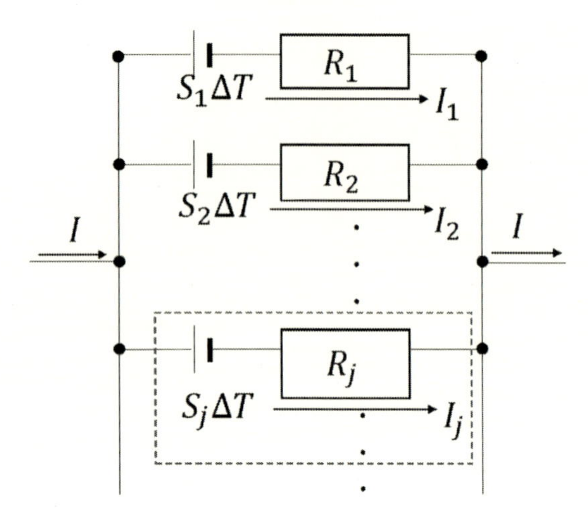

図5　異なる成分からなる熱電ネットワークの並列モデル
S_j と R_j は，j 番目の並列要素のゼーベック係数と抵抗値。

に，直列接続の S と R は単純な平均和となる（S の場合は，温度分布の考慮が必要）。一方，並列接続により合成された S と R は，R の小さい方の成分により強く影響され，ネットワーク全体の性質に強く影響すると推測される（図5）。

いま s 成分（そのゼーベック係数を S_s とコンダクタンスを G_s とする）と m 成分（同様に S_m と G_m とする）からなる並列ネットワークを考え，m 成分の割合を β とする。このネットワークの全体の等価な S と G は，

$$S=\frac{S_s(1-\beta)G_s+S_mG_m\beta}{G_s(1-\beta)+G_m\beta} \tag{5}$$

$$G=G_s(1-\beta)+G_m\beta \tag{6}$$

となる。これを用い，s 成分として（19，0）SWCNT，m 成分として（11，11）SWCNT を考え，その並列接続の S と G を計算した。図6に μ 依存性の結果を示す。

ギャップ内では半導体型（19，0）SWCNT は非常に大きな S の絶対値をもつが，金属型がわずかに混入することにより急激に減少することがわかる。これは，s-SWCNT の電気伝導度がギャップ中央付近ほど小さく，金属成分の並列接続による影響を強く受けるからである。P については，P の小さい m 成分の混入により，回路全体についての最大値は相対的に緩やかに減少する。

4.5　並列混合モデルの直径依存性

m-SWCNT の混入によりフィルムの S と P の最大値が顕著に減少することがわかった。次に，その直径依存性を調べた。図7は s-SWCNT として（8，0）および（22，0）-SWCNT を，

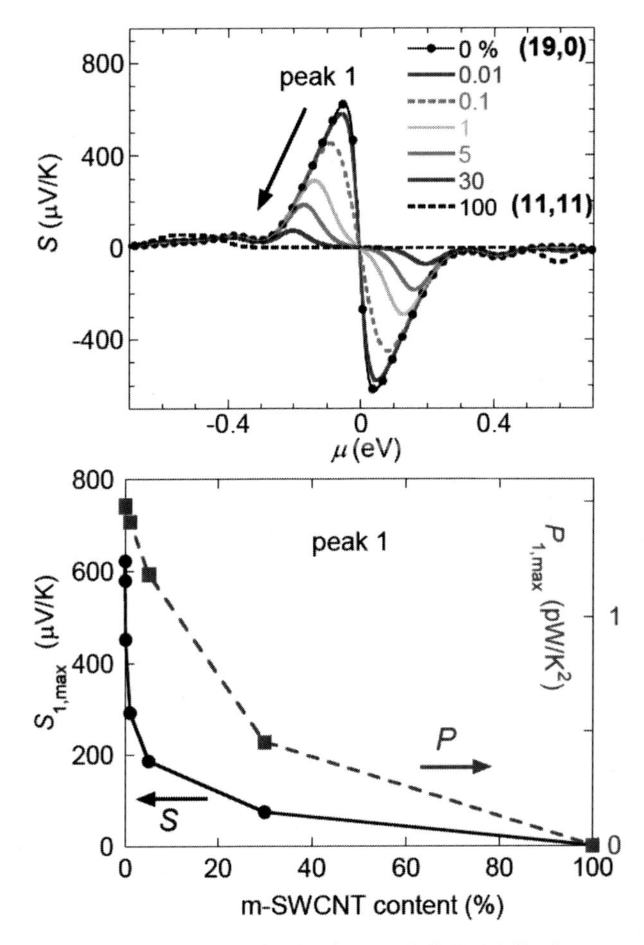

図6 （上）並列モデルにおける，金属成分（m 成分）の混入効果（文献 4）の Fig. S2)。S 成分として（19，0）SWCNT，m 成分として（11，11）SWCNT を使った。（下）S と P の最大値の変化

また m-SWCNT としてそれらと同程度の直径をもつアームチェアー型 m-SWCNT を並列接続した場合の結果を示す。(8, 0) と (22, 0) の直径比は 8/22 である。μ が変化すると，並列回路の抵抗値 R も変化するので，μ 依存性の代わりに，ホールドープ領域において，S と P を R の関数としてプロットした。破線が (22, 0) SWCNT の結果，実線が (8, 0) SWCNT の結果である。S の直径依存性は，0.1％程度の m-SWCNT の混入によりほとんど消失してしまうことがわかる。P についても，m-SWCNT の混入で顕著に減少するが，もともと直径依存性が小さいので，混合フィルムの P の直径依存性は顕著ではない。

5 フィルムの熱電物性（測定）

次に SWCNT フィルムについての実験結果を紹介する。図8に，m-SWCNT と s-SWCNT か

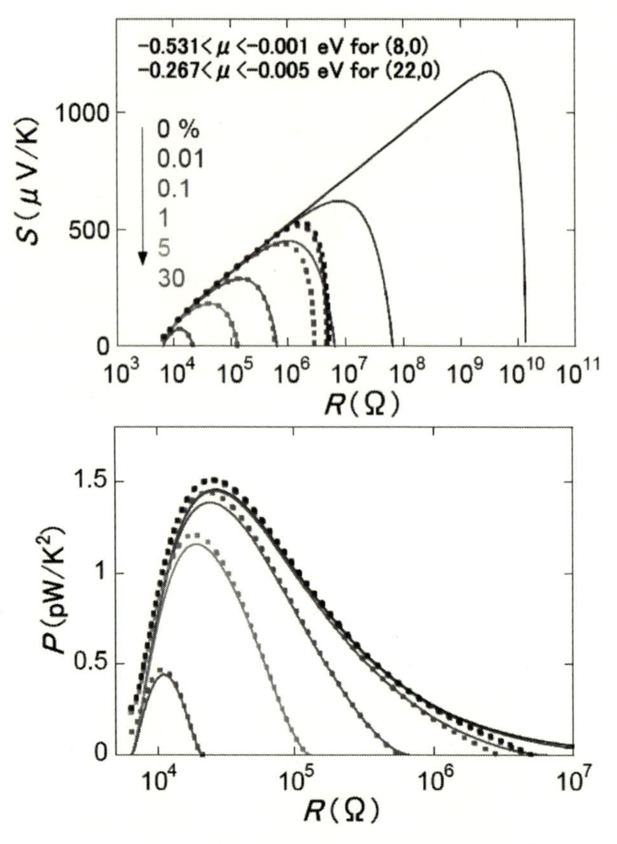

図７　並列モデルにおける S と P の直径依存性[3)]
破線が太い（22, 0）SWCNT，実線が細い（8, 0）SWCNT についての結果。
m-SWCNT として（5, 5）および（13, 13）を用いた。

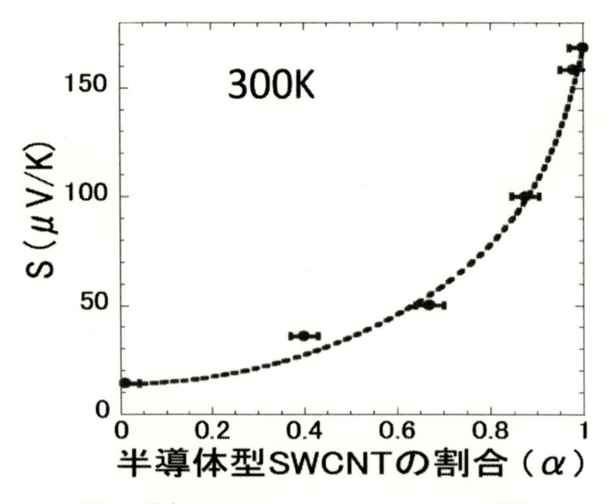

図８　混合 SWCNT フィルムのゼーベック係数
横軸は半導体型 SWCNT の含有量[2)]。

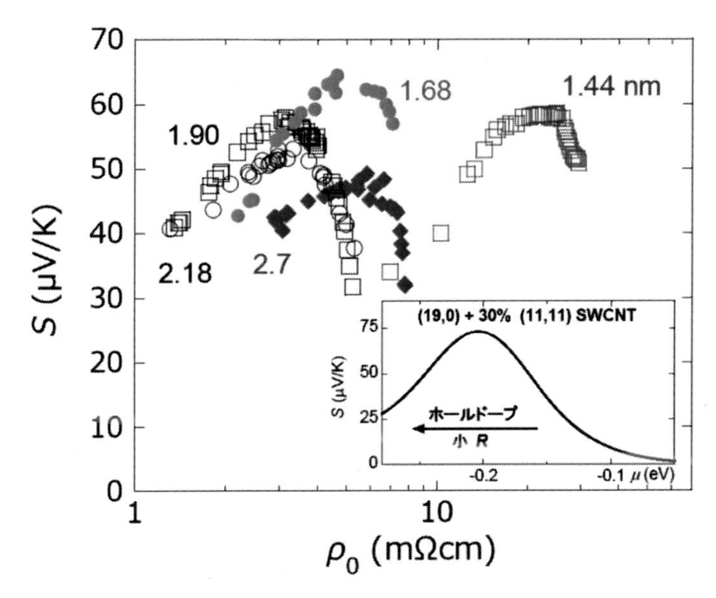

図9　SWCNTの平均直径 D が異なる5種類（D=1.44～2.7 nm）のSWCNTフィルムのゼーベック係数[3)]
横軸は，電気抵抗率。挿入図は，計算された S の μ 依存性。
ホールドープにより，電気抵抗率が減少し，S がピークをつくる。

らなる混合フィルムのゼーベック係数 S の測定結果を示す。m-SWCNTの混入により S が急激に減少することがわかる。並列モデルによる計算結果と定性的に一致する。

図9は混合フィルムのゼーベック係数 S の平均直径依存性である。特に精製処理などを行っていないので，m-SWCNTの割合は30%程度と推測される。横軸は，ホールドープ領域においてキャリア数を制御したときの電気抵抗率である。真空中加熱により良く脱気されたフィルムは，その直後にもっとも高い抵抗率を示すが，湿度の高い空気中に放置することにより，ホールドープが起こり，抵抗率が減少する[3)]。一方 S は一旦上昇した後，最大値（S_{max}）を通過して減少を始める。この振る舞いは，実際，並列混合モデルについて計算された振る舞いと定性的に一致する（図9挿入図）。

図9のゼーベック係数の直径依存性に着目しよう。s-SWCNTが100%のものでは，ほぼ直径に反比例して変化すると予測されるのに反して（図3），S_{max} とSWCNT直径の相関は極めて小さいことがわかる。m-SWCNTの混入が，フィルムの S に重大な影響を与えているものと思われる。この結果は並列混合モデルの結果と一致する。

最後に，平均直径が異なる試料について，パワーファクター P の抵抗率依存性を図10に比較した。この図から，P の最大値は試料の平均直径と明確な相関はなく，むしろ抵抗率が小さい試料ほど，反比例的に最大値が大きくなる傾向がわかる。抵抗率はフィルムの密度に依存するが，図の横軸では密度0.5 g/cm^3 の場合に換算された値が使われている。P のこのような振る舞いは，金属成分が混入した効果としても説明できない。筆者らは，試料中に多数存在するSWCNT-

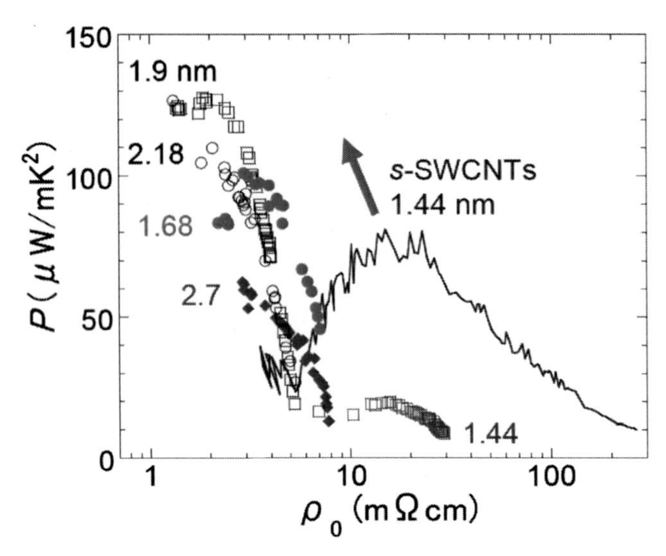

図10　平均直径が異なる5種類（D=1.44〜2.7 nm）のSWCNTフィルムのパワーファクターPの抵抗率依存性[3]

実線は，s-SWCNTの高濃縮フィルムに硝酸ドープしたときの結果。

SWCNT接合の影響であろうと考えている[3]。Sは接合の影響を受けにくいが，接合の存在が抵抗（率）を顕著に増大させるはずであることはすでに述べたとおりである。このことは，図10よりフィルムの抵抗率を改善することによって，Pを増大させる余地がまだまだ残されていることを示唆している。フィルムの抵抗率は，SWCNTの長さ，配向度，バンドル結晶化度などで制御できる可能性がある。実際，ごく最近，P>2,000 μW/mK^{2}が報告された[5]。さらに，半導体型濃縮フィルムでは，同程度の大きさの抵抗率の試料であってもSが大きい分，Pが数倍程度大きくなっていることが図からわかる。今後，抵抗率が小さい，高品質の半導体型濃縮フィルムの開発により，図10中の矢印で示したようにさらにパワーファクターの向上が期待できる[3]。

6　最後に

金属型SWCNTと半導体型SWCNTが混在したSWCNTフィルムの熱電物性を筆者らの研究を中心として紹介した。扱った混在フィルムは，通常，マクロ量のSWCNT材料として比較的容易に入手できる。このようなフィルムで，ゼーベック係数の値として50〜170 μV/K，パワーファクターとして2,000 μW/mK^{2}以上が得られている。これらの値は実用Bi系のそれらに匹敵しつつあり，フレキシブル熱電素子材料として大変注目される。本稿で紹介したゼーベック係数SとパワーファクターPの他に，熱伝導度が熱電材料としての評価において重要である。SWCNTフィルムの熱伝導度の研究は，本稿で紹介したSやPの研究と比較して遅れているが，漸く，その様子が明らかになりつつある。フィルム内には，マクロな熱電物性に影響を与える様々な構造要因がある。今後，これらの構造要因の最適化により，SWCNT が優れた熱電フィルム材料として確立されることを期待したい。

文　　献

1) フラーレン・ナノチューブ・グラフェン学会編，カーボンナノチューブ・グラフェンハンドブック，コロナ社（2011）
2) Y. Nakai *et al.*, *Appl. Phys. Express*, **7**, 025103（2014）
3) D. Hayashi, *et al.*, *Appl. Phys. Express*, **9**, 025102（2016）
4) D. Hayashi, *et al.*, *Appl. Phys. Express*, **9**, 125103（2016）
5) W. Zhou *et al.*, *Small*, **12**, 3407-3414（2016）

第6章　カーボンナノチューブ熱電材料の超分子ドーピングによる高性能化

野々口斐之*1，河合　壮*2

1　はじめに

今日，消費されるエネルギーのうち約3分の2が未利用のまま環境中に排出されている。その排熱の80%以上は200℃以下であり，また，その熱排出が極めて散逸しているため，従来のタービンなどの大規模設備の利用は非現実的である。そこで小型化が可能な熱電発電による熱回収と電力再生が期待されている。一般的な熱電変換モジュールではp型，n型双方の熱電変換材料を電極，基板でサンドイッチした構成がとられる[1)]。一般的にはこの単セルを直列に多数配置した平板構造のモジュールを構成することで大きな起電力を生み出すことができる。この従来型の発電モジュールは温度差を電力に変換する観点からみると理想的であるが，とくに比較的低温の熱源への設置を考えると温度差形成に課題が生じる。低温熱源から長距離の熱輻射は期待できず，またモジュールと熱源のギャップに存在する空気は理想的な断熱材である。当然ながら，工場や車などの配管，電子デバイス，住宅壁などの中低温熱源は様々な形状をしている。これらに固い平板モジュールを接触させても効率よく熱を取り込み十分な温度勾配を形成することが難しい。形状に合わせてモジュールを作りこむことのほか，柔らかい，折り曲げることのできる熱電変換モジュールはこの密着性に関する課題解決方法のひとつとして着想される。

“曲がる”熱電変換素子はこれまでにも多数検討されており，フレキシブルなモジュール構造の開発と，熱電材料のフレキシブル化の開発に大別できる。前者の多くは屈曲可能なシート上に熱電半導体薄膜を配列したものである[2~4)]。ここで薄膜の面外（垂直）方向に大きな温度差を形成することは困難である。このため熱工学の観点から，金属・半導体材料にかかる温度や電圧の傾斜方向の制御が有力な手段と考えられている[5, 6)]。後者の候補としては，これまで開発が遅れていた有機系熱電変換材料の登場が待たれている[7~9)]。有機系材料は共有結合と分子間相互作用に基づいて集積しており，その固体のなかにはしなやかなものがある。とくにファンデルワールス力に起因するチューブ間のzipping/unzippingに支配されるカーボンナノチューブの集合体は理想的なしなやかさと機能を同時に与えることが報告されている[10, 11)]。

カーボンナノチューブは我が国の研究者らがその発展に大きく寄与した新材料である[12, 13)]。その化学構造はハニカム状に並んだsp^2炭素からなるグラフェンシートを丸めてつなぎ合わせた

＊1　Yoshiyuki Nonoguchi　奈良先端科学技術大学院大学　物質創成科学研究科　助教；（国研）科学技術振興機構　さきがけ研究者

＊2　Tsuyoshi Kawai　奈良先端科学技術大学院大学　物質創成科学研究科　教授

形で表され，層の数が1枚だけのものを単層カーボンナノチューブ，複数のものを多層カーボンナノチューブと呼ぶ。またグラフェンの巻角度によって半導体性，金属性などユニークに物性を変化させる。昨今の大量生産[14, 15]や構造制御技術[16]，分離技術[17~19]の発展も相まって，エレクトロニクスから構造材料まで幅広い応用が期待されている。官能基修飾などの合成の自由度や構造材料特性の観点からは有機材料に近く，構造の安定性からみると無機材料とみなせるようである。カーボンナノチューブの熱電物性の物理は本書の他筆に任せるが，ここで簡単に紹介する。さきにも述べたが，市販カーボンナノチューブの多くは半導体性：金属性が2：1程度の混合物である。大別して，高純度の半導体カーボンナノチューブからなるフィルムは金属性のものよりも大きな熱起電力と高出力が得られることが報告されている[20]。また半導体のみでも直径分布[21]や結晶品質[22]により熱電変換特性が変化することが示されているほか，半導体のバンドエンジニアリングに対応する各カイラリティ分布やヘテロ元素置換に依存した熱電特性の報告も待たれる。

2　ドーピングの重要性

本稿の主題はカーボンナノチューブのキャリアドーピングである。1節で述べた通り熱電発電モジュールはp型，n型材料の直列回路であることから，それぞれの極性を実現するドーピングは必須である。とくに大気下におけるカーボンナノチューブ膜はおもにp型材料であることから，n型ドーピングがターゲットとして考えられる。また熱電変換特性を決める電気伝導度（σ）とゼーベック係数（α）はともにキャリア濃度の関数であり，独立に制御できない。古典的な半導体と同様に，比較的高ドープ状態のカーボンナノチューブ膜においてはσとαはトレードオフの関係にある。したがって出力因子（$\sigma \alpha^2$，単位温度差あたりの出力の指標）の最適化も要求される。

これまでに種々の方法でカーボンナノチューブ膜のキャリア極性とキャリア濃度の制御が実現されているが，具体的な実用に耐えうるドーピング方法は見出されていなかった。本稿では筆者らが見出した安定なn型ドーピング技術とその主導原理を紹介する。

有機化学的な立場からみると，CNT上に存在する正負の荷電キャリアはグラフェンシート状に非局在化したカルボカチオン（正電荷を帯びた炭素），カルボアニオン（負電荷を帯びた炭素）と解釈できる。これは共役と呼ばれるsp^2結合を介した電荷の交換に基づく。ドーピングにより電荷を獲得すると，電荷補償のために逆の極性をもつ物質が必要となる。たとえばn型CNTの場合，CNT上の負電荷に対し，外部に正電荷が導入される（図1(a)）。中性のCNTへナトリウムやカリウムなどアルカリ金属を添加すると速やかに電子移動が起こり，CNTはn型輸送を示すようになる。この際，電子を失った金属イオンが負に帯電したCNTとイオンペアを形成すると考えられる。一方で，このn型材料は大気下で容易に酸化されやすいことが知られている。筆者らはこの不安定性が電荷間の相性によるものと考えた。一般に，小さなイオンはクーロン相

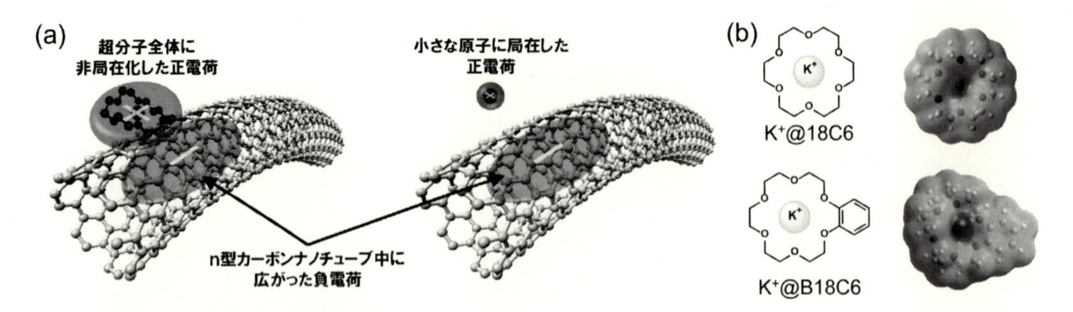

図1 (a)安定なn型ドーピングを実現するイオンペア，(b)本研究で用いた代表的なクラウンエーテル／カリウムイオン錯体の分子構造と量子化学計算から見積った静電ポテンシャルマップ（18-クラウン-6-エーテル：18C6，ベンゾ-18-クラウン-6-エーテル：B18C6）濃色であるほど，正に帯電している

互作用を介してイオンペアを形成することが知られている。たとえばNaClなどが挙げられる。一方でセシウムイオンやテトラメチルアンモニウムなど比較的大きな陽イオン（カチオン）はヨウ素イオンなどやはり比較的大きな陰イオン（アニオン）種と安定な錯体を形成する。この際，大きなイオン同士はクーロン相互作用のほか，双極子間相互作用を介して安定化する。この現象は「硬い・軟らかい酸・塩基（HSAB）則」として溶液中のイオン間相互作用の経験則として知られている[23)]。これは超分子科学で広く認められている概念である。筆者らはこのイオンペアの概念がドープしたCNTにも適用できると考えた。

3 ホスフィン誘導体を用いたn型カーボンナノチューブ

2010年頃までに，グラフェン骨格における15族元素交換[24)]，アルカリ金属との反応[25)]，ポリエチレンイミン（PEI）[26)] あるいは還元ベンジルビオロゲン（VB）[27)] の配位により単層カーボンナノチューブのn型化が実現されていた（図2(a)）。しかしながらいずれも大気下で不安定であり，実用上の課題を有していた。とくに適切な電荷間相互作用を設計しないドーピングによりグラフェン骨格内に比較的局在したπ共役アニオンが形成し，大気下で酸素や水分と容易に反応してしまうと考えられる[28)]。より安定なドーピング条件を求め，図2(b)に示すホスフィンを中心とする化合物群と単層カーボンナノチューブの複合材料シートを調製し，ゼーベック係数による多数キャリアの判別を行った。未ドープでは310Kで+49μV/Kであったゼーベック係数が種々の化合物を添加すると+90μV/Kから−80μV/Kまで変調した（図3(a)）。とくに図2の電子ドナーをドープしたものはマイナスのゼーベック係数を示し，n型カーボンナノチューブ材料を与えた。それまでに知られていたポリエチレンイミンなどアミン系ドーパントに加え，インドールやポリビニルピリジンなどイミン，また多数のホスフィン（リン）誘導体がn型ドーパントとして機能することが見出された。とくに比較的大きなゼーベック係数を与えるドーパント（tpp：−72μV/K）や，導電性とゼーベック係数を両立するドーパント（dppp：−52μV/K,

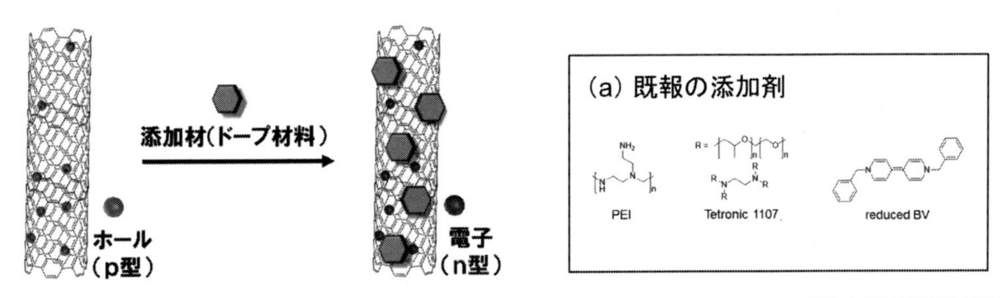

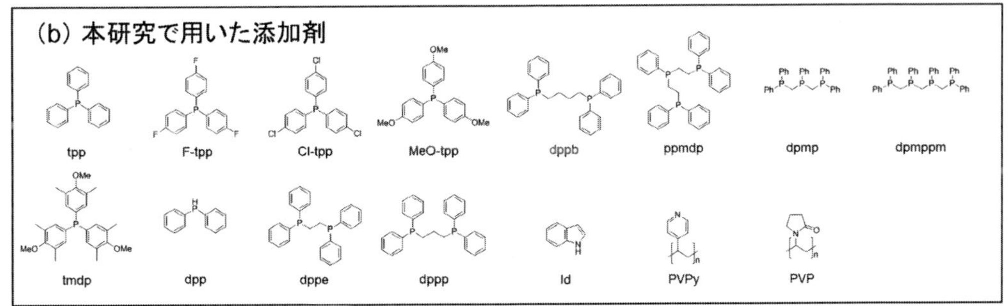

図2　n型単層カーボンナノチューブのための(a)既報の添加剤ならびに(b)本研究で用いた添加剤

100 S/cm）の発見は実用上意義深い。熱電材料としてパワーファクターの観点からみると，tppとdpppをドープした単層カーボンナノチューブ（産業技術総合研究所製，スーパーグロースカーボンナノチューブ）では25 μV/Kに達し，既報の添加材であるポリエチレンイミンを用いた場合に比べて2.5倍増大した（図3(b)）。従来半導体材料の比重が5 g/cm^{3}以上であることに対し，カーボンナノチューブフィルムでは0.5 g/cm^{3}以下と極めて軽いことも本材料の特徴である。

得られたカーボンナノチューブシートを用いて3段の双極型熱電発電シートを作製し，温度差発電のデモンストレーションを行った。tppを添加したカーボンナノチューブをn型素子，テトラシアノキノジメタン（TCNQ）を添加した

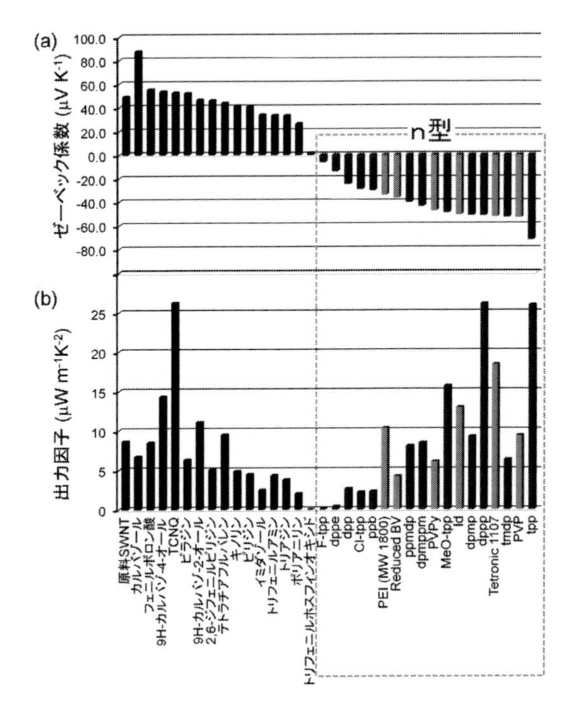

図3　種々の添加剤を複合化した単層カーボンナノチューブシートの(a)ゼーベック係数と(b)出力因子

カーボンナノチューブをｐ型素子とし，これらを銅箔で電気的に接続し，フッ素樹脂（ダイキン工業，ダイエルG-901）でサンドイッチすることで簡易的な熱電発電シートを試作した。この熱電発電シートは折り曲げても破損することはない。用いたカーボンナノチューブシート（厚み約100 μm）は自立膜においても柔軟であり，熱電発電シート全体の形状変化にも十分追従する（図4(a)）。試作した熱電発電シートはそれぞれの両極素子のゼーベック係数を反映した起電力を生じ，しなやかな熱電変換の動作原理が実証された（図4(b)）。

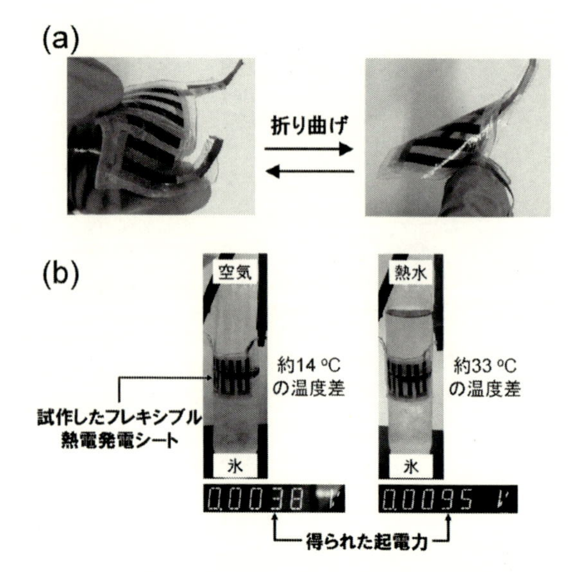

図4　(a)単層カーボンナノチューブを用いて試作した熱電発電シートと(b)氷／空気および氷／温水の温度勾配下における動作実証

カーボンナノチューブのｎ型化に関する学理についても現時点での考え方を述べておきたい。添加剤からカーボンナノチューブへの電荷移動を考える。添加剤の電子供与性をルイス塩基性と置き換えると，添加剤の最高占有軌道準位（HOMO）が重要であることが推察される。種々の化合物群のHOMOのエネルギー準位を密度汎関数法により算出し，これとカーボンナノチューブ複合体シートのゼーベック係数をプロットすると，およそ－5.6 eVから－4 eV付近までのHOMO領域にｎ型材料が集まることがわかる（図5(a)）。またドープ後のカーボンナノチューブの仕事関数がドープ前から約0.15 eVシフトしており（図5(b)），これは用いたカーボンナノチューブのバンドギャップにほぼ対応している。同様のシフト現象はアルカリ金属添加の際にも観測されており[25]，このことからもカーボンナノチューブの伝導帯への電子注入が示唆された。用いたｐ型単層カーボンナノチューブの仕事関数がおよそ－4.8 eVであることを考慮すると，0.8 eVもより深い添加剤のHOMO準位からカーボンナノチューブの伝導帯への熱活性化電子移動が生じていることが示唆される[29]。

4　クラウンエーテル錯体を用いたｎ型カーボンナノチューブ

つぎに，さらなる安定化を目指しカウンターカチオンの巨大化を目指した。ｎ型CNTへ種々の陽イオン導入を種々検討した結果，クラウンエーテル－金属イオン錯体のような極めて非局在化した超分子型の陽イオン化学種（図1(b)）がｎ型CNTを安定化することを見出した。まず，単層CNT（KH Chemicals社製，HPグレード）から作製したフィルム（バッキーペーパー）を代表的な還元性塩であるナトリウムボロヒドリド（$NaBH_4$）と15-クラウン-5-エーテルを含む

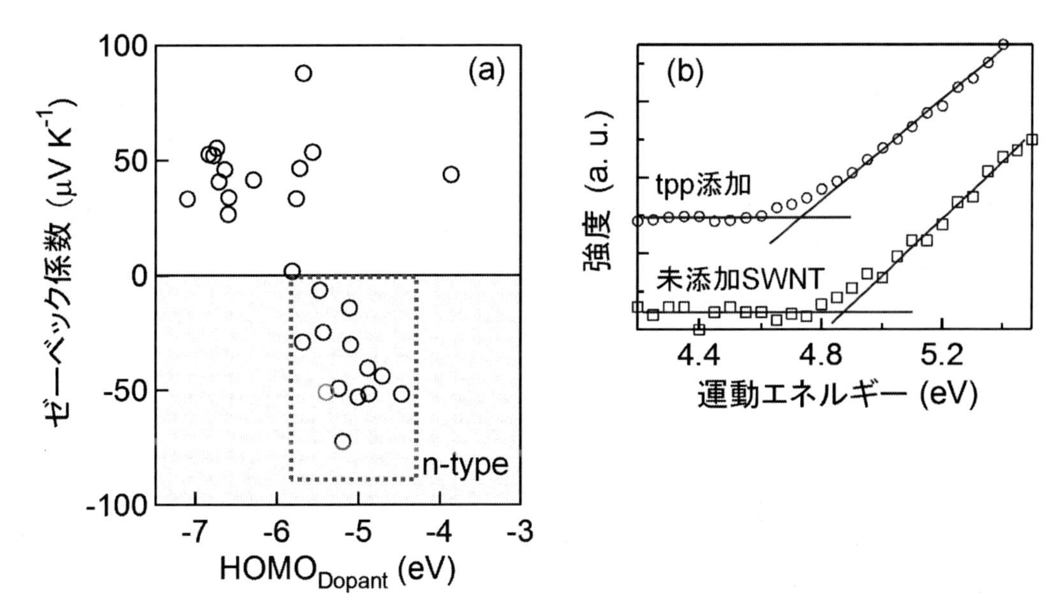

図5　(a)添加剤のHOMOと対応する複合シートのゼーベック係数の関係性および(b)未添加とtppを添加した単層カーボンナノチューブシートの光電子分光スペクトル

エタノール溶液を浸し，取り出した後に十分に乾燥したものを試料とした。ゼーベック係数の符号からキャリア極性を判別できるが，原料のCNTが正の値を与えたことからp型であること，クラウンエーテルと$NaBH_4$単独では若干のドーピングがみられるが大気下では徐々に初期状態へ戻ることが明らかとなった。一方で，双方の試薬を含むCNTフィルムは大気下で極めて安定なn型伝導を示した（図6）。このことは前節の作業仮説を強く支持する結果である。

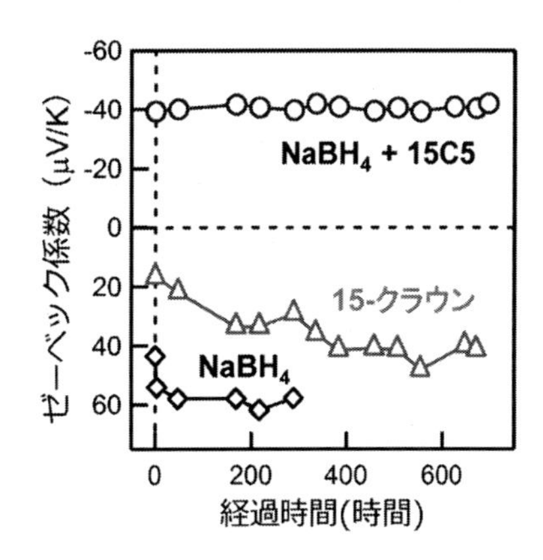

図6　$NaBH_4$と15-クラウン-5-エーテル（15 C5）を用いて調製したCNTフィルムの熱電特性

つぎに，このドーピング技術の拡張性を示す。クラウンエーテルを用いて金属塩を捕捉すると，陽イオンはクラウンと安定な錯体を形成する。一方で陰イオンは陽イオンから引きはがされ，またクラウンエーテルによる電荷遮蔽の効果により不安定化する。この遊離した陰イオンはNaked Anion（裸の陰イオン）と呼ばれ，極めて高い電子供与性を示すことが知られている。また，クラウンエーテルは自身の内包空間のサイズにより特定の金属イオン種を選択的に取り込みやすい性質をもつ[30]。そこで環サイズの異なるクラウンエーテルと種々の金属イオンを用いて，比較的取扱いの用意な金属塩によるn型ドーピングの可能性を調べた。0.1 mol/Lのクラウンエーテル錯体およびオニウム錯体のエタノール溶液を用いたCNTのn型ドーピングの結果を図7(a)に示す。まず，CNTフィルムへ水酸化ナトリウムやクラウンエーテルを単独に作用させても負のゼーベック係数はみられないが，両者を共存させると極めて再現性良くn型材料が得られた。同様に，一般的に不活性であるハロゲン化物やアルコキシドまでもがn型ドーピングを誘導することが明らかとなった。一部の有機オニウム塩の水酸化物やアルコシキドなども安定性に問題は残るが，n型CNTを与えた。このようなアニオン誘起電子移動[31]は電荷遮蔽に加えてHSAB則に従ったアニオンの活性化により生じることが考えられる。実際に15-クラウン-5と種々のナトリウム塩を用いてCNTのゼーベック係数を調べたところ，陰イオン種のサイズに応じてn型ドーピングの効率に違いがあることが示された（図7(b)）。とくに小さなアニオンである水酸化物イオン（133 pm）や塩化物イオン（172 pm）では比較的高効率なn型化が見出された。すなわちクラウンに内包された金属イオンに対しトリフラート（307 pm）のような大きなアニオンは比較的安定なイオンペア（錯体）を形成できるが，小さな陰イオンでは安定なイオンペアを形成できず，アニオン誘起電子移動を誘導すると考えられる。

最後に耐熱性について述べる。図8に100℃におけるn型CNT（名城ナノカーボン，EC2.0）

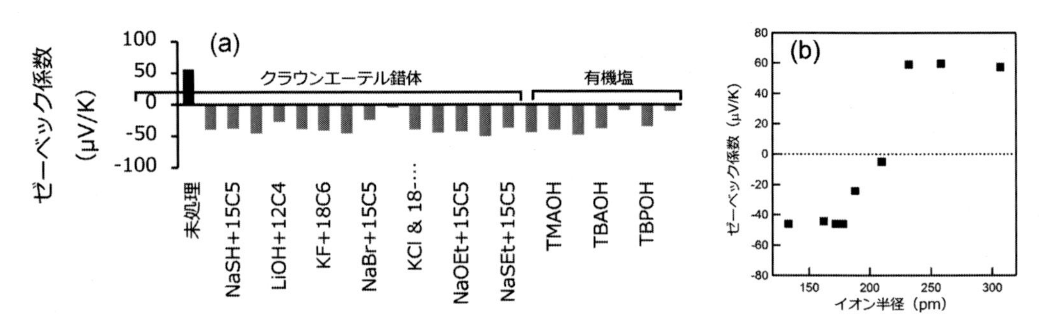

図7　(a)クラウンエーテルならびにオニウム塩を基盤とするCNTのn型ドーピング，
(b)クラウンエーテル金属錯体によるドーピングのアニオンサイズ依存性

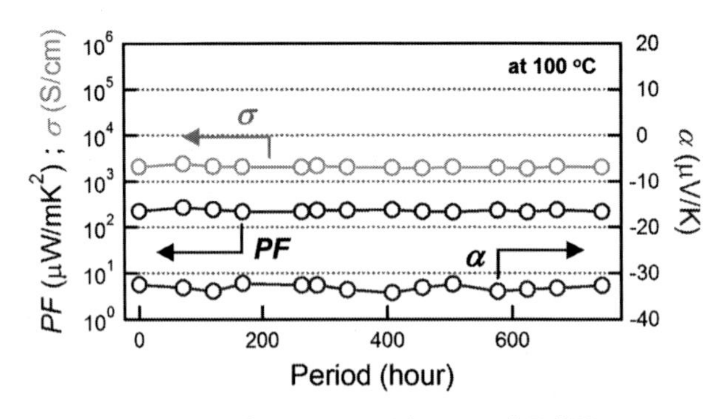

図8　100℃におけるn型CNTの熱電特性
電気伝導度（σ），ゼーベック係数（α），出力因子（PF）

の耐熱性を示す。ドーパントには水酸化カリウムとベンゾ-18-クラウンを用いた。図8より，いずれの熱電パラメータも700時間（約1ヶ月）以上，顕著な劣化はみられなかった[32]。図6(b)のような芳香族構造を有する超分子ドーパントがとくに優位な熱安定性を与えた。現在，種々の芳香族クラウンエーテルを調製し，そのドーピング作用を検討している[33]。

5　まとめ

超分子相互作用を駆使した大気下で安定なn型CNTの調製法とその主導原理について熱電変換特性を切り口に紹介した。n型CNTの安定性の課題についてはほぼ解決したと思われるが，発電性能にはまだまだ改善の余地がある。実験的に求められた室温付近の無次元性能指数ZT（$\alpha^2\sigma T/\kappa$）はおよそ0.01と従来無機材料の1/10程度の水準である。ドーピング，構造分離，さらにはプロセスに至る熱電応用へ向けたパッケージ技術の提案，実証が待たれる。

謝辞

本稿で紹介した研究成果は科研費研究活動スタート支援（JP23810021），若手研究（B）（JP26790014），村田学術振興財団研究助成，新エネルギー・産業技術総合開発機構（NEDO），科学技術振興機構さきがけ（JPMJPR16 R6）の助成により行われました。測定や試料提供をいただいた共同研究者の皆様，ならびに日々の研究推進にあたった研究室の学生，技術補佐員の諸氏に感謝いたします。

文　　献

1）梶川武信，熱電変換技術ハンドブック，3-13，NTS（2008）
2）US Patent No.3, 554, 815（1971）
3）A. Yadav, K.P. Pipe, M. Shtein, *J. Power Sources*, **175**, 909-913（2008）
4）K. Kato, Y. Hatasako, M. Kashiwagi, H. Hagino, C. Adachi, K. Miyazaki, *J. Electronic Mater.*, doi, 10.1007/s11664-013-2852-0（2013）
5）N. Sato, M. Takeda, South Carolina, 160-163（2005）
6）K. Takahashi, T. Kanno, A. Sakai, H. Tamaki, H. Kuasada, Y. Yamada, *Sci. Rep*, **3**, 1501-1-5（2013）
7）西尾亮，青合利明，林直之，高橋衣里，WO2013/065631 A1 T
8）O. Bubnova, Z.U. Khan, A. Malti, S. Braun, M. Fahlman, M. Berggren, X. Crispin, *Nature Mater.*, **10**, 429-433（2011）
9）Q. Wei, M. Mukaida, K. Kirihara, Y. Naitoh, T. Ishida, *Appl. Phys. Exp*, **7**, 031601（2014）
10）M. Xu, D.N. Futaba, T. Yamada, M. Yumura, K. Hata, *Science*, **330**, 1364-1368（2010）
11）Y. Won, Y. Gao, M.A. Panzer, R. Xiang, S. Maruyama, T.W. Kenny, W. Cai, K.E. Goodson, *Proc. Natl. Acad. Sci. U.S.A*,. **110**, 20426-20430（2013）

12) S. Iijima, *Nature*, **354**, 56-58 (1991)
13) A. Oberlin, M. Endo, T. Koyama, *J. Cryst. Growth*, **32**, 335-349 (1976)
14) K. Hata, D.N. Futaba, K. Mizuno, T. Namai, M. Yumura, S. Iijima, *Science*, **306**, 1362-1365 (2004)
15) T. Saito, S. Ohmori, B. Shukla, M. Yumura, S. Iijima, *Appl. Phys. Express*, **2**, 095006 (2009)
16) A.D. Franklin, S.O. Koswatta, D.B. Farmer, J.T. Smith, L. Gignac, C.M. Breslin, S.-J. Han, G.S. Tulevski, H. Miyazoe, W. Haensch, J. Tersoff, *Nano Lett.*, **13**, 2490-2495 (2013)
17) M.S. Arnold, A.A. Green, J.F. Hulvat, S.I. Stupp, M.C. Hersam, *Nature Nanotech.*, **1**, 60 (2006)
18) X. Tu, S. Manohar, A. Jagota, M. Zheng, *Nature*, **460**, 250-253 (2009)
19) H. Liu, D. Nishide, T. Tanaka, H. Kataura, *Nature Commun.*, **2**, 309-1-8 (2011)
20) Y. Nakai, K. Honda, K. Yanagi, H. Kataura, T. Kato, T. Yamamoto, Y. Maniwa, *Appl. Phys. Express*, **7**, 025103 (2014)
21) A.D. Avery, B.H. Zhou, J. Lee, E.-S. Lee, E.M. Miller, R. Ihly, D. Wesenberg, K.S. Mistry, S.L. Guillot, B.L. Zink, Y.-H. Kim, J.L. Blackburn, A.J. Ferguson, *Nat. Energy*, **1**, 16033 (2016)
22) M. Ohnishi, T. Shiga, J. Shiomi, PRB, 95, 155405 (2017)
23) R.G. Pearson, *J. Am. Chem. Soc.*, **85**, 3533 (1963)
24) R. Czerw, M. Terrones, J.-C. Charlier, X. Blase, B. Foley, R. Kamalakaran, N. Grobert, H. Terrones, D. Tekleab, P.M. Ajayan, W. Blau, M. Rühle, D.L. Carroll, *Nano Lett.*, **1**, 457-460 (2001)
25) R.S. Lee, H.J. Kim, J.E. Fischer, A. Thess, R.E. Smalley, *Nature*, **388**, 255-257 (1997)
26) M. Shim, A. Javey, N.W.S. Kam, H. Dai, *J. Am. Chem. Soc.*, **123**, 11512-11513 (2001)
27) S.M. Kim, J.H. Jang, K.K. Kim, H.K. Park, J.J. Bae, W.J. Yu, I.H. Lee, G. Kim, D.D. Loc, U.J. Kim, E.-H. Lee, H.-J. Shin, J.-Y. Choi, Y.H. Lee, *J. Am. Chem. Soc*, **131**, 327-331 (2009)
28) D.M. de Leeuw, M.M. J. Simenon, A.R. Brown, R.E.F. Einerhand, *Synth. Met.*, **87**, 53-59 (1997)
29) Y. Nonoguchi, K. Ohashi, R. Kanazawa, K. Ashiba, K. Hata, T. Nakagawa, C. Adachi, T. Tanase, T. Kawai, *Sci. Rep*, **3**, 3344-1-7 (2013)
30) G.W. Gokel, D.M. Goli, C. Minganti, L. Echegoyen, *J. Am. Chem. Soc.*, **105**, 6786 (1983)
31) C.-Z. Li, C.-C. Chueh, F. Ding, H.-L. Yip, P.-W. Liang, X. Li, A. K.-Y. Jen, *Adv. Mater.*, **25**, 4425 (2013)
32) Y. Nonoguchi, M. Nakano, T. Murayama, H. Hagino, K. Miyazaki, R. Matsubara, M. Nakamura, T. Kawai, *Adv. Funct. Mater.*, **26**, 3021 (2016)
33) 池田智博，野々口斐之，河合壯，第63回応用物理学会春季学術講演会予稿集，19a-P3-20 (2016)

第7章　有機強誘電体との界面形成に基づくカーボンナノチューブ熱電材料の極性制御

堀家匠平*[1]，石田謙司*[2]

1　はじめに

熱を電気に変換する熱電変換デバイスは，物質両端に温度差を与えた際，荷電キャリアの拡散に基づき電位差（起電力）が生じるゼーベック効果を利用しており，可動部や化学反応を使用しないメンテナンスフリーな環境発電技術としての利点がある。またゼーベック効果自体は原理的にサイズ効果を受けず，スケーラブルである点にも利点がある。熱電素子の変換効率は理想的なカルノー効率の制約を受けるために光電変換等，その他の発電素子と比べると一般に低いが，排熱自体は人間活動のあらゆる場面で定常的に少なからず発生するため環境発電との相性がよい。熱電素子の性能は一般に無次元性能指数：

$$ZT = \frac{S^2 \sigma T}{\kappa} \tag{1}$$

およびパワーファクタ：

$$P = S^2 \sigma \tag{2}$$

を尺度として評価される。ここで T は絶対温度，σ は導電率，κ は熱伝導率であり，S はゼーベック係数（単位温度差 ΔT 当たりの出力電圧 ΔV）として以下の式で与えられる。

$$S = \left| \frac{\Delta V}{\Delta T} \right| \tag{3}$$

大きな ZT が高変換効率のデバイスを与えるため，大きなゼーベック係数と導電率，小さな熱伝導率を持つ材料が求められる。従来，無機材料にて高 ZT（≥ 1）が見出され，一部が宇宙開発用途等で実用されてきたが，構成材料の脆性や毒性，重量，埋蔵量の問題から環境発電用途にはさらなるブレークスルーが求められる。

上記背景のもと，筆者らのグループは次世代熱電変換材料として有機半導体や導電性高分子，ナノカーボンに代表される分子性固体に着目し，その界面電荷分布制御やドーピング制御を通し，環境発電素子への応用と高効率化の可能性を探索してきた。当材料の①フレキシビリティ（柔軟性・湾曲性），②無毒性，③軽量性，④豊富な埋蔵量といった，既に商用化されている無機材料へは付与しにくい性質はさることながら，⑤多様な量子状態（HOMO/LUMO）を実現する

＊1　Shohei Horike　神戸大学　大学院工学研究科　応用化学専攻　博士研究員
＊2　Kenji Ishida　神戸大学　大学院工学研究科　応用化学専攻　教授

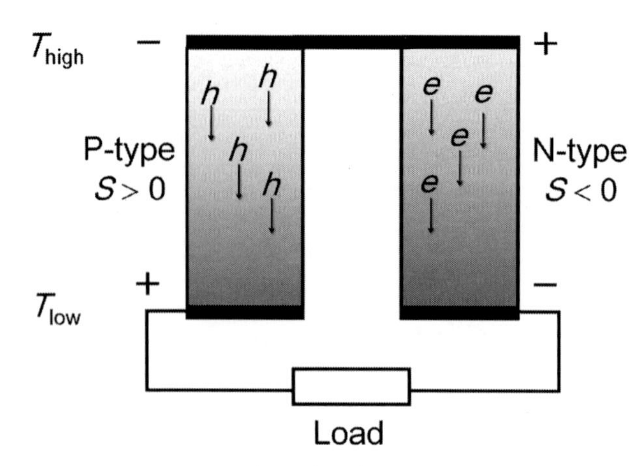

図1　双極型（π型）モジュール

材料種の幅広さ，⑥印刷法に代表されるプロセス費の低減等の物理的・化学的特徴は，熱電変換デバイスにおける新たな学術研究・産業分野の創出を想起させる。より重要なことには，これら材料の熱伝導率が無機熱電変換材料と同等から1/10程度と低く，同程度のZTを実現するのに必要なパワーファクタをそれだけ低く抑えられる利点が挙げられる。将来的には体温での発電をも想定され，軽量で柔軟なデバイス形態と中低温領域での効率的な発電を実現する上でも分子性材料を用いた熱電変換素子の研究開発は意義深いと言える。

発電用途として用いられる熱電材料は半導体が主である。半導体の極性は，一般には材料中の多数キャリアによって決定され，多数キャリアが電子であればn型，ホールであればp型半導体となる。ゼーベック係数の符号は多数キャリアの電荷の符号に一致するように定義されており，それぞれn型半導体でマイナス，p型半導体でプラスのゼーベック係数を持つ。熱電素子は一般に単一材料のみでは十分な出力を得ることができないため，“双極型モジュール（π型モジュール）”と呼ばれるデバイス構造をとることで電圧を加算する（図1）。より高い発電量を得るためにはn型，p型双方の半導体極性が必要となるが，分子性半導体材料の多くが大気中にてp型特性を示す上，安定な電子注入手法に関する学理は研究途上であり，当該材料群の開発課題となっている。

2　カーボンナノチューブ熱電材料の極性制御手法

単層カーボンナノチューブ（Single-Walled carbon nanotube；SWCNT）はグラフェン1枚を継ぎ目なく巻いた構造に等しいナノカーボン材料であり，軽量性や柔軟性を兼ね備えつつ，鋼鉄以上の強靭さを持つとされる。さらにキャリア移動度も極めて大きいため，21世紀のナノテクノロジーを担う夢の新素材として期待される。併せて，分子性固体の中でも比較的大きなゼーベック係数（$10\sim10^2\,\mu V\ K^{-1}$）[1,2]，バルクとして小さな熱伝導率（$10^{-1}\sim10^1\ W\ m^{-1}K^{-1}$）[3]を示すことから，フレキシブル熱電材料としても近年注目を集めている。

SWCNTを熱電材料として扱う際，その半導体極性が主にp型であることから，いかに大気安定なn型SWCNTを実現するかが課題となる。典型的なSWCNTへのドーピング手法として，図2に示す①格子置換型，②電荷移動型，③電界効果型の3つが存在する。①の格子置換型ドーピングは，SWCNT表面を構成する炭素原子の一部をヘテロ原子で置換，電荷を導入するものであり，合成段階でドーピングを行える利点があるものの，ドーピング準位の深さや炭素の発達したπ共役を損なう等の問題がある。②の電荷移動型ドーピングは，適切なイオン化ポテンシャル（約6.5 eV以下），電子親和力（約2.5 eV以上）を持つドーパントをSWCNT表面または内空間に吸着させ，電荷移動相互作用により電荷を導入するものである。初期の研究では，カリウム等をドナーとした電子注入が見出されているが，一般に大気中不安定である。③の電界効果型ドーピングは，電界効果型トランジスタ（Field effect transistor；FET）の素子構造において，ゲート電圧の符号によりSWCNTに蓄積される電荷の符号を選択するものである。正負のゲート電圧印加において電子，ホール双方を蓄積，輸送できるSWCNT自体の性質（両極性伝導，アンバイポーラ）を利用している[4]。

3　電界効果型ドーピングにおける有機強誘電体の利用

電界効果型ドーピングを熱電素子応用する場合，ゲート電圧オフにおいてその極性を維持できないため，電圧を印加し続けるための電源が必要となる。これは発電デバイスであるにも関わらず常に電力を消費する点において矛盾となる。これに対し，FETの誘電層部分に強誘電体を適用した場合，電源OFF時にも極性保持することが可能となる。電界によって分極し電気を貯めこむ性質が誘電性であり，電荷の蓄積は電界に比例して線形的に生じるが，ある種の物質では電界がなくても自発的に分極を生じる。強誘電性とは，このように自発分極が外部電界によって反転し，かつゼロ電界においても保持される非線形な誘電現象である。強誘電体を絶縁膜に用いたFETは強誘電トランジスタ（Ferroelectric-gate FET；FeFET）と呼ばれる。通常のFETが誘電体の分極をもって界面にチャネルを形成するのに対し，FeFETでは強誘電体の自発分極に

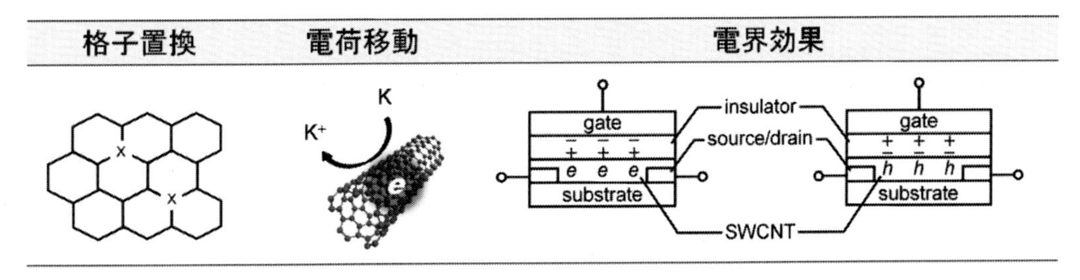

図2　SWCNTへの電荷注入手法の概念図

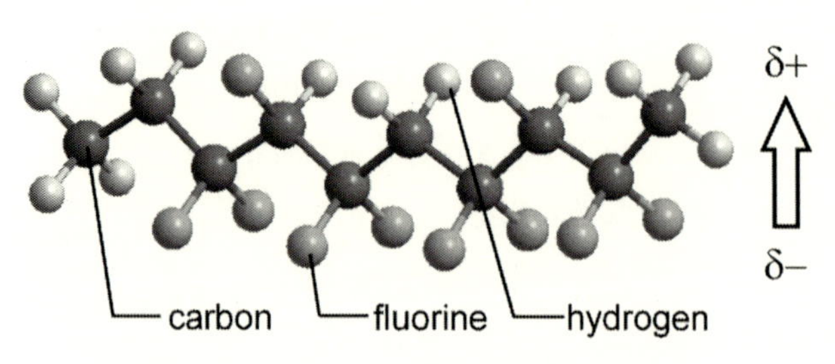

図3　P（VDF/TrFE）の分子構造と自発分極

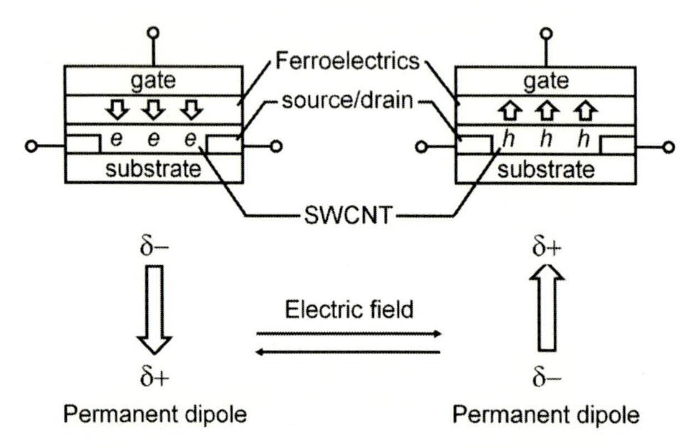

図4　FeFET と分極による SWCNT 極性制御の概念図

よってチャネルを誘起することになる。ゲート電圧による SWCNT のアンバイポーラ特性，強誘電体の分極の不揮発性を組み合わせることで，SWCNT の極性制御・保持を行うことができると予想される。

本研究では，SWCNT の軽量性，柔軟性，湿式法による成膜という特長を活かすため，vinylidenfluoride（VDF）と trifluoroethylene（TrFE）のランダム共重合体である有機強誘電体 P（VDF/TrFE）を使用した（モル比 VDF：TrFE＝75：25）。その構造は図3に示す通り，炭素主鎖に対して水素とフッ素が結合した単純なものでありながら，主鎖と直交方向にモノマー当たり 2.1 D の巨大な自発分極を形成している。P（VDF/TrFE）の強誘電性はこの自発分極が電界によって向きを変えるとともに，電界オフにおいて保持されることによってもたらされる。ここでは，図4に示す FeFET 型熱電素子を構築し，P（VDF/TrFE）の分極により SWCNT 中の蓄積キャリアを電子／ホールのいずれかに選択することで，ゼーベック係数の符号をそれぞれ負／正に制御し，π型モジュールの構築によって発電量を向上させた事例を紹介する。

4　SWCNT/P（VDF/TrFE）積層素子の作製と熱電変換特性

SWCNT と P（VDF/TrFE）の界面形成ならびに分極による SWCNT 極性制御を行うに当た

り，まずSWCNTの薄膜化を行った。材料のロスを最小限に留め，所望の個所にサイズ（面積，膜厚）を統一した成膜を行うとともに，π型モジュールを緻密かつ高速に作製する目的でインクジェット法を採用した。界面活性剤を水に溶かし，ここにeDIPS法（enhanced Direct Injection Pyrrolytic Synthesis method）にて合成されたSWCNTを投入，超音波照射することで，市販されているSWCNTインクと同等の濃度のSWCNT水分散液を得た。これをインクとしてインクジェット装置にて基板上に吐出することでSWCNTを成膜（膜厚：約100 nm）した。P（VDF/TrFE）の2-butanone（methylethylketone；MEK）溶液をSWCNT薄膜上にスピンコートすることでP（VDF/TrFE）薄膜を積層した（膜厚；約1 μm）後，ポーリングのためのAl上部電極を蒸着した。

強誘電体の電気物性で最重要の評価方法は“誘電ヒステリシス”測定である。強誘電体を2つの電極で挟み込んだキャパシタ構造において，電極に電圧を印加し，強誘電体に電界を与えると，電流のスイッチングカーブと電気変位量のヒステリシスループが観測される。図5に示すのは，SWCNT/P(VDF/TrFE)/Al積層構造にて下部SWCNTと上部Alを電極としてP（VDF/TrFE）に電界を印加した際に得られた電気特性である。電流密度のピークは，強誘電体の自発分極によって電極に補償されていた電荷が，自発分極の反転に伴い外部回路に流れ出すことで観測されるものであり，強誘電体に特有の挙動である。この電流ピークが見られる電界強度は，自発分極の反転を起こすのに必要な電界であり，抗電界（Coercive electric field；E_C）として定義されている。一方，通常の誘電体では電気変位量がゼロ電界においてゼロの値を取るが，強誘電体ではゼロ電界において電気変位量が有限の値を取る非線形な挙動を示す。つまりヒステリシスとして観測される。このことは，自発分極が電界オフ時にも双安定に保持されることに起因し，ゼロ電界において保持される分極量は残留分極量（Remanent polarization；P_r）と定義されている。本素子において観測された各パラメータは，$P_r = 71$ mC m^{-2}，$E_c = 76$ MV m^{-1}であり，P（VDF/TrFE）の強誘電特性として妥当なデータである[5)]。別の見方をすれば，SWCNT膜がP

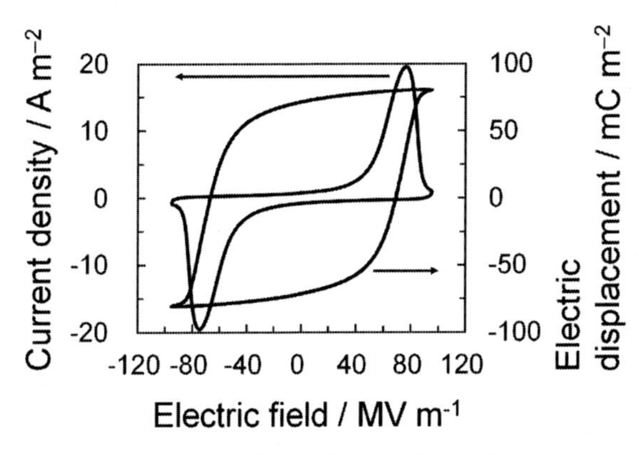

図5　SWCNT/P(VDF/TrFE)/Al積層素子にて得られた電流スイッチングカーブと電気変位量ヒステリシスループ

(VDF/TrFE) 分極反転のための電極として振る舞い，ゼロ電界においても分極の向きによってSWCNT に正負の電荷を選択的に蓄積可能であることが確認されたと言える。

続いてこの分極の効果を検証するため，図4に示した素子において熱電測定を行った。P (VDF/TrFE) の分極反転を行うことで，電界印加後に保持されるP (VDF/TrFE) の分極の向きを“Up”と“Down”のそれぞれに作り分けた。その後，加熱・冷却機構を組み合わせた自作装置によって下部電極間に温度差を付与するとともに起電力を計測した。図6に，300 K にて計測した ΔV-ΔT (電位差 - 温度差) プロットを示す。(3)式より，この直線の傾きがゼーベック係数に相当する。また，低温側に出力された電位の符号ならびに傾きの符号から熱電材料の半導体極性 (n 型 /p 型) を判断できるが，P (VDF/TrFE) の積層なしに測定した SWCNT (以下 control SWCNT と呼ぶ) のゼーベック係数は $+50\,\mu$V K^{-1} であり，p 型であった。これは大気中の酸素の吸着，電荷移動によって SWCNT にホール注入されたためであると考えられる。一

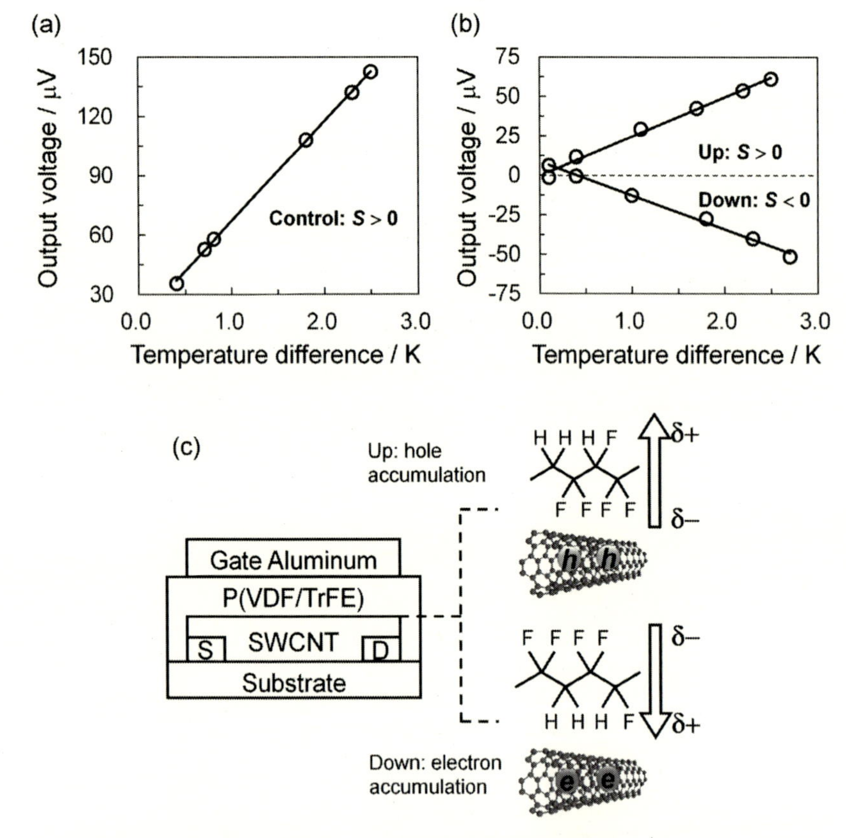

図6 (a) Control SWCNT 薄膜および(b) P (VDF/TrFE) 積層素子 (分極 Up, Down) のゼーベック係数測定。2つの下部電極のうち，低温側温度を 300 K に固定し，高温側温度を変え温度差をつけた。また，高温側電極をグラウンドとして低温側電極の電位を測定した。(c)界面分極形成に伴う SWCNT へのキャリア蓄積モデル

方，P（VDF/TrFE）積層デバイスにおいては，起電力の符号ならびに直線の傾きが分極の向きによって変化し，Up stateにてゼーベック係数＋25 μV K^{-1}（p型），Down stateにて－25 μV K^{-1}（n型）が得られた。ゼーベック係数の符号が分極の向きによって変化することは，SWCNT/P（VDF/TrFE）界面に選択的なキャリアの蓄積が生じ，かつこれらが温度差のもとで拡散したことによるものと説明でき（図6(c)），強誘電体の分極を用いることで，電圧オフ時にもSWCNTの極性（n型/p型）を保持可能であることが実証された。

ゼーベック係数と導電率を図7(a)，(b)に示す。control SWCNTのゼーベック係数が約＋50 μV K^{-1}である一方，P（VDF/TrFE）積層素子においては分極の向きに関わらず絶対値は約25 μV K^{-1}となり，およそ半減する結果となった。逆に導電率はcontrol SWCNTで0.5 S cm^{-1}前後，積層素子では分極の向きに関わらず約1.2 S cm^{-1}と増加する挙動が得られた。双方の物性値は，物質中のキャリア濃度nによって下式で結ばれる。

$$\sigma = ne\mu \tag{4}$$

$$S = \frac{k_B}{e}\left(-ln\frac{n}{n_0} + \delta\right) \tag{5}$$

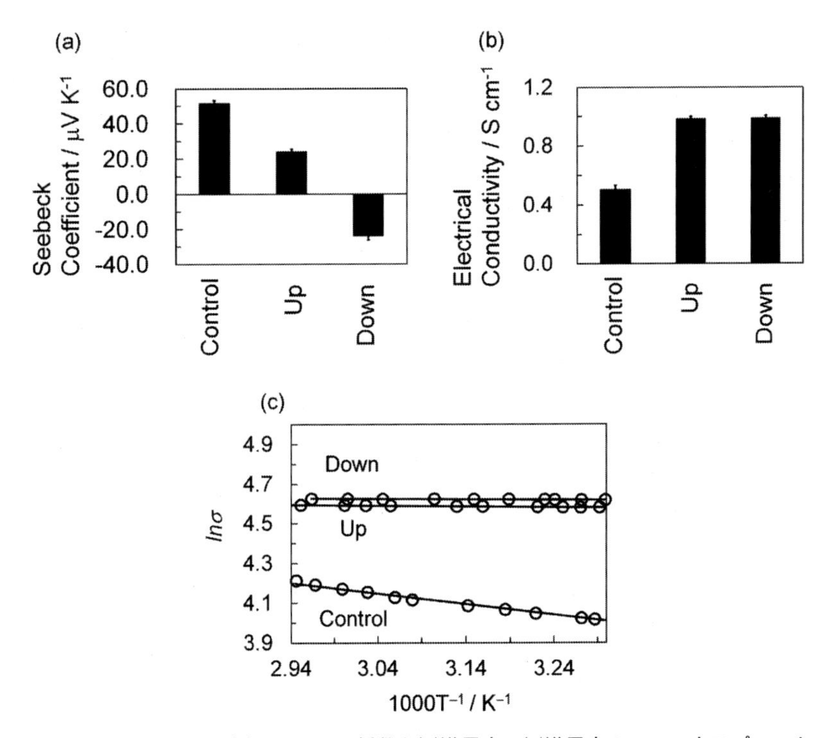

図7　300 Kにおける(a)ゼーベック係数と(b)導電率，(c)導電率のアレニウスプロット

$$n_0 = \frac{1}{2}\left(\frac{2m^* k_B T}{\pi \hbar^2}\right)^{\frac{3}{2}} \tag{6}$$

ここで，e は素電荷，μ はキャリア移動度，k_B はボルツマン定数，δ は散乱機構によって決まる定数，m^* はキャリアの有効質量，$\hbar$ は Plank 定数である。ゼーベック係数の減少と導電率の増加は，双方が相補的な関係にあるとする，典型的な熱電理論に即した変化である。すなわち，P（VDF/TrFE）の分極を補償するために外部回路から SWCNT にキャリアが注入，蓄積する効果ゆえにキャリア濃度が増加し，導電率の増加とゼーベック係数の減少をもたらしたと考えられる。このように，同一材料・同一界面において，分極の向きのみをパラメータとして，SWCNT の極性を効果的に制御することに成功している。

このキャリア濃度増加を裏付けるため，導電率の温度依存性を計測し，アレニウスプロットから活性化エネルギーを求めた。不純物領域における半導体の導電率の温度依存性は一般に，

$$\sigma = \sigma_0 exp\left(-\frac{\Delta E_a}{k_B T}\right) \tag{7}$$

で表されるため，その自然対数を取ることで，

$$ln\,\sigma = ln\,\sigma_0 - \frac{\Delta E_a}{k_B T} \tag{8}$$

と書くことができる。ここで，σ_0 はプレエキスポネンシャルファクタ，ΔE_a は電子熱励起の活性化エネルギーである。活性化エネルギーの低下はキャリア濃度の増加を促進するため，活性化エネルギーの低下が観測されれば，P（VDF/TrFE）分極形成に伴うキャリア濃度の増加を裏付けることができる。

SWCNT/P（VDF/TrFE）積層デバイスにおける導電率の温度依存性は，図 7(c)に示すように，導電率のアレニウスプロットにおいて直線的挙動をとり，この直線の傾きから活性化エネルギーを算出した結果，control SWCNT では 45.6 meV と，酸素ドープされた SWCNT 薄膜として妥当な値となった[6]。P（VDF/TrFE）を積層し分極を形成することで，この値は 2.07 meV（Up）および 9.51 meV（Down）と一桁の大きな減少を示した。この活性化エネルギーの低下は，SWCNT のキャリア濃度増加を直接的に示し，SWCNT への選択的なホールまたは電子の蓄積を実証する結果である。

5 π型モジュールの構築

P（VDF/TrFE）の分極方向により極性制御した SWCNT 薄膜を使用して π 型モジュールを構築し，出力の向上を試みた。図 8(a)に示すように，基板上に SWCNT/P（VDF/TrFE）積層型デバイスを 2 つ作製した。それぞれのゼーベック係数がプラス，マイナスとなるようにポーリングを施した後，基板面内方向に温度差を付与し低温側に位置する 2 つの電極間の起電力を測定した。図 8(b)に示す ΔV-ΔT プロットの傾きから算出される熱起電力は約 ± 50 μV K^{-1} であり，

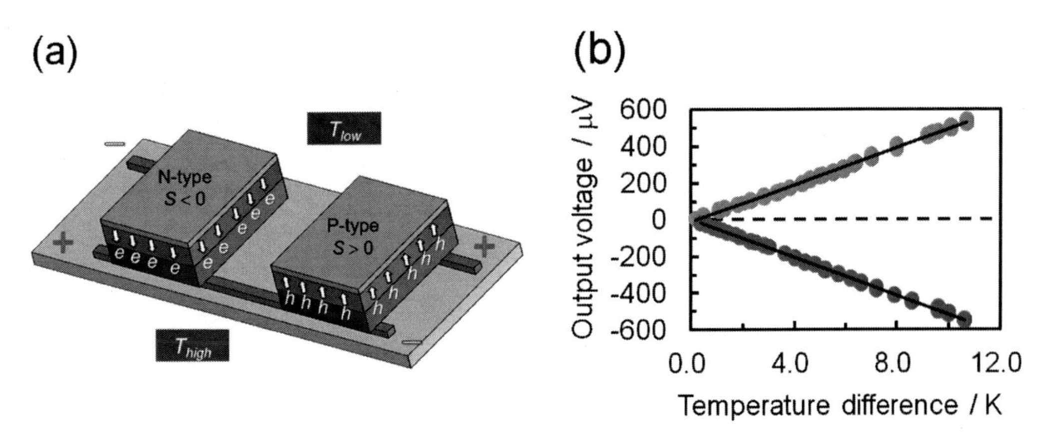

図８　(a)π型モジュールの模式図，(b)熱起電力
低温側に位置する電極間の電位差を計測した。n/p 型 SWCNT とコンタクトを取っている電極のうち，いずれをグラウンドに落とすかで符号が異なる。

独立したひとつの SWCNT 薄膜のゼーベック係数（約 ± 25 μV・K^{-1}）の足し合わせとなった。このことから，分極によって極性制御された SWCNT の熱起電力の加算によって出力を向上できることが実証された。

6　おわりに

有機強誘電体との界面形成に基づく SWCNT 熱電変換材料の開発について，筆者らの最近の研究を紹介した。耐久性や SWCNT のカイラリティ，直径，伝導型（半導体，金属）による差異等今後解明すべき課題は多数あるが，強誘電体は本質的に焦電性，圧電性も兼ね備えており，それぞれ温度変化や振動等のエネルギーをも電気変換可能である。これら性質を上手く利用すれば，「熱電，焦電，圧電ハイブリッド型エナジーハーベスター」として環境発電のさらなる普及に貢献することが期待される。

文　　献

1)　Horike *et al.*, *Jpn. J. Appl. Phys.*, **55**, 03 DC01（2016）
2)　Nakai *et al.*, *Appl. Phys. Express.*, **7**, 025103（2014）
3)　Prasher *et al.*, *Phys. Rev. Lett.*, **102**, 105901（2009）
4)　Lin *et al.*, *Nano Lett.*, **4**, 947（2004）
5)　Naber *et al.*, *Nature Mater.*, **4**, 243（2005）
6)　Wei *et al.*, *Appl. Phys. Lett.*, **74**, 3149（1999）

第8章　タンパク質単分子接合を用いたカーボンナノチューブ熱電材料の高性能化

中村雅一*

1　はじめに

数ある材料候補の中で，カーボンナノチューブ（CNT）複合材料は，柔軟性を保ちつつ高い機械的強度と高い導電率が得られることから，フレキシブル熱電材料として大いに魅力的である。しかし，理想的なCNTの持つ極めて高い導電率は大きいZTを得るために有利であるが，同時に熱伝導率も極めて高いことが不利に働く。さらに，熱電応用での材料コストを考えると，当面金属的CNTと半導体的CNTが混合されたものを用いざるを得ず，一般的にゼーベック係数が小さいことも課題である。特に，ウェアラブル用途をはじめとする低温エナジーハーベスティング用途では，第Ⅰ編　第2章に述べられているように，熱伝導率がとりわけ小さいことが望ましい。

従来，大きいZT値を得るための理想的バルク物性として，“Phonon Glass and Electron Crystal” と呼ばれる性質が重視されてきた[1]。電子が散乱されにくくフォノンが散乱されやすい材料では，導電率を大きく，熱伝導率を小さくできるからである。これと同様の概念として，“Phonon Blocking and Electron Transmitting” という性質がナノ熱電材料における理想と考えられている[2]。この方針をバルク熱電材料において実現することをめざして，筆者らのグループでは，CNT単繊維間をコアシェル型分子で橋渡しする構造をバイオナノプロセスによって自己組織的に作り込む研究を進めている[3]ので，ここに紹介する。

2　目指す接合構造とその作成法

図1に，コアシェル型分子の接合によって，熱輸送を抑制し，キャリア輸送を確保しつつ，さらに接合部のゼーベック効果をも期待する構造モデルを示す。この構造に右から左に向かう熱流を与えたとき，CNTを伝播するフォノンは柔らかいシェルを透過しづらいため，接合部に大きな温度差が生じる。一方，シェルの厚みを電子の量子トンネル効果が期待できる程度に薄くすると，シェルによる二重トンネルバリアと内包された半導体コアを通じて電

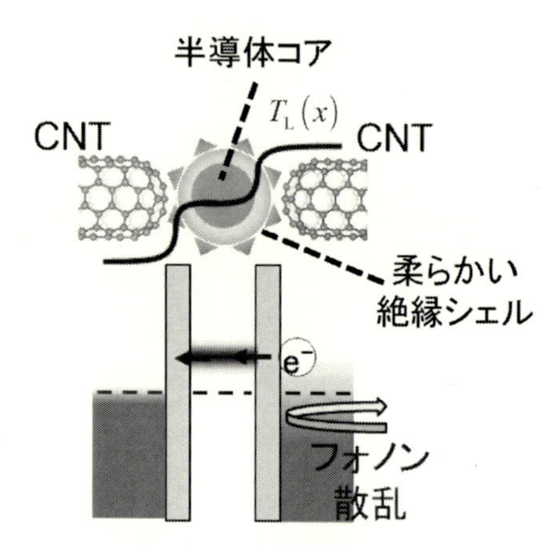

図1　コアシェル型分子接合による熱およびキャリア輸送制御法の概念図

＊　Masakazu Nakamura　奈良先端科学技術大学院大学　物質創成科学研究科　教授

子あるいは正孔が選択的かつ方向性を持って透過する。このとき，CNTのフェルミ準位に対する半導体コアの状態密度関数（DOS）の相対配置によって，伝導帯端がより近い場合は電子が，価電子帯端がより近い場合はホールが優先的に透過する。前者では負のゼーベック係数が，後者では正のゼーベック係数が接合部に生じる。

この理想的モデルを実現するためのコアシェル型分子として，筆者らのグループでは，リステリア菌由来のDpsタンパク質を用いた（図2(a)）。Dpsは，その内部空間に様々な無機粒子を内包させることができる[4,5]。さらに，遺伝子改変によってナノカーボンに選択的に吸着する能力を有するペプチド（NHBP1-peptide）[6]を末端に付与することで，それらが12個のサブユニットにそれぞれ1本シェルの外側に突出し，CNTに吸着した状態で薄膜を形成できることが確認されている[7]。本研究では，このタンパク質に硫化カドミウム，セレン化カドミウム，鉄，および，コバルトを取り込ませたものを用いた。図3に，これらを内包させたC-Dpsを基板に薄膜化して測定したX線回折プロファイルを示す。回折ピークの半値幅から，いずれも結晶子サイズがDpsの空孔サイズより小さく，多結晶が形成されていると考えられる。これらの回折パターンをデータベースと比較することによって，それぞれ，CdS，CdSe，$Fe_2O_3 \cdot nH_2O$（フェリハイドライト），および，Co_3O_4という組成の微結晶として内包されていると判断された。以後は，それぞれ，C-Dps（CdS），C-Dps（CdSe），C-Dps（Fe），および，C-Dps（Co）と称する。

CNTを水に超音波分散させたものをC-Dps水溶液と混合することにより，C-DpsをCNTに吸着させる。未反応のCNTを遠心分離（8500 rpm）によって沈殿除去し，さらに，超遠心分離（80000 rpm）後の上澄に残る未反応のC-Dpsを除去することで，目的とするナノ複合材料であるC-Dps吸着CNT（CNT/C-Dpsと称する）を得た。図4に，CNT/C-Dpsの透過電子顕微鏡（TEM）写真を示す。バンドル状態のCNTに，C-Dpsが高密度に吸着していることがわかる。この程度の吸着密度が得られれば，凝集体中のCNT単繊維（あるいはバンドル）間接合部に極めて高い確率で図2(b)のようなタンパク質単分子接合によるPhonon Blocking and Electron (Hole) Transmitting構造が自発的に形成され，高性能熱電複合材料が得られると期待される。なお，その後の研究により，遠心分離を用いないCNT/C-Dps精製法も確立しつつある。

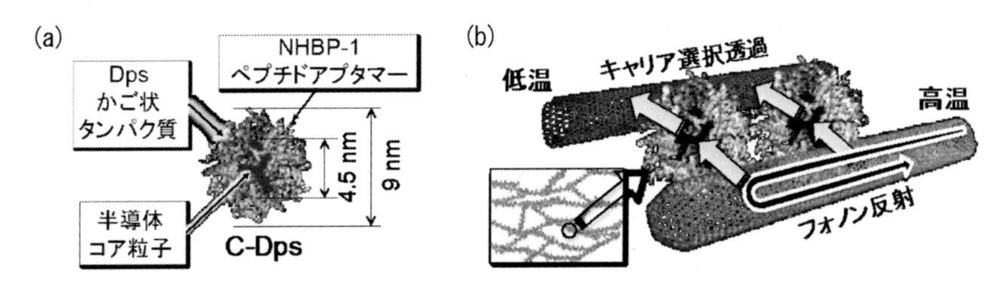

図2　(a)本研究で用いたDpsタンパク質の構造，および，(b)それがCNT単繊維間を橋渡しするバイオナノ接合のモデル図

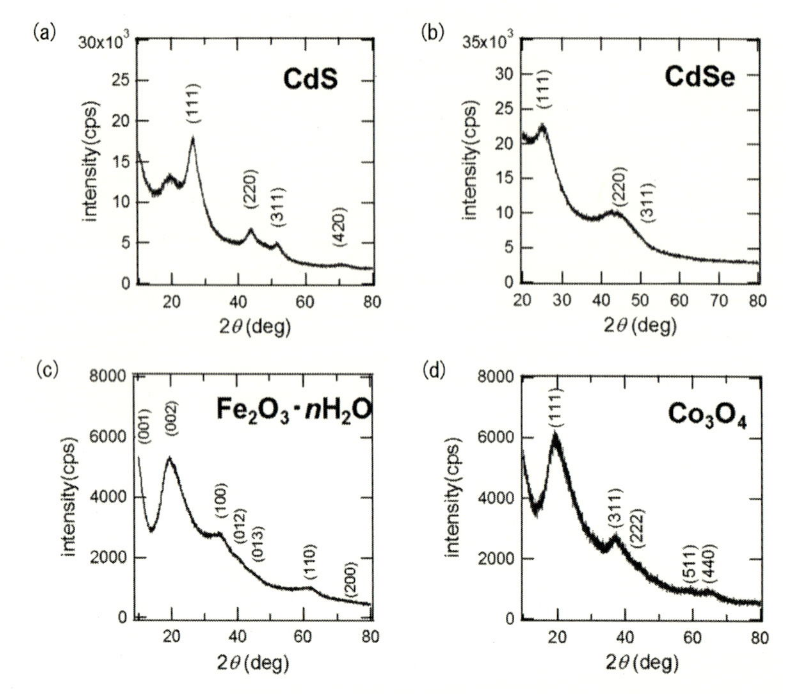

図3　(a) Cd と S，(b) Cd と Se，(c) Fe，および，(d) Co を取り込んだ C-Dps における X 線回折プロファイル
それぞれ，(a) CdS，(b) CdSe，(c) $Fe_2O_3 \cdot nH_2O$（フェリハイドライト），および，(d) Co_3O_4 の主要な回折ピークと一致している。

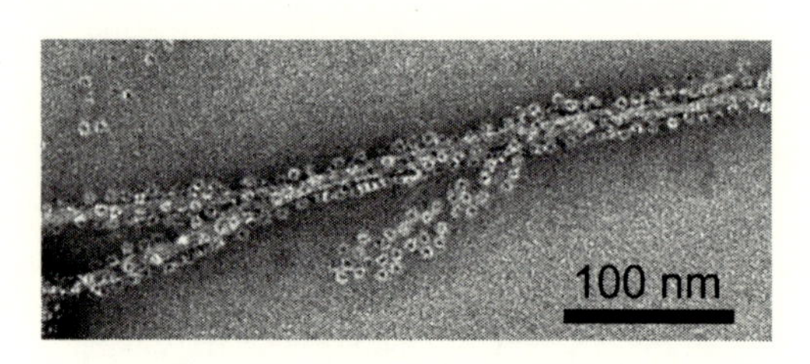

図4　C-Dps（Fe）吸着 CNT の透過電子顕微鏡写真
リンタングステン酸による染色後に観察を行った。CNT は数本が束になったバンドル状態になっており，左右に伸びる 2 組の長いバンドルが中央部で重なっている。

3　タンパク質単分子接合による熱電特性の向上効果

図5に，比較対象として用いたCNT単一組成凝集体とCNT/C-Dps（Fe）ナノ複合材料の熱電特性評価結果をまとめて示す。タンパク質単分子接合を組み込むことで，密度が 0.80 g/cm^3 から 1.76 g/cm^3 に増加するにもかかわらず，熱伝導率は 17.2 W/Km から 0.13 W/Km へと大幅に減少した。その後の研究において，C-Dps の吸着密度を最適化することによって最小で 0.06 W/Km という値も得られている。そのときの密度は 1.5 g/cm^3 であり，空隙率が大きいわけではない。従って，高充填率 CNT 複合材料としては極めて小さい熱伝導率が得られていること

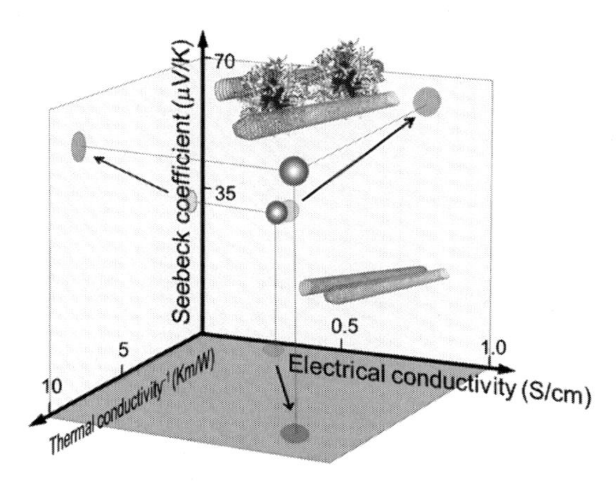

図5　CNT（pristine）およびCNT/C-Dps複合材料における熱伝導率，導電率，ゼーベック係数を三次元表示したもの
熱伝導率のみ逆数で表示してあり，いずれの値も原点から遠ざかるほど高性能である。

になり，タンパク質シェルによる界面熱抵抗が熱伝導を極めて効果的に抑制することが示されたものと考えられる。

本研究で用いたCNTは元々p型的熱電効果を示すが，p型半導体的性質を示すフェリハイドライトをコア材料として用いることで，接合部の熱起電力が加わることによりゼーベック係数も増加している。同じくp型半導体的性質を示すCo_3O_4を用いたときにもゼーベック係数の増加が確認された。一方，n型半導体的性質を示すCdSやCdSeをコアに用いると，ゼーベック係数が減少することも確認された。これらの結果は，電流が主にタンパク質単分子接合を通じて流れるようになっており，コアのDOSが複合材料のバルク熱電特性に寄与している証拠である。さらに，CNTに密に吸着したC-Dps（Fe）などによるキャリアドーピング効果と思われる導電率の増加も確認された。

作製した熱電素子を1年6ヶ月に渡り真空デシケータ中で保管し，その特性を長期的に評価したところ，この期間では性能劣化はほとんど見られなかった（図6）。これは，タンパク質をそのまま利用した電子材料でも，長期間の使用に耐えうることを示す結果である。簡単なパッシベーションを施せば十分であり，有機EL素子で行われているような水と酸素の透過率を極めて小さくするための厳密な封止は必要ないと考えられる。

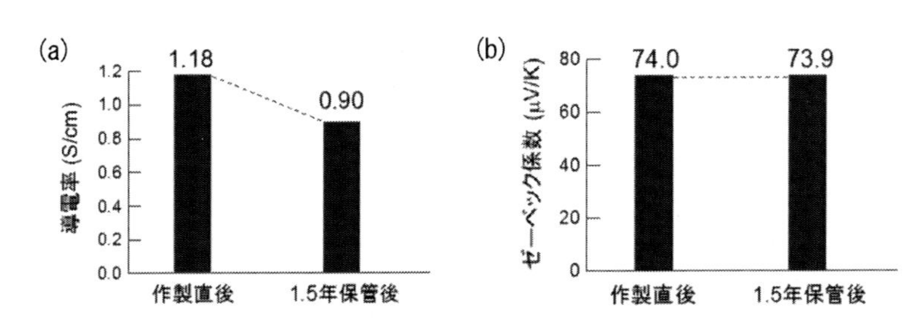

図6　CNT/C-Dps複合材料を乾燥大気中に1年半の間保管したときの特性変化
(a)導電率，(b)ゼーベック係数

4 おわりに

コアシェル型のタンパク質単分子接合を利用することで，CNT 複合材料における熱電特性として重要な3つのパラメータすべてを同時に改善することに成功し，*ZT* 値としては1000倍以上の向上効果が得られた。ゼーベック係数と導電率，あるいは，導電率と熱伝導率が相反的に変化することが一般的である熱電材料研究において，極めて得がたい結果であると言える。また，極めて小さい熱伝導率が得られることは，第Ⅰ編 第2章に述べられているようにウェアラブル用途などで極めて重要な性質であると考えられる。

文　献

1) G.J. Snyder and E.S. Toberer, *Nat. Mater.*, **7**, 105 (2008)
2) R. Venkatasubramanian, E. Siivola, T. Colpitts and B. O'Quinn, *Nature*, **413**, 597 (2001)
3) M. Ito, N. Okamoto, R. Abe, H. Kojima, R. Matsubara, I. Yamashita and M. Nakamura, *Appl. Phys. Express*, **7**, 065102 (2014)
4) K. Iwahori, K. Yoshizawa, M. Muraoka and I. Yamashita, *Inorg. Chem.*, **44**, 6393 (2005)
5) K. Iwahori, T. Enomoto, H. Furusho, A. Miura, K. Nishio, Y. Mishima and I. Yamashita, *Chem. Mater.*, **19**, 3105 (2007)
6) D. Kase, J.L. Kulp, M. Yudasaka, J.S. Evans, S. Iijima and K. Shiba, *Langmuir*, **20**, 8939 (2004)
7) M. Kobayashi, S. Kumagai, B. Zheng, Y. Uraoka, T. Douglas and I. Yamashita, *Chem. Commun.*, **47**, 3475 (2011)

第9章　印刷できる有機－無機ハイブリッド熱電材料

宮崎康次*

1　はじめに

近年，IoT関連技術としてセンサーをバッテリーレスで動かそうとするエネルギーハーベスティングと呼ばれる研究が盛んとなっている[1)]。発電源として振動，光，熱が想定されることが多く，熱電変換は熱から直接発電できる唯一と言える重要な技術である。さらに小型化が容易であることから，エネルギーハーベスティングデバイスとして多くの研究が進められている。エネルギーハーベスティングのように積極的に冷却しない環境下で発電デバイスの放熱を考えた場合，一般的な例として自然対流による冷却を想定すれば，おおよその熱伝達率が決まり，温度の大きな上昇も期待できない壁面に設置しての利用であれば，結果として熱流束が一定での利用を強いられる。その場合，必要な発電量と熱電材料の体積が比例するため，小型熱電デバイスと言えど10 cmオーダーのミニサイズデバイスが必要となる[2)]。さらに実用化に向けては熱電変換の高すぎるコストが大きな障壁となっており，真空蒸着を用いたマイクロデバイスの作製[3)]は，そのサイズ，発電量，コストのどの面から見ても実用化が難しいと考えられる。そこで我々研究グループはこれらの課題解決のため，室温で最も高い特性を示すBi_2Te_3系材料に有機材料を加えて印刷技術を適用して，ミニジェネレーター作製を目指すとともに，有機－無機界面の持つ高い熱抵抗を利用して熱電材料自体の特性を高める取り組みも進めてきた。本稿では，これら取り組みについて紹介する。

2　印刷の取り組み

真空蒸着，リソグラフィー，エッチングなどを利用して機能的なデバイスを実現するMEMSと呼ばれる分野があり，Siをベースとした熱電マイクロジェネレーターの作製は現在も盛んである。一方で熱電変換では欠かせないBi_2Te_3といった非Si系材料の利用となると，急激にその技術的なハードルは高くなり，コストも同時に高くなる。しかし，必要な発電量を考えると，サブミリ以下の微細な構造は必要もなく，他生成技術で小型の熱電デバイスを生成できるのであれば，クリーンルームでの作業といった高いコストを抑えられる。1990年代後半当時，3DPと呼ばれる手法で粉末をバインダーで固めて構造物を生成する3Dプリンター技術が提唱されており[4)]，その利用を考えた[5)]。実験装置概略を図1に示す。ステージ上にBi_2Te_3粉末を敷き，その

*　Koji Miyazaki　九州工業大学　大学院工学研究院　機械知能工学研究系　教授

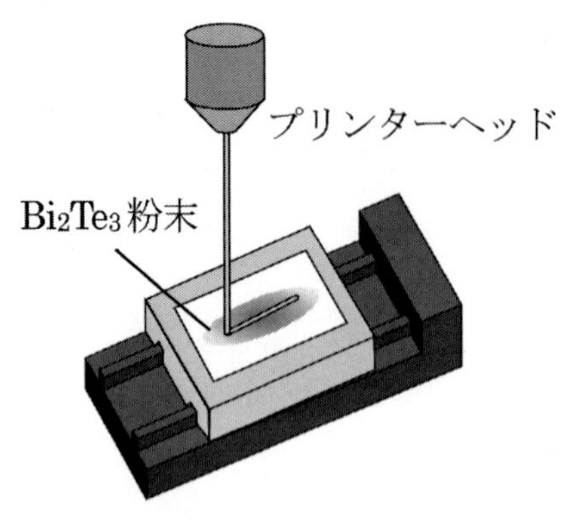

図1　生成方法の概略図

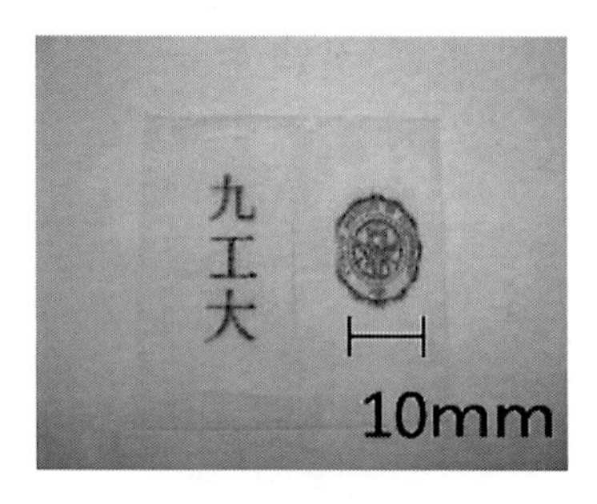

図2　Bi_2Te_3 を印刷で固定して熱処理して得た構造

上をバインダー(ブタジエンホモポリマーをアセトンに溶解させた）で印刷して任意の形状を得て，その後，熱処理（400，450，480℃）でポリマーを焼き飛ばして形状を得るいわゆる砂絵と同様の手法を用いた。幅，厚さ共に1 mm 程度の構造を得ることができ，ミニデバイス生成には十分な空間分解能があることを確認した（図2)。しかし，生成された熱電素子はポーラス状であり，熱電特性が最高となった480℃で4時間熱処理したサンプルでも無次元性能指数 ZT(＝($\sigma S^2/\lambda$)×T，T：素子平均温度K，σ：導電度S/m，S：ゼーベック係数V/K，λ：熱伝導率W/(m·K)）は0.12（at 300 K）と低かった（図3)。ゼーベック係数が126 μV/Kに低下していることも大きな要因ではあるが，導電度が100 S/cm と本来の1/10程度にまで低下し，ポーラス構造特有の導電度の低下が低い無次元性能指数の原因だった。熱処理時に加圧することや粉末固定の印刷時に充填率を改善することも考えたが，加圧後も印刷した構造を保持し続けること，高温熱処理後も Bi_2Te_3 の組成を保ち続けることが困難であった。近年は優れた特性を持つ熱電インクが報告されており[6]，印刷技術による生成低コスト化が進んでいる。

3　ナノ粒子を用いた熱電薄膜

熱電半導体の発電効率は無次元性能指数 ZT で表され，ZT が高いほど発電能力が高いことは良く知られている。導電度，ゼーベック係数，熱伝導率はどれも物性値であるため，熱電特性向上では材料開発が基本であるが，1990年以降，ナノ構造を利用して熱電特性を制御できることが示され[7]，多くの研究が進められた[8,9]。ZT の分母に熱伝導率があるように，熱電材料の断熱特性を高めて熱電材料の両端温度差を大きくすることが熱電特性を高める上で重要とされてきた。熱を輸送するフォノンの平均自由行程よりも短いナノ構造を導入することで，見かけの熱伝導率を大幅に低減できることが示され[10]，我々はポーラス構造に着目して研究を進めてきた[11,12]。その一例として，Bi_2Te_3 粉末を α-テルピノールに溶かし，直径100 nm以下の微粒子にまで粉砕した後，アルミナ粗面に塗布して熱処理することでポーラス Bi_2Te_3 薄膜を生成する

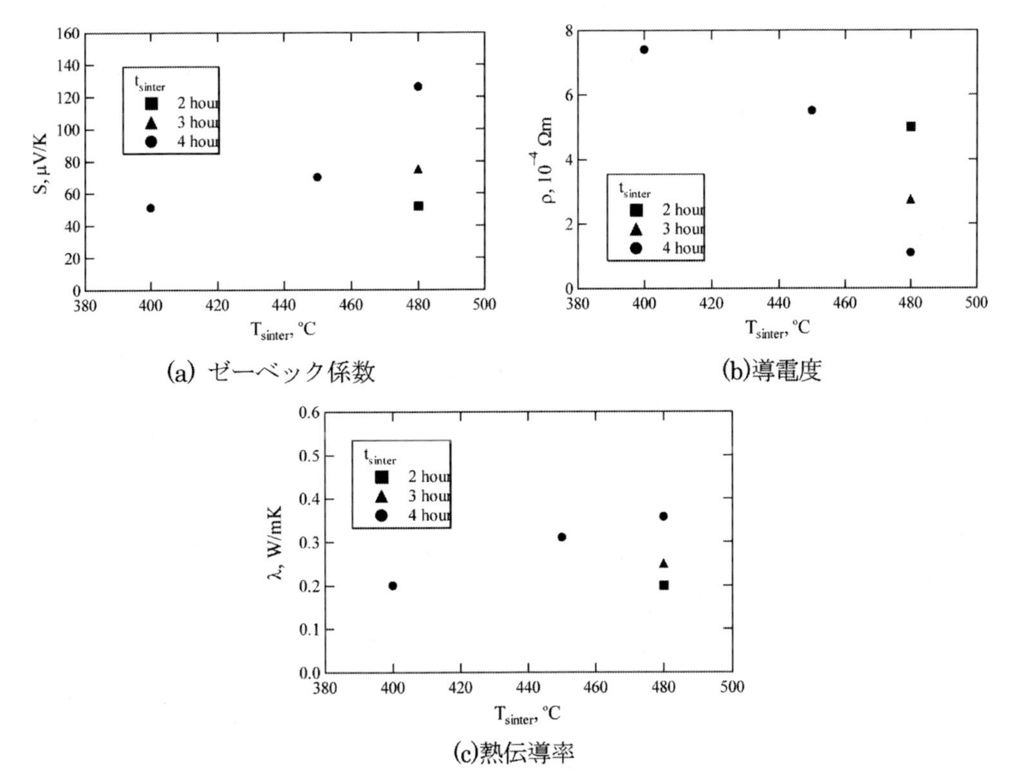

図3　印刷で固定されたp型 Bi_2Te_3 粉末の熱電特性
熱処理を横軸，処理時間を異なる印でプロットしている。
(a)ゼーベック係数，(b)導電度，(c)熱伝導率

ことを試みた[13, 14]。粉砕後の Bi_2Te_3 微粒子直径を100 nm以下にまですることで図4に示すように非常に細かいポーラス構造を得ることができた。見かけの熱伝導率は予測通りに大幅に低減したが（図5），先と同様に導電度も大幅に低下したため，無次元性能指数 ZT は0.16（at 300 K）で改善につながらなかった。しかし Bi_2Te_3 微粒子を有機溶媒に混合しペースト状にすることで，0.5 mm程度の空間分解能でスクリーン印刷が可能であること（図6），低い導電度はポーラス構造に起因するものであることが示された。その結果，次に述べるような

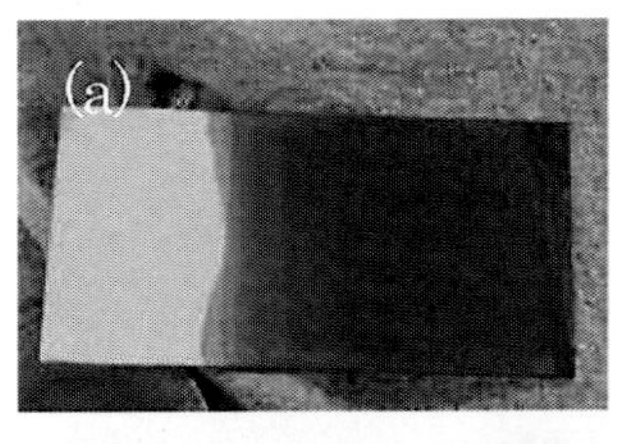

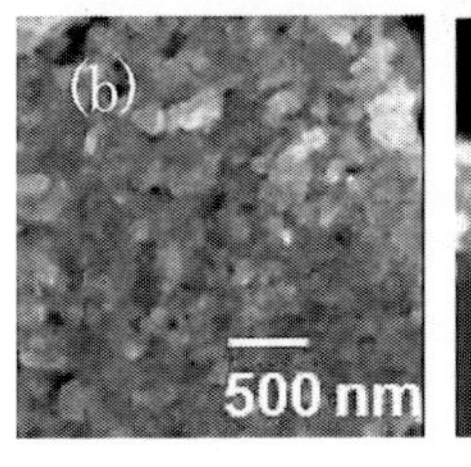

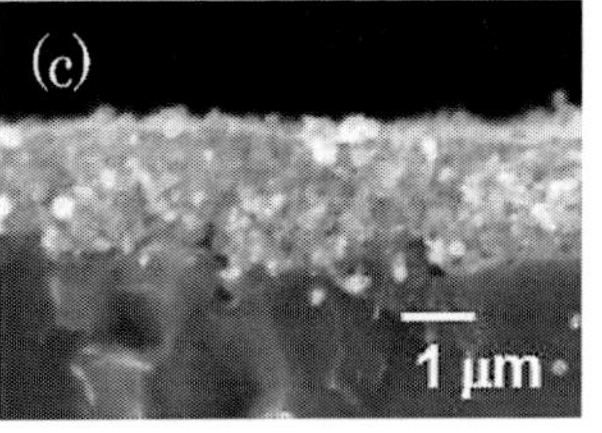

図4　Bi_2Te_3 ナノ粒子ポーラス薄膜
(a)薄膜全体，(b)表面SEM像，(c)断面SEM像

ポーラス間隙に電気を流す材料を導入できれば，高い熱電特性を持つ熱電材料を生成できる可能性も示された。

4 PEDOT:PSS-Bi_2Te_3 コンポジット熱電

ポーラス構造間隙に材料を充填する手法として，微粒子を水に溶かした際に導電性高分子 PEDOT:PSS を同時に溶かす手法を着想した[15]。PEDOT:PSS は印刷できる電極として利用される一般的な材料である上，比較的高い p 型熱電特性も示されており[16]，混合物として最適であると考えた。さらに印刷後の熱電塗布膜と基板との密着性を高めるため，ポリアクリル酸を溶液に加え PEDOT:PSS 水分散液をインクとした。エポキシ樹脂を加えることで微粒子間の結合を高めて熱電塗布膜の特性が高められることが報告されており[17]，本研究でも同様の効果を狙った。生成したインク状有機－無機ハイブリッド熱電材料をポリエチレンテレフタレート（PET）基板上にスピンコート法により塗布し，アルゴン雰囲気下 150℃で 10 分間乾燥して熱電塗布膜を生成した（図 7）。ポリアクリル酸を加えたことで微粒子間の密着性が改善され，複数回折り曲げても熱電薄膜にクラックや剥離は生じなかった。薄膜断面の走査型電子顕微鏡写真を図 7(b)に示す。$Bi_{0.4}Te_{3.0}Sb_{1.6}$ 微粒子周辺の空隙に導電性材料が充填され導電度が高まり，400～600 S/cm 程度の導電度が得られた。

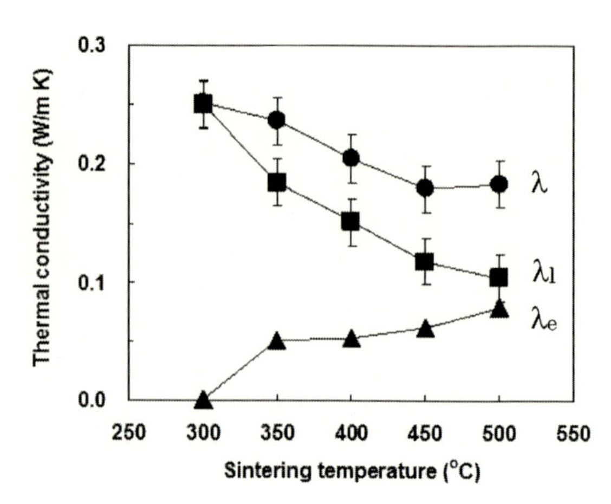

図 5　ナノ粒子 Bi_2Te_3 薄膜の熱伝導率 λ
横軸：熱処理温度，λ_e：電子熱伝導率，λ_l 格子熱伝導率

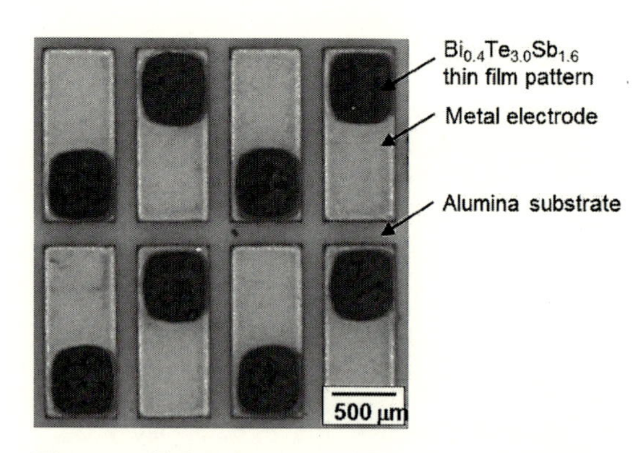

図 6　ナノ粒子 Bi_2Te_3 インクを用いてアルミナ基板上にスクリーン印刷した Π 型モジュールの p 型素子

横軸に $Bi_{0.4}Te_{3.0}Sb_{1.6}$ 体積分率，縦軸に見かけの熱電特性をプロットしたグラフを図 8 に示す。体積分率 x はインク生成時の $Bi_{0.4}Te_{3.0}Sb_{1.6}$ 仕込み量から計算している。$x=0$ は PEDOT:PSS 単体，$x=1$ で $Bi_{0.4}Te_{3.0}Sb_{1.6}$ 単体の薄膜が持つ熱電特性を示すことになり，図中の 2 本の曲線は 2 種類の材料が直列接続もしくは並列接続したときに得られる値でともに直列接続モデルが下限を示している[18]。導電度と熱伝導率は同様の式で計算される。

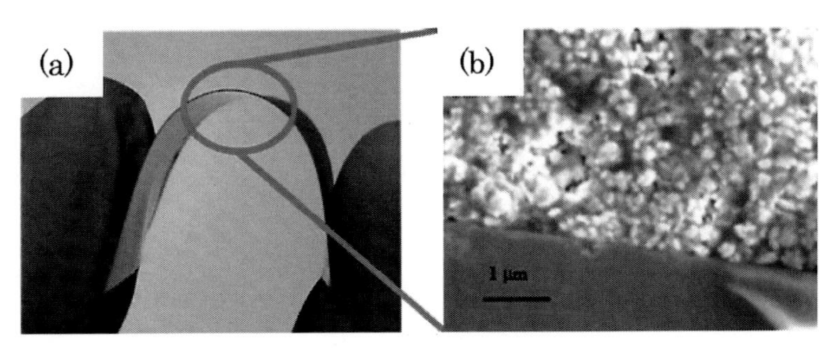

図７　熱電塗布膜
(a)外観，(b)薄膜断面 SEM 像

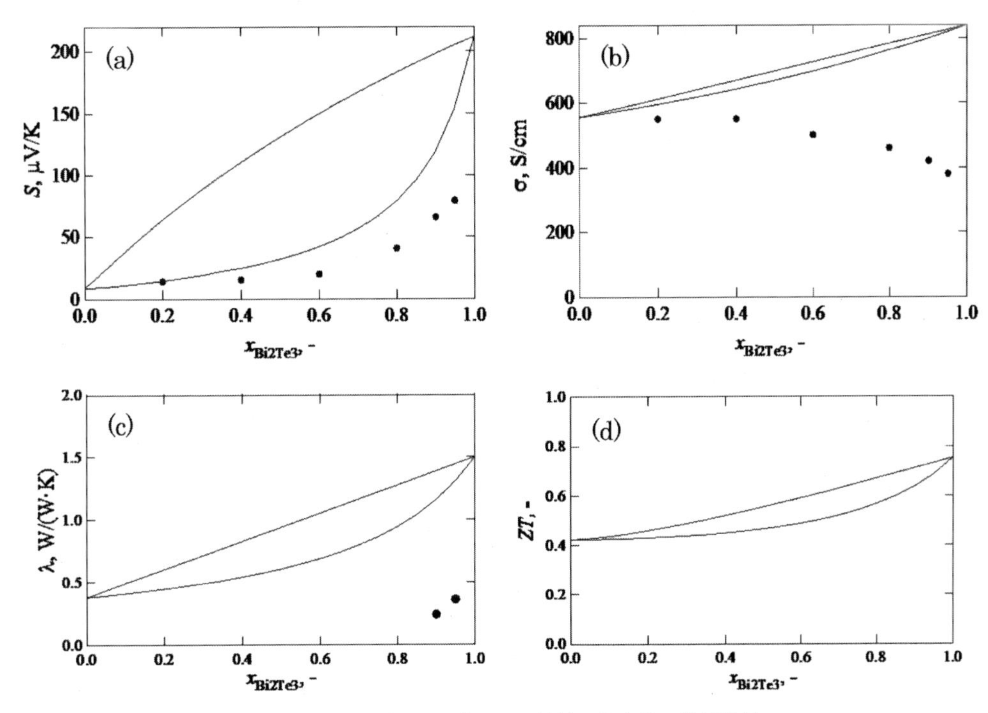

図８　有機－無機ハイブリッド材料の塗布膜の熱電特性
(a)ゼーベック係数，(b)導電度，(c)熱伝導率の測定結果と予測値，(d) $ZT=0.42$ を示す PEDOT:PSS と Bi_2Te_3 を混合させた際の ZT 予測値

〈直列結合モデル〉

$$S=\frac{S_1 x/\lambda_1}{(x/\lambda_1)+((1-x)/\lambda_2)}+\frac{S_2(1-x)/\lambda_2}{(x/\lambda_1)+((1-x)/\lambda_2)} \tag{1}$$

$$\sigma=\frac{\sigma_1\sigma_2}{\sigma_2 x+\sigma_1(1-x)} \tag{2}$$

〈並列結合モデル〉

$$S=\frac{S_1\sigma_1 x+S_2\sigma_2(1-x)}{\sigma_1 x+\sigma_2(1-x)} \tag{3}$$

$$\sigma=\sigma_1 x+\sigma_2(1-x) \tag{4}$$

下付き文字1は$Bi_{0.4}Te_{3.0}Sb_{1.6}$を2はPEDOT:PSSを示している。予測値に用いたPEDOT:PSSのゼーベック係数11 μV/K，導電度550 S/cm，熱伝導率0.38 W/(m·K) は，PEDOT:PSSにアクリル酸とグリセリンを添加して生成したPEDOT:PSS薄膜単体で測定された熱電特性を利用している。$x=1$には$Bi_{0.4}Te_{3.0}Sb_{1.6}$単体焼結体の報告値[19]を使い，ゼーベック係数212 μV/K，導電度840 S/cm，熱伝導率1.5 W/(m·K) を仮定している。このような混合物の見かけの物性値は直列モデルと並列モデルの中間にあるものと予測されるが，本研究ではすべての値で下限より低く測定された。その中でもゼーベック係数は下限予測と同様の傾向で直列結合モデルでおおよそ説明されるものの，導電度と熱伝導率については$Bi_{0.4}Te_{3.0}Sb_{1.6}$の量が増えるほど予測値からかけ離れていく傾向が見られた。$Bi_{0.4}Te_{3.0}Sb_{1.6}$の量が増えるほど有機－無機界面の占める割合が増えるため，有機－無機界面が電子・熱輸送の障壁となっていると考えられる。現状，塗布膜の熱電特性は，ゼーベック係数79 μV/K，導電度380 S/cm，熱伝導率0.36 W/(m·K) で室温300 Kにおける$ZT=0.20$が最高である。PEDOT:PSSを使わない$Bi_{0.4}Te_{3.0}Sb_{1.6}$微粒子単体のポーラス薄膜では導電度がせいぜい100 S/cm程度であったことから狙い通り導電性高分子の導入で導電性を改善できた。現在，PEDOT:PSSの無次元性能指数ZTは最高値で0.42が報告されている[16]。この報告値を利用して有機－無機ハイブリッド材料による塗布膜ZTを予測すると図8(d)のようになり，PEDOT:PSSの最大の熱電特性を引き出せば，塗布膜であるにも関わらず真空蒸着薄膜並みの高いZTが期待できる。

5　有機－無機材料界面の熱抵抗

有機－無機コンポジット熱電材料の高い熱電特性は，低く抑えられた熱伝導率がカギとなっているが，その熱伝導率は混合物の熱伝導率として期待される値よりも大幅に低い。これは界面における熱抵抗による効果が大きいと考えている。定常状態の熱伝導では熱流束q W/m^2は，フーリエの式より温度差ΔTと材料の長さLで決まる温度勾配に比例し，その比例定数が熱伝導率λ W/(m·K) となる。

$$q=-\lambda\frac{\partial T}{\partial x}=\lambda\frac{\Delta T}{L}=\frac{\lambda}{L}\times\Delta T \tag{5}$$

従って，単位面積あたりの熱抵抗R $(m^2 \cdot K)/W$はL/λとなる。図9に模式図を示すが材料1と材料2の界面に不連続な温度ジャンプがあれば，その温度ジャンプは界面熱抵抗R_{1-2}（$=\Delta T/q$）に起因する。熱伝導における熱抵抗は(5)式に示すように材料の長さLに比例するため，薄膜の熱抵抗（熱伝導率）の厚さ依存性を測定し，膜厚0の値を外挿して実験結果より得れば，界面熱抵抗を求めることができる。薄膜の熱伝導率測定には3ω法[20]を用い，ここでは有機材料としてポリイミド，無機材料としてBi_2Te_3を選択した。

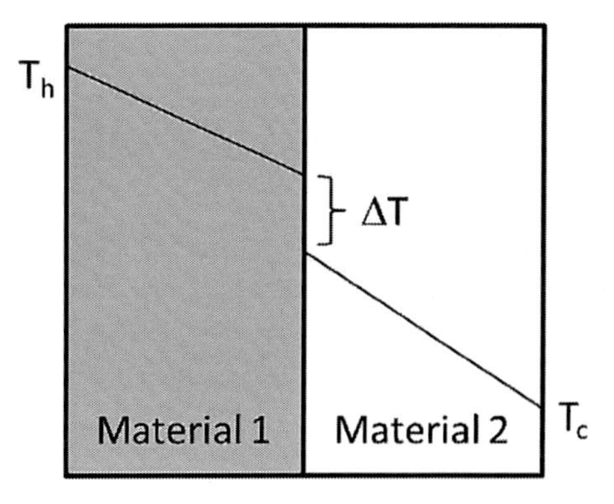

図9　温度分布と界面熱抵抗

図10(a)に示すようなポリイミド薄膜を膜厚を変えて生成し熱抵抗を測定することでポリイミドとアルミナ基板の界面熱抵抗$R_{p\text{-}a}$を求めることができる。添え字のpはポリイミド，aはアルミナ基板を示している。次に図10(b)のポリイミドとBi_2Te_3の2層薄膜の熱抵抗をBi_2Te_3薄膜の膜厚を変えて測定し，界面抵抗$R_{b\text{-}a}$を求める。最後に図10(c)のようなポリイミド1，Bi_2Te_3，ポリイミド2の3層薄膜の熱抵抗を測定し，図10(b)で得られたポリイミドとBi_2Te_3の2層薄膜の熱抵抗を差し引くことで，目的とするBi_2Te_3とポリイミドの界面熱抵抗$R_{b\text{-}p}$が求められる。Bi_2Te_3成膜方法としてはアークプラズマ蒸着法を用い[21]，成膜後，触針型膜厚計により膜厚を測定した。測定された膜厚はそれぞれ250，680，980 nmであった。ポリイミド薄膜生成では，ポリアミック酸を塗布して熱処理することでポリイミド膜を生成した。ポリアミック酸溶液（16 wt%）の粘度を調整するため，N-メチル-2-ピロリドンにより希釈し，室温で10分間撹拌を行った。粘度を調整したポリアミック酸溶液を基板上に滴下しスピンコート法で基板上に均一に塗布した。図11に測定した積層薄膜の概略図と断面SEM画像を示す。基板には高い熱伝導率を持つアルミナを用いた。

測定代表例として，アルミナ基板に成膜したポリイミド薄膜の3ω法で得られた温度上昇と加熱周波数の関係を図12に示す。アルミナ基板との温度上昇の差が薄膜の熱抵抗によって生じて

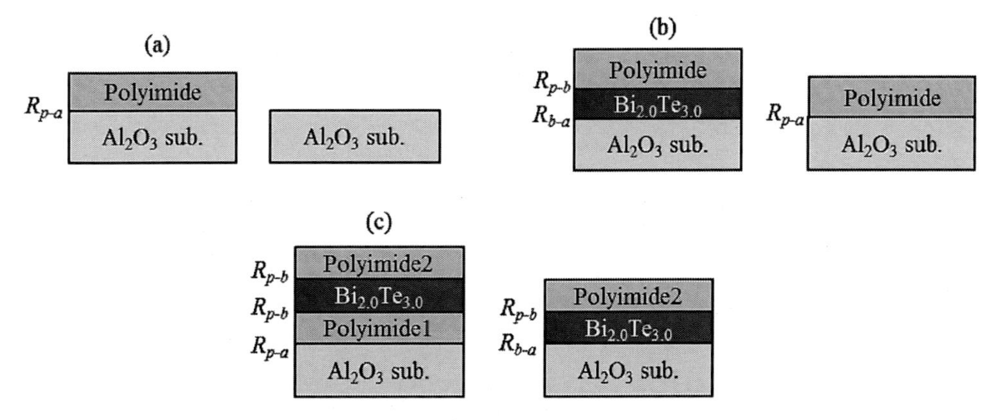

図10　Bi_2Te_3-ポリイミド積層薄膜とその界面熱抵抗の概略図

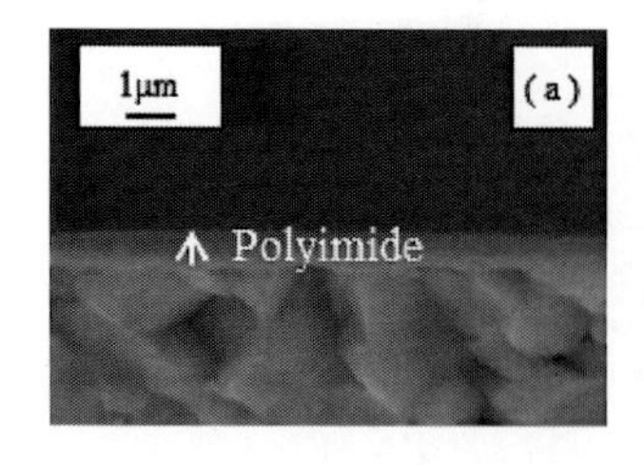

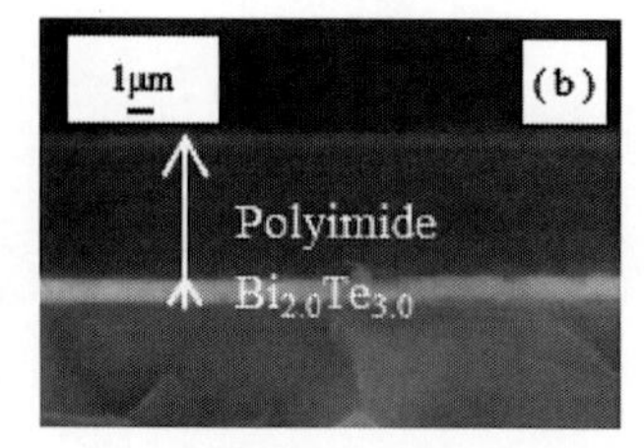

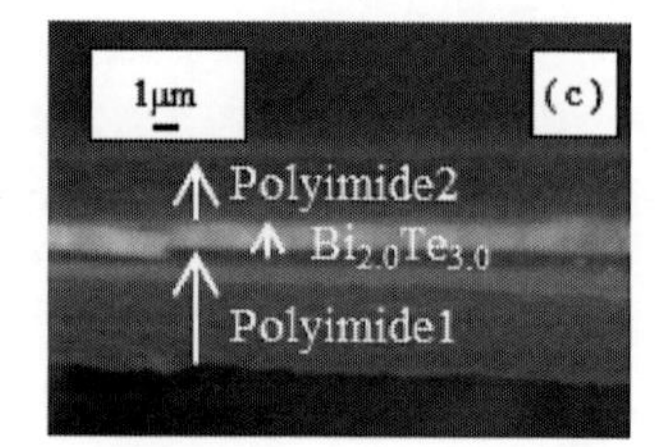

図11　積層薄膜の断面 SEM 像

(a)ポリイミド薄膜，(b) Bi_2Te_3- ポリイミド積層薄膜，(c)ポリイミド 1-Bi_2Te_3- ポリイミド 2 積層薄膜

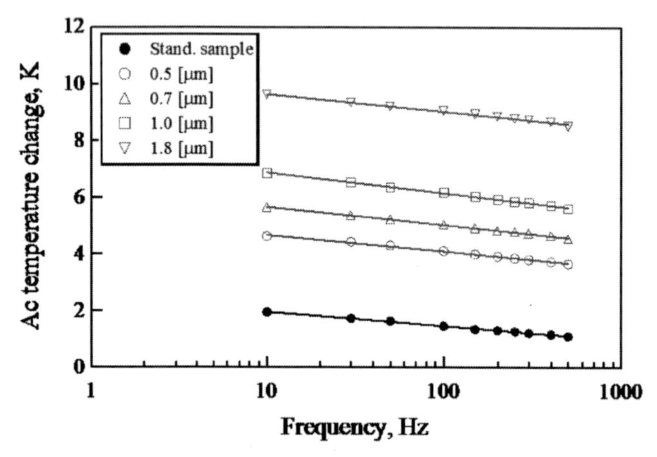

図12　ポリイミド薄膜の 3ω 法測定結果

横軸：加熱周波数，縦軸：温度上昇

いる。得られた熱抵抗とポリイミド膜の膜厚の関係を図 13 に示す。ポリイミドの熱伝導率が膜厚に依存せず一定と仮定すると，熱抵抗は膜厚に比例するため膜厚 0 の熱抵抗が界面熱抵抗となる。アルミナ基板 - ポリイミド界面の界面熱抵抗 $R_{p\text{-}a}$ は $4.3\pm3.0\times10^{-7}$(m²·K)/W であった。順次，生成した積層薄膜の熱抵抗を測定して界面熱抵抗を計算すると，Bi_2Te_3- ポリイミド界面の界面熱抵抗は，$2.45\pm0.5\times10^{-7}$(m²·K)/W と計算された。この値は一般的な Bi_2Te_3 膜で換算すると 200 nm に相当する界面抵抗であり，一界面の持つ熱抵抗としてはかなり大きい。無機材料 - 無機材料界面である SiO_2 膜とシリコン基板間の界面熱抵抗の値である $10^{-8}\sim10^{-9}$(m²·K)/W[22]，有機材料 - 有機材料界面であるグラフェンと PMMA 間の界面熱抵抗である 2×10^{-8}(m²·K)/W[23] と比較しても 1 桁大きい。一方で有機 - 無機界面である銅フタロシアニンと銀の界面熱抵抗である $7.8\pm1.6\times10^{-8}$(m²·K)/W[24] と比較すると 2～3 倍程度の値であり，性質の全く異なる有機材料と無機材料によって大きな熱抵抗が生じていると考察される。有機 - 無機材料の界面熱抵抗が熱電材料の設計に寄与できる可能性も既に指摘されている[25]。界面熱抵抗は，界面の接触状態にも大きく左右されるため，今後，電子顕微鏡による界面構造の詳細な観察が必須と考えている。

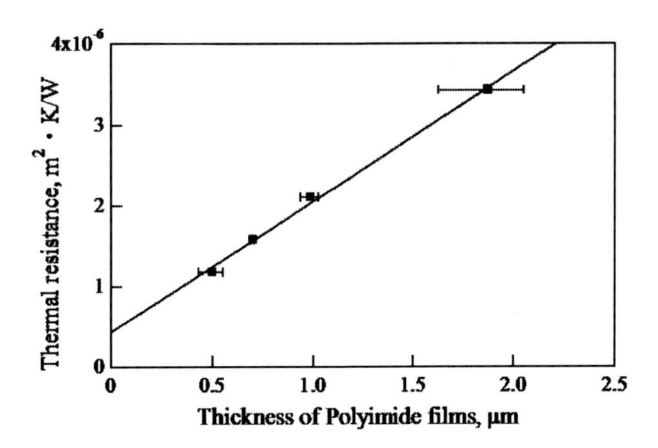

図13　ポリイミド薄膜の熱抵抗と膜厚の測定結果
y 切片が界面抵抗 $R_{p\text{-}a}$ となる

6　まとめ

熱電発電モジュールの実用化が進まない原因として，高すぎる生成コストが挙げられている。このような課題に対して，有機－無機ハイブリッド材料として熱伝導率を低く抑えることで熱電特性を高め，さらにモジュール生成に印刷技術を導入することで同時に生成コストを抑える取り組みを進めてきた。さらに有機－無機材料界面の持つ大きな熱抵抗が熱電特性改善の鍵と考え，薄膜生成技術と 3ω 法を組み合わせて界面熱抵抗を測定し，その値が比較的大きいことも紹介した。本稿では材料開発として ZT に着目してきたが，熱電発電モジュール全体が持つ構造も ZT と同様に重要であることも指摘されており[26~28]，フレキシブル熱電モジュール開発には，材料とモジュールの両面を考慮した開発が必須と考えている。

謝辞

本研究は，研究室で博士を取得した高尻雅之教授（東海大学），田中三郎助教（日本大学），黒崎潤一郎博士（豊田合成），萩野春俊博士（フジクラ），加藤邦久博士（リンテック）の多大な貢献によって得られた成果をまとめたものである。記して謝意を表する。

文　　献

1)　鈴木雄二監修，環境発電ハンドブック，エヌ・ティー・エス（2012）
2)　宮崎康次，電気学会論文誌 E，**133**(9)，B237（2013）
3)　J. Kurosaki *et al.*, *J. Electronic Mater.*, **38**(7), 1326（2009）

4) H. Liu *et al., Computer aided design*, **36**(12), 1141 (2004)
5) K. Miyazaki *et al.*, 22nd *Int. Conf. Thermoelectrics*, 641 (2003)
6) M. Koyano *et al., J. Electronic Mater.*, **46**(5), 2873 (2017)
7) L.D. Hicks and M.S. Dresselhaus, *Phys. Rev. B*, **47**(19), 12727 (1993)
8) A. Majumdar, *Science*, **303**, 777 (2004)
9) G.J. Snyder *et al., Nature Mater.*, **7**, 105 (2008)
10) K. Miyazaki *et al., IEEE on CPMT*, **29**(2), 247 (2006)
11) M. Kashiwagi *et al., Appl. Phys. Lett.*, **98**, 023114 (2011)
12) K. Kato *et al., Adv. Mater. Inter.*, **1**(2), 1300015 (2014)
13) M. Takashiri *et al., J. Alloys and Compd.*, **462**, 351 (2008)
14) 田中三郎ほか，熱物性，**24**(2)，94 (2010)
15) K. Kato *et al., J. Electronic Mater.*, **42**(7), 1313 (2013)
16) G-H. Kim *et al., Nature Mater.*, **12**, 719 (2013)
17) D. Madan *et al., ACS Appl. Mater. Inter.*, **4**, 6117 (2012)
18) B. Zhang *et al., ACS Appl. Mater. Inter.*, **2**(11), 3170 (2010)
19) T.S. Oh *et al., Scripta Materialia*, **42**, 849 (2000)
20) D.G. Cahill, *Rev. Sci. Inst.*, **61**, 802 (1990)
21) M. Uchino *et al., J. Electronic Mater.*, **42**(7), 1814 (2013)
22) J. H. Kim *et al, J. Appl. Phys.*, **86**, 3959 (1999)
23) Z. Fan, *Carbon*, **81**, 396 (2015)
24) J.H. Kim, *J. Appl. Phys*, **86**, 3959 (1999)
25) W.L. Ong *et al., Nature Mater.*, **12**, 410 (2013)
26) S.K. Yee *et al., Ener. Env. Sci.*, **6**, 2561 (2013)
27) K. Yazawa and A. Shakouri, *Env. Sci. Tech.*, **45**, 7548 (2011)
28) S. Hama *et al., J. Phys.: Conf. Series*, **660**, 012088 (2015)

第1章　フレキシブルなフィルム基板上に印刷可能な熱電変換素子

末森浩司*

1　はじめに

振動，光，排熱など，これまでは捨てられていた身の回りにわずかに存在するエネルギーを電力に変換し有効活用する，エネルギーハーベスティングが注目を集めている。エネルギーハーベスティングに用いることができる電力源の中で，機器や設備からの排熱，あるいは体温などの熱エネルギーは熱電変換素子を用いて電力に変換できる。一般的に熱電変換素子は，ビスマスやテルルなどのレアメタルを主な原料として製造される。エネルギーハーベスティングの対象となる身の回りに存在する排熱は数十度程度の比較的低温である場合がほとんどである。こうした低温度の排熱は，総量としては膨大である一方で，熱エネルギーの密度は低い。すなわち，低密度の熱エネルギーが膨大な面積にわたって存在するという特徴を有する。こうした特徴を有する低温排熱をエネルギーハーベスティングするためには，大面積化が容易で，資源埋蔵量が豊富で容易に調達できる原料から構成され，曲面を有する熱源へも容易に設置が可能な，使い勝手の良い熱電変換素子が求められる。このような熱電変換素子を実現するため，軽量，フレキシブル，レアメタルフリー，かつ印刷法により大面積製造が可能な，カーボンナノチューブ（CNT）を用いた熱電変換素子が近年盛んに研究されている[1~7]。

CNT系熱電変換材料は，CNTが比較的高いゼーベック係数と非常に高い電気伝導率を有することから，将来，高い発電性能の発現が期待できる材料系である。また，CNT系熱電変換材料の多くは高いフレキシビリティーを有しており，比重も1 g/cm^2 前後と無機系材料に比較して1桁近く軽量である。CNTはファイバー状の構造を有しており，CNT系材料に高い電気伝導性を持たせるためには，材料全体にCNTの電気伝導ネットワークを張り巡らせる必要がある。個々のCNT内の電気伝導度は非常に高いため，CNT系材料の電気伝導はCNT同士のコンタクト部分におけるキャリアの授受がボトルネックとなる[8]。CNT-CNT間のコンタクトの電気抵抗を低減する典型的な方法は，CNTを導電性高分子のマトリックス中に分散させることである。CNT-CNT間コンタクトの距離に開きがある場合においても，導電性高分子を伝ってキャリアが流れるために高い電気伝導性が得られる。一方で，導電性高分子は通常CNTに比較して低いゼーベック係数を示すため，CNT-導電性高分子複合材料のゼーベック係数はCNT本来の値よりも低くなるという問題を有する。こうした問題を解決できればさらなる高性能化も可能と考え

* Kouji Suemori　（国研）産業技術総合研究所　フレキシブルエレクトロニクス研究センター　ハイブリッドIoTデバイスチーム　主任研究員

られる。

一方で，導電性高分子を用いることによるゼーベック係数低下の問題を回避するために，CNTと絶縁体高分子の複合材料を用いて，高性能の材料を創出する研究も同時に行われている。例えば，筆者らは，CNTを絶縁体高分子であるポリスチレン中に分散させた材料に関して，ポリスチレンの濃度を増加させるにつれてゼーベック係数が向上することを見出した[9]。これは，ポリスチレンの増加により，CNT間コンタクトにおける距離が増加し，その部分のトンネル障壁の厚みが増加した結果，高エネルギーのキャリアが優先的に電気伝導に寄与するようになり，ゼーベック係数が増加する，エネルギーフィルタリング効果によると推測される。この効果を応用することで，400 μW/m^2・Kを超える高い出力因子を示す材料の作製に成功している[7]。

現状のCNT系熱電変換素子に関する研究は，基板上にCNT系材料から成る薄膜を堆積させ，その膜面方向に温度差をかけた際の発電動作を検証する研究がほとんどである。これは，CNT系材料はCNT分散液を塗布，乾燥することで容易に薄膜が形成できることに加え，その膜面方向に対して高い発電性能を示しやすいためと考えられる。一方で，熱源に熱電変換素子を設置した場合に生じる温度差は，基板に対して垂直方向である。従って，熱源に設置して発電させるためには，基板に対して垂直方向の熱流を変換できる素子構造をCNT系熱電変換素子に適用することが必要となる。

一般的に無機材料を用いた熱電変換素子はp型とn型の熱電変換材料をπ型に配置した構造が用いられる（図1）。現状では，この構造をCNT系素子に応用することを想定して研究が進められている場合が多い。しかしながら，この構造をCNT系熱電変換素子に応用する場合，いくつか問題が生じると予想される。例えば，基板と垂直方向に十分な温度差を発生させるためには，素子はミリメートル程度の厚みが必要となるが，そのような厚みの素子に曲げを加えた場合，上部電極，或は下部電極に大きな力がかかり破断してしまうと考えられる。従って，CNT系熱電変換素子に期待されている利点である，フレキシビリティーが損なわれてしまう可能性が高い。また，上部電極はp型とn型の材料間を橋かけする構造となるが，この構造を印刷法を用いて形成するのは困難と考えられる。すなわち，CNT系熱電変換素子のもう一つの利点である印刷プロセス適合性も損なわれてしまう。こうした観点から，CNT系熱電変換素子に期待さ

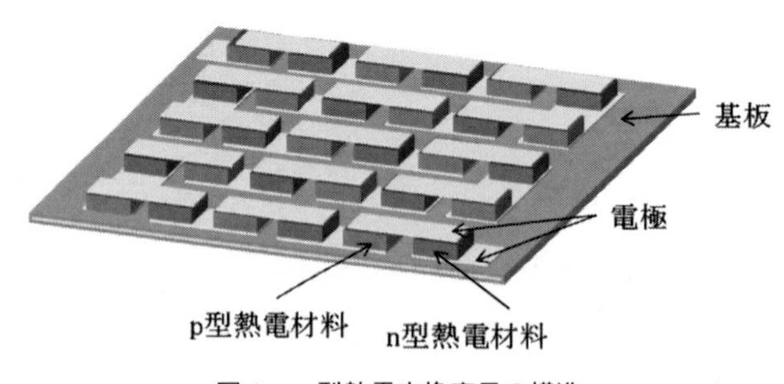

図1　π型熱電変換素子の構造

れる，フレキシブル性や印刷プロセス適合性を損なうことのない，π型構造に変わるデバイス構造を有した，CNT系熱電変換素子に関する研究も重要と考えられる。

本稿では，このような観点から，基板に対して垂直方向の温度差を電力に変換でき，かつフレキシブルで，印刷法により素子形成が可能なユニレグ構造のCNT系熱電変換素子について詳述する[10]。

2　ユニレグ型フレキシブル熱電変換素子

図2にユニレグ型素子の構造を示す。熱電変換材料を上部電極と下部電極で挟み込んだ構造を単素子とし，各単素子の上部電極を隣接する単素子の下部電極に接続することで，電気的に直列接続した構造となっている。この構造においては，素子を熱源に設置した場合，上部電極と下部電極の間に温度差が生じることで発電する。この構造を用いたフレキシブル熱電変換素子として，CNT-ポリスチレン複合材料や，導電性高分子を熱電変換材料として用いた場合に関する報告がなされている[10,11]。CNT-高分子複合材料のように溶剤に可溶性の熱電変換材料を用いれば，印刷法を用いてユニレグ構造の素子を形成できる。一例として，筆者らが用いている素子形成プロセスについて，概要を図3に示す。まず，印刷版として所望のパターンの穴が形成されたプレートを用意し，フィルム基板などの被印

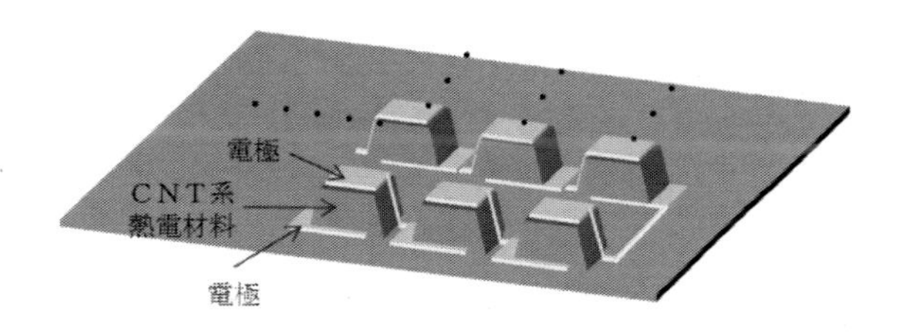

図2　ユニレグ型熱電変換素子の構造

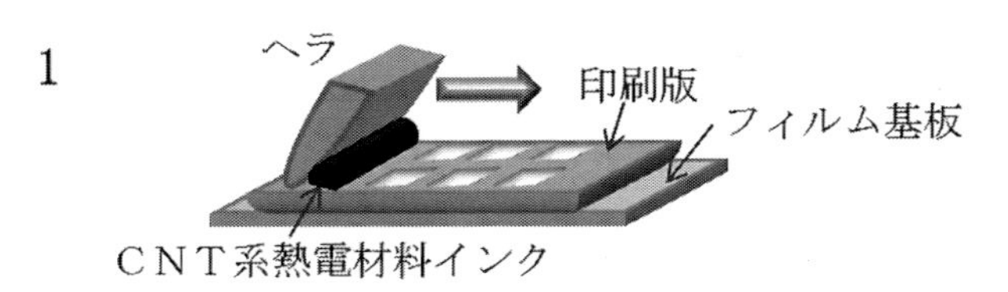

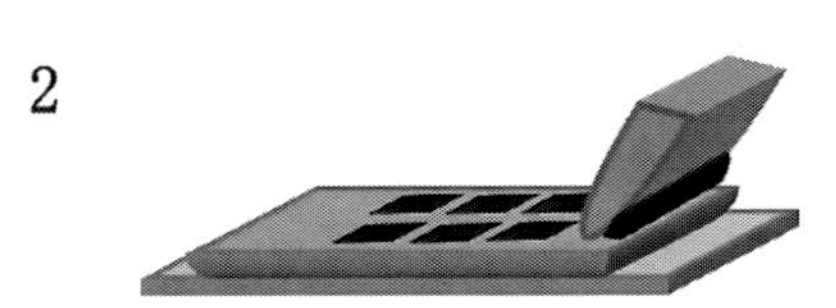

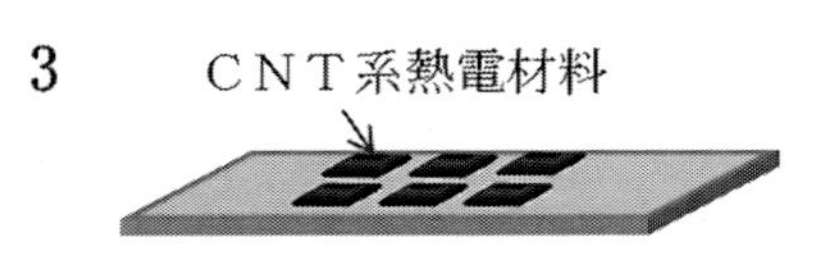

図3　CNT系熱電材料のパターニング手法の一例

刷物上にそのプレートを設置する。その後，熱電変換材料を有機溶剤中に分散させた溶液をインクとして用い，このインクを塗布し，版の穴の部分にのみインクを通過させる。その後，インクを乾燥させることで被印刷物上に所望のパターンの熱電変換材料を形成できる。こうした印刷法は，真空や高温を必要としないプロセスであるのみならず，印刷版のサイズを大型化するだけで，容易に大面積化が可能な手法である。

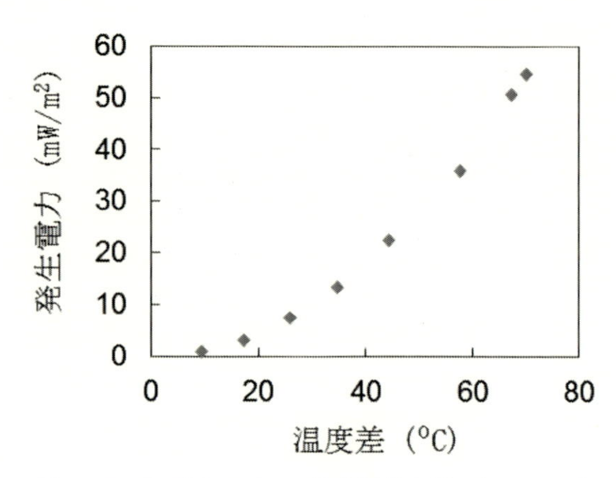

図4　CNT-ポリスチレン複合材料を用いたユニレグ型熱電変換素子の発生電力と温度差の関係

図4にユニレグ型熱電変換素子を試作し，その表面-裏面間に温度差をかけた際に発生する電力を示す。なお，熱電変換材料としてCNT-ポリスチレン複合材料，基板としてポリエチレンナフタレートフィルム（膜厚約20 μm）を用いた。素子に温度差をかけることで発電動作が観測され，約70℃の温度差において55 mW/m^{2}程度の電力が得られた。本素子に用いたCNT-ポリスチレン複合材料はゼーベック係数57 μV/K，電気抵抗率2.1 Ωcm，出力因子は約0.15 W/mK^{2}を有している。仮に，この材料性能が100%引き出せた場合に70℃の温度差で発生する電力は283 mW/m^{2}と概算される。この値から逆算すると，本素子は材料性能の20%程度しか引き出せておらず，今後の改良で，さらに高性能化できる余地があることが明らかとなった。

図5に素子を曲げた際の，曲率半径と電気抵抗値の関係を示す。曲率半径6 mm程度まで曲げても抵抗値の変化は見られなかった。これは，曲率半径6 mm程度まで曲げても素子への機械的な損傷は起きないことを意味しており，本素子が高いフレキシビリティーを有していることを示している。

続いて，本素子のフレキシビリティーの起源についてさらなる評価を行った。図6に試作した素子に曲げを加えた際の拡大写真を示す。CNT-ポリスチレン複合材料はフレキシビリティーを有するにもかかわらず，フィルム基板の部分のみに曲げが生じている様子が観測された。

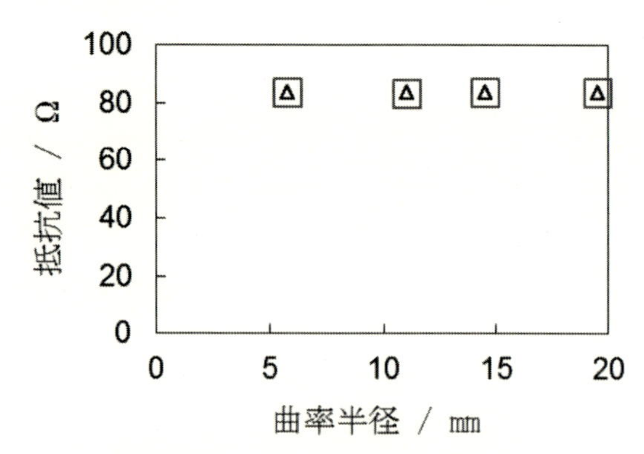

図5　CNT-ポリスチレン複合材料を用いたユニレグ型熱電変換素子の抵抗値の曲率半径依存性
□及び○はそれぞれ内側，または外側に曲げた場合の抵抗値。

これは，フィルム基板に対してCNT-ポリスチレン層が大幅に厚い膜厚を有するためと考えられる。従って，本素子のフレキシビリティーは主としてフィルム基板の高いフレキシビリティーに起因していると結論できる。このことから，本素子は単素子のサイズによってその曲率半径の限界値が概ね決まると推測される。

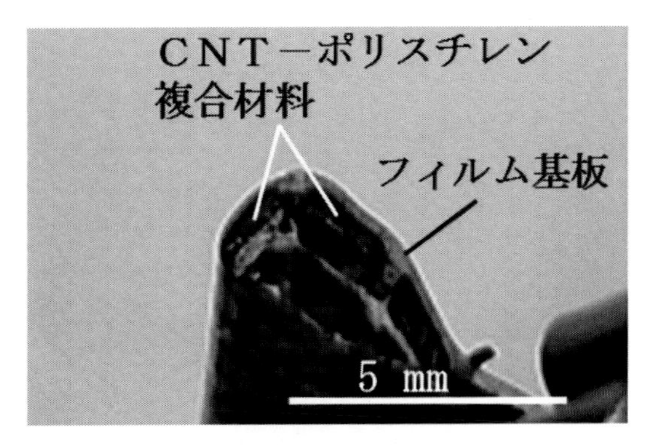

図6　CNT-ポリスチレン複合材料を用いたユニレグ型熱電変換素子を曲げた際の拡大写真

図7に本素子に用いたCNT-ポリスチレン複合材料の表面電子顕微鏡像を示す。直径数100 nmの空孔が無数に存在することが明らかとなった。こうした空孔の結果，CNT-ポリスチレン複合材料の密度は約0.8 g/cm^{3}と非常に軽量であった。これは，ビスマス-テルル合金（密度：約7.8 g/cm^3）などの通常よく用いられる熱電変換材料の約10分の1の軽さである。なお，ポリスチレン，及びCNTの密度より空孔が占める体積を算出すると，本材料は約35%の体積を空孔が占めることが明らかとなった。

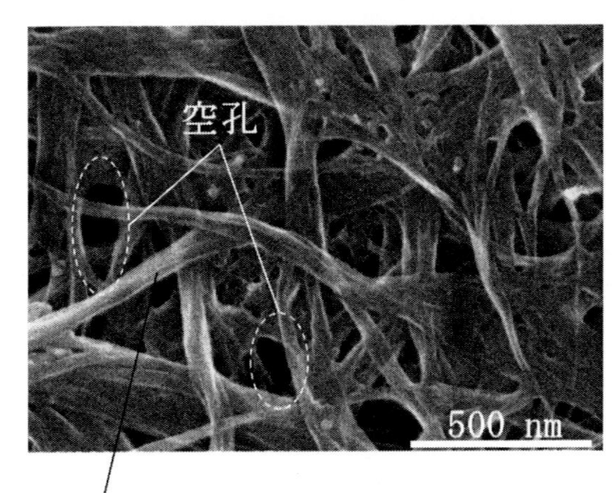

図7　CNT-ポリスチレン複合材料表面の電子顕微鏡像

軽量な熱電材料，及び軽量なフィルム基板を用いた結果，本素子は単位面積当たりの重量が15.1 mg/cm^{2}と非常に軽量であった。大面積の熱源に対しては，設置に際して熱電変換素子の重量が問題として生じることが有り得るが，本素子はこうした重量の観点から見た場合，大面積への設置に対して適していることが明らかとなった。

ユニレグ型熱電変換素子は，基板面に対して垂直方向の温度差により発電する。従って，熱電変換材料は基板面に対して垂直方向に高い性能を有することが望ましい。図8，9，10，11にCNT-ポリスチレン複合材料における，基板面に対して水平方向と垂直方向のゼーベック係数，電気伝導率，熱伝導率，性能指数を示す。いずれの値も室温近傍での測定により得られた値である。ゼーベック係数に関しては，水平方向と垂直方向とでほぼ同等であった。一方で，電気伝導率，及び熱伝導率に関してはいずれも水平方向が垂直方向に比べて高い値を示した。興味深いことに，電気伝導率は水平方向の方が垂直方向に対して2桁程度高い値を示すのに対し，熱伝導率

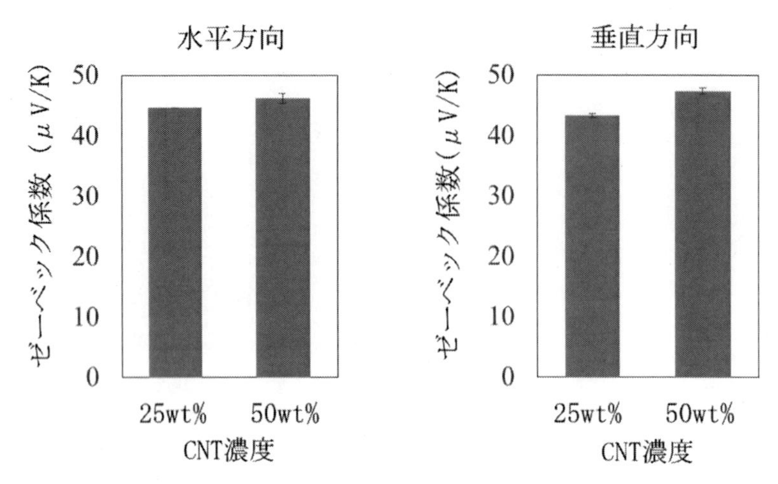

図8　CNT-ポリスチレン複合材料の，基板に対して水平方向と垂直方向におけるゼーベック係数

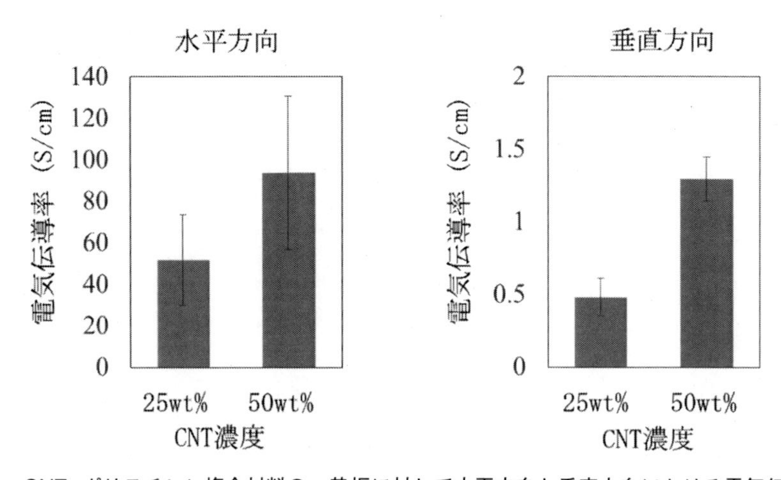

図9　CNT-ポリスチレン複合材料の，基板に対して水平方向と垂直方向における電気伝導率

は数倍程度の増加しか観測されなかった。その結果，性能指数は水平方向の方が垂直方向に対して1桁以上高い値を示した。印刷法の様に溶液を塗布し，乾燥させる作製方法においては，溶剤が乾燥する過程で，溶液は膜厚方向に縮む。この過程でCNTは基板に対して水平方向に配向すると考えられる。図7においても，CNTファイバーが膜表面に沿った方向に存在することが確認できる。上記の基板面に対して水平方向と垂直方向における熱電変換特性の異方性は，こうした材料内におけるCNT配向の異方性に起因するものと推測される。上記の結果は，今後，素子内におけるCNT配向の制御を行うことで発電性能を飛躍的に向上できる可能性があることを示している。

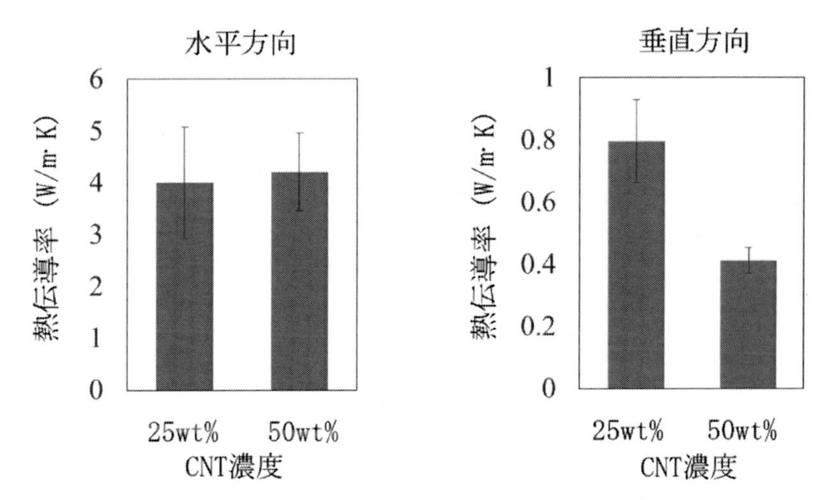

図10　CNT－ポリスチレン複合材料の，基板に対して水平方向と垂直方向における熱伝導率

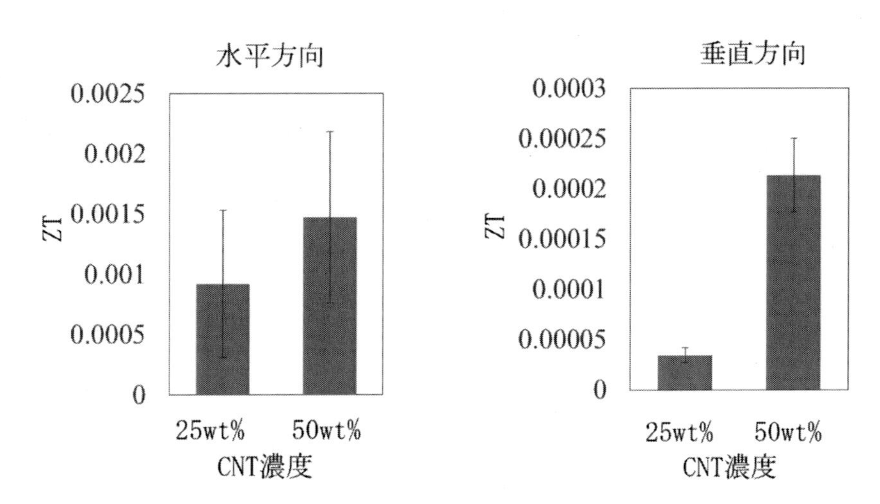

図11　CNT－ポリスチレン複合材料の，基板に対して水平方向と垂直方向における室温近傍での性能指数

3　まとめ

レアメタルなどの希少資源を含まず，フレキシブルで，印刷法により作製可能なCNT系材料から成る，ユニレグ型フレキシブル熱電変換素子について概説した。素子は半径6 mm程度まで曲げても壊れることはなく，良好なフレキシビリティーを示した。また，熱電変換材料，及び基板フィルムが軽量であるため，単位面積当たりの重量が15.1 mg/cm^{2}と非常に軽量な素子が形成できることが明らかとなった。こうした特徴より，本素子は曲面を有する熱源，あるいは大面積な熱源への設置に対して高い適合性を有すると考えられる。また，素子内におけるCNT配向の制御を行うことで，今後さらに性能を向上させることが可能であることが明らかとなった。

CNTは主として炭素原子から構成され，希少元素を用いず作製可能なため，安価に大量に入手できるようになる可能性を有するものの，現状では研究用材料の域を出ておらず，高価格である。また，現状では単一のキラリティーを有するCNTを得ることも困難である。こうした課題に対する進展が今後重要と考えられる。また，CNT系材料は，フレキシブル熱電変換材料の内では高性能である一方で，従来の固体無機熱電変換材料に比較すると性能が低い。さらなる材料の高性能化やデバイス構造の最適化などを通じて，熱電変換効率を向上させることも，普及させるための鍵と推測される。

文　献

1) C. Yu, K. Choi, L. Yin, J.C. Grunlan, *ACS Nano*, **5**, 7885-7892 (2011)
2) Y. Nakai, K. Honda, K. Yanagi, H. Kataura, T. Kato, T. Yamamoto, Y. Maniwa, *Appl. Phys. Express*, **7**, 025103 (2014)
3) C. Bounioux, P. Díaz-Chao, M. Campoy-Quiles, M.S. Martín-González, A.R. Goñi, R. Yerushalmi-Rozene, C.Müller, *Energy Environ. Sci.*, **6**, 918 (2013)
4) C.A. Hewitt, A.B. Kaiser, S. Roth, M. Craps, R. Czerw, D.L. Carroll, *Appl. Phys. Lett.*, **98**, 183110 (2011)
5) M. Ito, N. Okamoto, R. Abe, H. Kojima, R. Matsubara, I. Yamashita, M. Nakamura, *Appl. Phys. Express*, **7**, 065102 (2014)
6) Y. Nonoguchi, K. Ohashi, R. Kanazawa, K. Ashiba, K. Hata, T. Nakagawa, C. Adachi, T. Tanase, T. Kawai, *Sci. Rep.*, **3**, 3344 (2013)
7) K. Suemori, Y. Watanabe, S. Hoshino, *Appl. Phys. Lett.*, **106**, 113902 (2015)
8) C. Li, E.T. Thostenson, T-W. Chou, *Appl. Phys. Lett.*, **91**, pp.223114 (2007)
9) K. Suemori, Y. Watanabe, S. Hoshino, *Org. Electron.*, **28**, 135 (2016)
10) K. Suemori, S. Hoshini, T. Kamata, *Appl. Phys. Lett.*, **103**, 153902 (2013)
11) S. Hwang, W.J. Potscavage Jr., R. Nakamichi, C. Adachi, *Org. Electron.*, **31**, 31 (2016)

第2章　インクジェットを活用した Bi-Te系フレキシブル熱電モジュールの開発

小矢野幹夫*

1　はじめに

エネルギーの有効活用技術のひとつであるエネルギーハーベスティングの観点から，熱電変換技術が注目を浴びている[1)]。熱電発電に使用される熱電モジュールの構造は，基本的には市販されているペルチェモジュールと同じものが想定されている[2)]。熱電モジュールは，p型の熱電材料でできたp型素子とn型の熱電材料でできたn型素子が交互に電極で接続された構造を持っている。この接続の様子がギリシャ文字のπに似ているため，この構造をπ型構造と呼ぶ。現在市販されている熱電モジュールでは，このπ構造の裏表を熱伝導率の高いセラミック板などで挟んでいる。

ペルチェ応用の場合，モジュールに直流電流を流すことで，モジュールの表裏でそれぞれ吸熱と発熱が起こる。この現象（ペルチェ効果）を利用することにより，熱電モジュールを試料の冷却や精密温度制御に使用することができる。発電応用の場合はこの逆で，モジュールの表裏に温度差を与えたときにゼーベック効果で誘起される電圧を活用して電力を得る。熱電発電は，①微小な温度差でも発電できる，②発電素子の小型化が容易である，③可動部がないため騒音がなくメンテナンスの必要がない，といった利点を持つ。そのため，密度の低い自然エネルギーや温度が低い排熱を用いて発電を行うエネルギーハーベスティングの中でも，重要な位置を占めると期待されている。

素子自体が屈曲性を持つフレキシブルモジュールを開発することの利点は，曲面を持つ発熱体に密着することにより，廃熱をより効率的に活用することであると言える。その熱源の重要なターゲットは，もっと端的にいうと，人体からの発熱である。私たち自身が常に発生している体温で発電し電力を得ることができれば，例えば移動通信体と組み合わせることによりエネルギーの地産地消が実現する。体温利用ということに用途を絞ると，基礎代謝量から単位面積あたりの発熱量が決まり，モジュールに対してどれだけの熱流束が得られるかがわかるので，どれだけの発電が可能であるかを見積もることができる。それと同時に使用温度が決まるため，モジュールに使用できる熱電材料も決まってくる。

よく知られているように，熱電材料の性能は無次元性能指数ZTで評価される。ZTは，測定したゼーベック係数S，電気伝導率σ，熱伝導率κおよび絶対温度Tを用いて

---

*　Mikio Koyano　北陸先端科学技術大学院大学　先端科学技術研究科　教授

$$ZT = \frac{S^2 \sigma}{\kappa} T$$

と定義される。すなわち，大きなゼーベック係数Sと高い電気伝導率σ，そして低い熱伝導率κを持つ材料が大きなZTを示す良い熱電材料ということになる。図1に現在使用されている代表的なp型およびn型の熱電材料のZTの温度依存性を示す。熱電材料によってZTが最大値を示す温度，すなわち使用できる温度領域が限られていることがわかる。体温と室温との温度差で発電することに限定すると，現在知られている材料の場合はp型では$(Bi, Sb)_2Te_3$，n型では$Bi_2(Te, Se)_3$の組み合わせ，すなわちBi-Te熱電材料の組み合わせしかないことがわかる。したがって体温を利用した発電の場合，室温近辺で良い性能を持つ新材料を開発するか，Bi-Te熱電材料をフレキシブル化するかという二者択一となる。以上の観点から，国内外の研究グループが，Bi-Te系材料を用いたプリンティングデバイスの研究を行っている[3~9]。

本稿ではBi-Te系熱電材料に注目したフレキシブル熱電モジュールの開発について述べる。まずBi-Te熱電インクを用いたインクジェット熱電モジュールの作製プロセスを紹介する。さらに，熱電インクを用いたBi-Teナノバルクを用いた熱電性能向上の研究について述べる。

2 Bi-Te系熱電インクの開発とインクジェット熱電モジュール

現行の熱電モジュールを作製するためには，次のような多数の工程が必要である。

(1) 原材料のBi，Te，Sb，Seを溶融し，$(Bi, Sb)_2Te_3$（p型）および$Bi_2(Te, Se)_3$（n型）熱電材料を合成する。

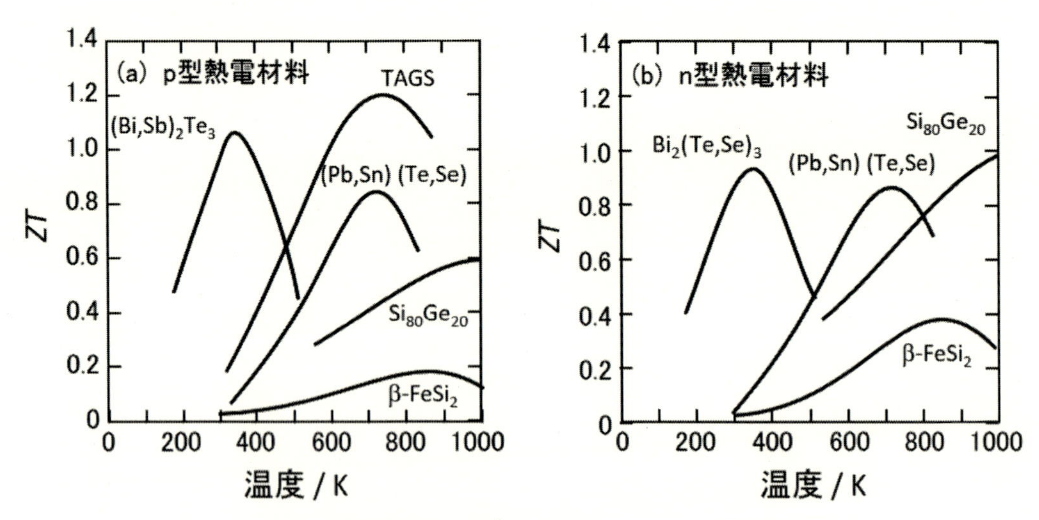

図1　各種熱電材料の無次元性能指数ZTの温度依存性
(a)p型熱電材料，(b)n型熱電材料

(2)　合成した熱電材料を粉砕する。
(3)　粉末を焼結しインゴットを作製する。
(4)　インゴットを熱処理し組成制御を行う。
(5)　組成制御したインゴットをスライシングし，ウエハを得る。
(6)　ウエハをダイシングし，直方体の熱電素子を切り出す。
(7)　電極を取り付けたセラミック基板にp型とn型の熱電素子を交互に並べ，電極接合を行う。
(8)　表側にセラミック基板を同様に取り付け，熱電モジュールを完成する。

この工程の中で，特に改善を必要としているのは(5)，(6)の素子の切り出し工程である。切り出しにはダイヤモンドソーなどを用いているため，切り代の分だけ材料の切削ロスが出るうえ，素子サイズが小さくなると機械的な切り出し自体が難しくなる。

われわれは，このような問題を解決する一手法として，LCD用カラーフィルターや有機ELの製造に利用されているインクジェット技術を活用し，Bi-Te系印刷熱電モジュールを開発・製造することを目指した[8,9]。この手法の開発により，上記プロセスのうち(5)と(6)の工程が不要となるため，切削ロスが低減できBiやTe，Seなど希少かつ高価な元素資源の節約に役立つ。また(7)〜(8)の組み立て工程に対しても，印刷技術の利点を生かし短時間に多数の素子配列と大面積のモジュール作製を行うことが可能となる。産業応用的な観点から熱電モジュール作製プロセスへの印刷技術の導入の利点をまとめると，①リードタイムの削減，②材料歩留まりの向上，③微小サイズ素子印刷の実現，④高いモジュールデザインの自由度，となる[8〜10]。

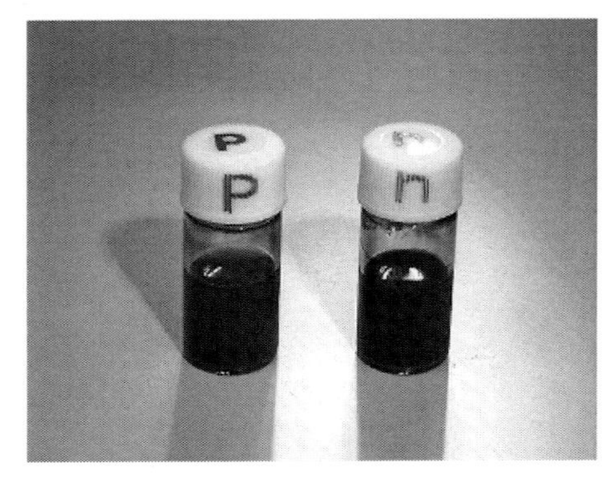

図2　p型およびn型Bi-Te系熱電インク[9,10]

図2に本研究で開発したBi-Te系熱電インクの写真を示す。いずれも黒色で粘度の低い液体である。市販の熱電材料の粉末（p型インクの場合は $(Bi, Sb)_2Te_3$ を，n型インクの場合は $Bi_2(Te, Se)_3$ を使用）をビーズミルでさらに粉砕し100 nmのオーダーまで微細化する。これを適当な保護剤とともに有機溶媒に分散させる。インクジェット吐出を可能にするためには，インクの粘度と表面張力を調整する必要がある。さらに，基板に対するインクの親和性も重要である。基板に対する親和性が低いインクでは，インクが着弾したときに基板にはじかれてしまう。逆に親和性を良くしすぎるとインクが広がってしまい単純な線を描画することもできなくなる。基板に対してちょうど良い親和性を持つ溶媒を選定することが重要である。これらの条件を最適化することによって，p型とn型両方の「Bi-Te系熱電インク」を開発することに成功した。

この熱電インクをインクジェット描画装置（マイクロジェット社　NanoPrinter-600）に装填し，描画することにより，インクジェット熱電モジュールを作製する。印刷パターンはインクジェットプリンターにデータを入力にすることにより自由に制御できる。インクの吐出の様子を図3に示す。この描画装置のインクジェットヘッドには128個の吐出口があり，そのうちの6個が写っている。それぞれの口から吐出されたインク液滴は円柱形状をしているため，長期間にわたって安定した印刷描画をすることが可能である。

図3　熱電インクのインクジェット吐出液滴

実際に作製したプレーナー型熱電モジュールの作製工程を図4に示す。このモジュールはプレーナー型なので，温度差はシートの表裏ではなく図の上下に付けることになる。まず，市販の銀インクを用いてガラス基板上に電極をインクジェット印刷し，熱処理を施す。その後，p型インク，n型インクの順番で，銀電極を橋渡しするようにインクジェット印刷を行う。熱電変換には適当な素子断面積が必要なため，乾燥・印刷を数回繰り返し厚さ数μmまで塗り重ねる。最後に不活性ガス中で350～500℃の温度で熱処理を行い，溶媒を除去するとともに熱電材料の再結晶化を行い，モジュールを完成させる。

作製したプレーナー型インクジェット熱電モジュールの発電性能は，以下のように評価した。モジュール上側にヒーターを取り付けた後，ヒーターを加熱して温度差を付け，5対全体および単体のpおよびn型素子の熱起電力を測定した。その測定結果を図5に示す。いずれの熱起電力も与えた温度差に対して線形性を示しており，素子が正常に動作していることが確かめられた。得られた熱電能はp型素子で150μV/K，n型素子で$-225$$\mu$V/Kとなった。これらの値をバルクと比べると，p型では若干低めになっているが，n型はバルクの値と同等であることがわかった。モジュール全体の熱起電力からpn一対あたりの熱起電力を見積もると，pn一対あたり約340μV/Kの熱電能を持つことが確かめられた。この熱電能の値は現行の市販品モジュールに匹敵する値である。この5対のモジュール全体に12℃の温度差を与えたとき，全体で20mVの電圧が発生する。この起電力は市販の微小電力用DC-DCコンバーターを駆動させるのに十分なものであり，未利用熱を活用するエネルギーハーベスティングへの展開が可能となった。

インクジェット技術と熱電インクを活用することにより，熱電モジュールの形状を自由に設計

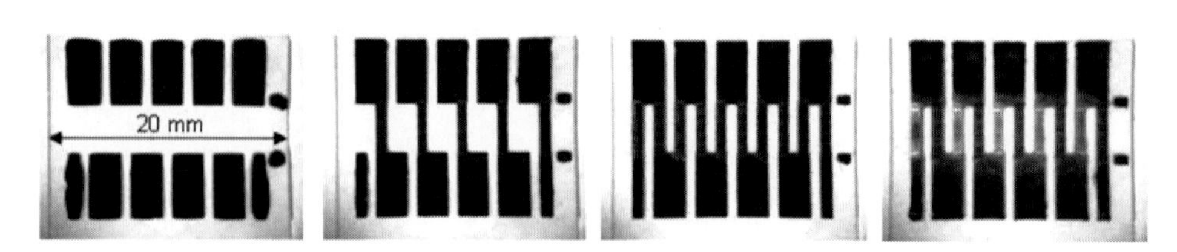

図4　インクジェット印刷によるプレーナー型熱電モジュールの作製工程[9, 10]

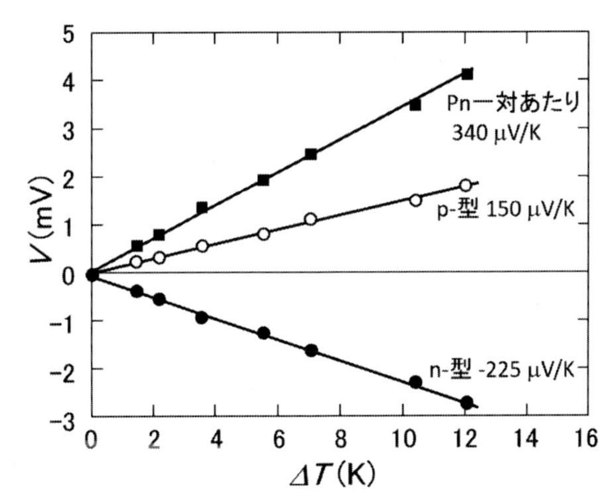

図5　プレーナー型インクジェット熱電モジュールの発電性能[9, 10)]

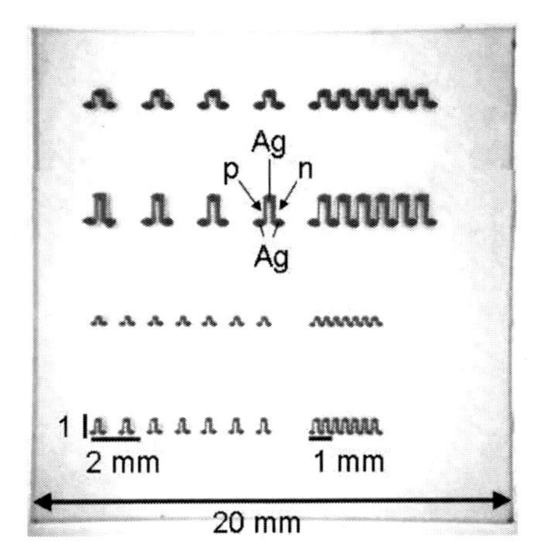

図6　インクジェット印刷で作製した微小サイズ熱電モジュール[9, 10)]

図7　インクジェット印刷で作製したフレキシブル熱電モジュール[9, 10)]

することが可能となり，多品種少量生産モジュールの生産性改善に大きく貢献できるとともに，小型・高密度化された次世代熱電モジュールも作製可能となる。実際に，従来作製が難しかった微小サイズモジュール（図6）や，フレキシブルなポリイミド基板を用いたモジュール（図7）の試作にも成功した。

3　Bi-Te系熱電インクを用いたナノバルクの作製と高性能化

前節で述べたインクジェットモジュールは，内部抵抗が高く大きな電流値が得られなかったため，無次元性能指数換算でおよそ$ZT=0.1$程度に留まっていた。より良好な発電素子とするためには電気抵抗の低減が必要である。そこで我々は熱電インクからナノバルクインゴットを作製し，その組織・配向制御を行うことにより，電気抵抗低減と熱電性能向上の指針を探った[11]。

熱電インクをアルゴンガス雰囲気中で十分乾燥させて得られたBi-Te微粉末をダイスに詰め，400℃，40 MPaで15分間ホットプレス処理を行い，バルクインゴットを得た。得られたバルクのSEM写真を図8に示す。組織はランダムに凝集した数10から数100ナノメートルの微結晶から構成されていることがわかる。この意味で，得られたインゴットはナノ材料から構成されたナノバルクであることが確かめられた。

このナノバルクに350℃から500℃の温度下で一軸応力を加えることで塑性変形を行い，ナノバルクの配向制御を行った後熱電性能を測定した。得られたp型およびn型ナノバルクの無次元性能指数ZTの温度依存性を図9に示す。いずれのZTも温度の上昇と共に増加している。p型ナノバルクでは，印可した応力に対する性能の異方性はあまり明確でなく，応力に対して平行方向と垂直方向での熱電性能の差は明確でない。一方で塑性変形処理温度には敏感で，処理温度の上昇に伴い室温付近でのZTは増加し，500℃の場合は$ZT=0.9$に到達する。このZTの増加は，処理温度の上昇に伴う再結晶化と結晶粒サイズの成長によるものと理解される。これに対して，n型の場合は応力に対する異方性が顕著であり，応力に平行方向の熱電性能が垂直方向のそれに比べ有意に高いことがわかる。これは印可した応力によってナノ粒子がc軸配向したことによるものであり，結果として室温付近でのZTは$ZT=1.0$に到達している。

以上の結果は，熱電インクから作製されたナノバルクの熱電性能が市販の熱電モジュールと同等の性能を持ち得ることを示しており，発電応用およびペルチェ応用へ熱電インクが活用できることが期待できる。それと同時に印刷モジュールの素子における配向制御の重要性も示唆しており，実用に供する場合はロール印刷など圧力・応力を印可する印刷プロセスが有効であることを示している。

図8　熱電インクから作製したBi-Te ナノバルクのSEM写真

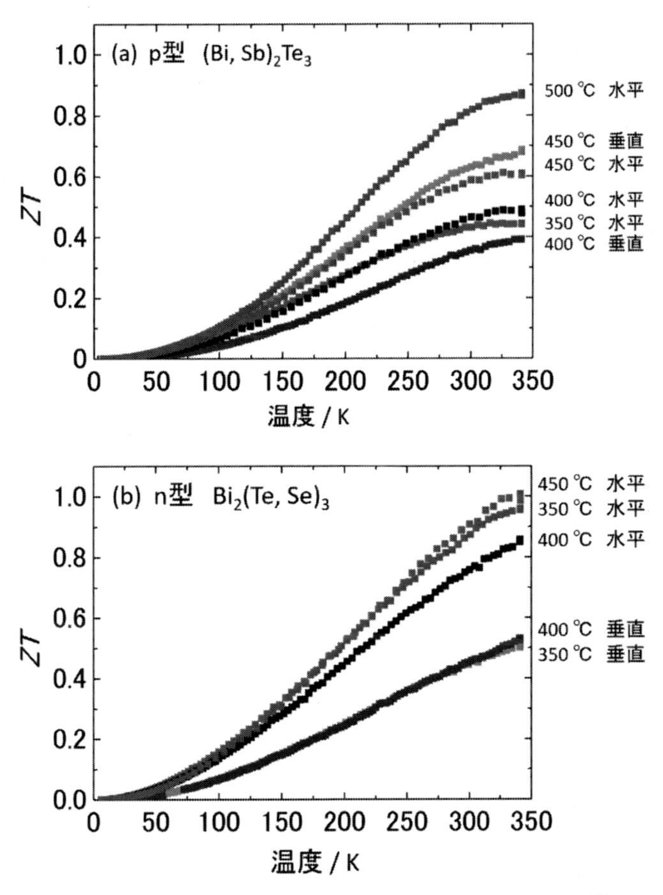

図9　Bi-Teナノバルクの熱電性能指数 *ZT* の温度依存性[11]
(a)p型ナノバルク，(b)n型ナノバルク

4　おわりに

我々は低温廃熱の活用を目指して，Bi-Te系熱電材料を用いた熱電インクを開発し，それを用いたインクジェット熱電モジュールを作製することに成功した。作製したモジュールは室温近傍でDC-DCコンバーターを動作させるのに十分な起電力を発生するのみでなく，印刷技術の利点を生かした微小モジュールやフレキシブル基板への印刷も可能となった。また印刷モジュールの内部抵抗を低下させ，バルク素子と比較しても遜色ない印刷モジュールを作製する指針を得ることができた。

物理法則に従えば，すべてのエネルギー(光エネルギー，力学的エネルギー，電気エネルギーなど）は産業活動で使用された後，最終的には熱エネルギーとして排出されることになる。熱電発電は，エネルギーの最終形態である熱エネルギーを有用な電気エネルギーに変換・回生する極めてユニークな技術である。太陽光発電や風力発電などとともに，より一層の開発と普及が期待される。

謝辞

本稿を執筆するにあたり，この研究に携わった多くの共同研究者および研究室の学生・卒業生に深く感謝する。本稿の内容の一部は，科研費　基盤研究（C)「プリンティング熱電デバイスを指向したBi-Te熱電インクの高性能化（課題番号：15 K04720)」およびJST重点地域研究開発推進プログラム（育成研究）「インクジェットを活用したフレキシブル熱電モジュールの開発」の成果である。

文　　献

1) 例えば，応用物理学会誌，**82**，pp.915-954（2013)
2) ㈱KELKウェブサイト，http://www.kelk.co.jp/
3) M. Takashiri, T. Shirakawa, K. Miyazaki and H. Tsukamoto, *Sens. Actuators A*, **138**, 329 (2007)
4) M. Takashiri, S. Tanaka, M. Takiishi, M. Kihara, K. Miyazaki and H. Tsukamoto, *J. Alloys Compounds*, **462**, 351（2008)
5) C. Navone, M. Soulier, M. Plissonnier and A.L. Seiler, *J. Electron. Mater.*, **39**, 1755（2010)
6) H.-B. Lee, H.J. Yang, J.H. We, K. Kim, K.C. Choi and B.J. Cho, *J. Electron. Mater.*, **40**, 615 (2011)
7) K. Kato, H. Hagino and K. Miyazaki, *J. Electron. Mater.*, **42**, 1313（2013)
8) M. Koyano, Y. Maeda, K. Suekuni, G. Nakamoto, H. Iwasaki, T. Shimoda, T. Tanaka, K. Fukuda, H. Hachiuma, S. Sano and M. Kurisu, The 32 nd Int. Conf. on Thermoelectrics, (Kobe)［Session D1 : Modules II, D1_11］(2013)
9) 小矢野幹夫，育成研究成果報告書，JSTイノベーションプラザ石川　平成20年度採択課題「インクジェットを活用したフレキシブル熱電モジュールの開発」
10) 小矢野幹夫，北陸経済研究2015年6月号（433)，58（2015)
11) M. Koyano, S. Mizutani, Y. Hayashi, S. Nishino, M. Miyata, T. Tanaka and K. Fukuda *J. Electron. Mater.*, **46**, 2873（2017)

第3章　π型構造を有するフレキシブル熱電変換素子

荒木圭一*

近年，エネルギーハーベスティングやウェアラブル機器用の電源として熱電変換技術が脚光を浴びている。新しい用途に合せて，熱電変換素子の形態に対する要求も，従来の硬くて丈夫なものから，柔軟で軽いものに変化していくと予想される。本稿では，この新しい熱電変換素子＝フレキシブル熱電変換素子の実現に向けた，我々の取り組みについて紹介する。また，ウェアラブル用途を想定して考案したファブリックモジュールについても紹介する。

1　はじめに

熱電変換素子は，素子内に生じた温度差ΔTに比例した起電力を発生する。起電力は(1)式に示す通りΔT×ゼーベック係数Sになるため，ΔTが大きいほど大きな起電力が得られることになる。

$$V = S \times \Delta T \quad (S：ゼーベック係数) \tag{1}$$

従って，大きな起電力を得るため，従来自動車のエンジンや焼却炉といった高温の熱源からの廃熱利用を目的として開発が行われてきた。しかし，工業廃熱全体で見ると150℃以下の低温廃熱が全体の43％を占め，500℃以上の高温廃熱は3％という調査結果がある[1]。さらに，近年話題のエネルギーハーベスティングは，身の回りにある未利用熱を使うことになるため，温度領域は100℃以下と想定される。使用温度領域の低下により，樹脂フィルムや紙，布などの柔軟な基材の表面に薄膜素子を形成した，フレキシブル熱電変換素子が実現可能になった。

2　フレキシブル熱電変換素子とは

図1に一般的な熱電変換素子とフレキシブル熱電変換素子の概念図を示す。通常熱電変換素子はp型およびn型の半導体のペアになっており，π型素子と呼ばれる。材質は焼結体を切り出したブロックであり，数10から100対程度のπ型素子をセラミック板上に配置して用いられる。従って柔軟性はなく，曲面に貼り付けて使用するのは難しい。これに対して，フレキシブル熱電変換素子は，樹脂や紙などのフレキシブルな基材上に薄膜素子を形成したものである。フレキシブル熱電変換素子の構造については幾つかの報告例がある。ここでは2つのタイプを紹介する。

*　Kei-ichi Araki　㈱KRI　デバイスマテリアル研究部　主任研究員

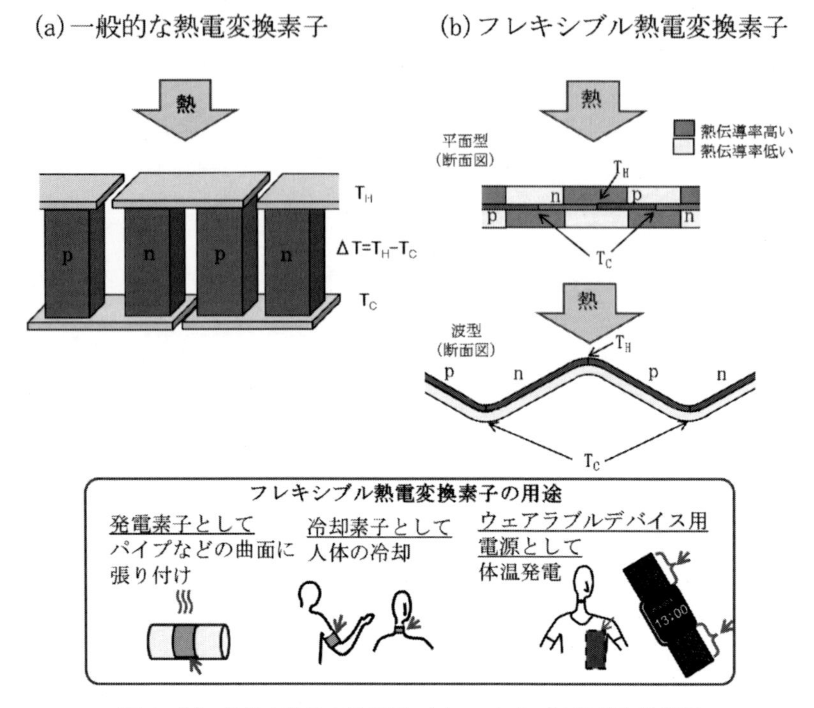

図１　(a)一般的な熱電変換素子，(b)フレキシブル熱電変換素子

平面型[2]は，pn対の薄膜をフレキシブルなフィルムで挟み込んだ構造をしている。熱伝導率が場所によって異なるため，面内方向に熱流が生じ，これにより温度差を付けることが可能となっている。波型は，基材上にpn対の薄膜を形成した後，基材を波形に折り曲げるだけで完成するため，作製法が非常に手軽である。但し，上から強い力で押さえつけると素子が壊れる恐れがあるため，強度を向上させる工夫が必要である。薄膜の作製方法には気相法，液相法（電気化学的手法)[3]，液相法（塗布法）がある。我々が選択した液相法（塗布法）は，他の方法に比べると大がかりな装置を必要としないため，低コストな方法である。但し，膜の品質の問題など課題も多い。塗布法で使用できる熱電変換材料は，現時点では表1に示したものが挙げられる。PEDOT:PSSなどの導電性ポリマーやCNTは，製膜性に優れ，塗布後の熱処理も100℃以下と大変扱いやすい。但し，これらの材料で現在入手可能なものはp型のみである。n型材料として我々が注目したのは既存の熱電変換材料のナノ粒子である。BiTe系の材量は室温付近の特性が優れており，またナノ粒子の合成も比較的容易である[4,5]。しかし，合金化のためには200℃以上の加熱が必要である。BiSbは，低温（−200℃付近）の特性が優れるため[6]，ペルチェ素子や，例えば液化天然ガス（−160℃）を利用した冷熱発電などに適した材料である。BiSbは100℃付近の反応温度でも結晶性の優れた合金ナノ粒子が得られることから[7,8]，n型材料として最も扱いやすいと考えられる。以上を踏まえて，我々は，PEDOT:PSS（Heraeus社製　Clevios PH1000）とBiSbナノ粒子を用いてフレキシブルなπ型素子の作製について検討を行った。

表1　塗布法に用いられる主な熱電変換材料

材料			タイプ	主な特徴
PEDOT:PSS			p	・製膜性に優れる ・導電性が高い（〜1,000 S/cm） ・水分散液（強酸性）
カーボンナノチューブ			p	・製膜性に優れる ・各種分散媒の分散液が入手可能
無機ナノ粒子	BiTe系	Bi_2Te_3	n	・室温付近の特性が良い ・p/n両方作製可能 ・合金化のために高温処理が必要 ・バインダーが必要
		$Bi_{0.5}Sb_{1.5}Te_3$	p	
	BiSb		n	・低温合成でも合金化し結晶性良好 ・n型のみ ・温度領域が低温 ・バインダーが必要

3　ナノ粒子の合成

BiSbのナノ粒子は以下の手順で合成した[4)]。

前駆体となる硝酸ビスマス5水和物（$Bi(NO_3)_3 \cdot 5H_2O$）4.56 mmolと酢酸アンチモン（$Sb(CH_3COO)_3$）1.44 mmolをテトラエチレングリコール（TEG）60 mLに加え，Ar雰囲気で100〜160℃に加熱する。これに還元剤である水素化ホウ素ナトリウム（$NaBH_4$）12 mmolをTEG12 mlに溶解させたものを加えると，黒色のBiSbナノ粒子が析出する。約30分攪拌した後，放冷する。遠心分離により上澄みを捨てた後，エタノールに再分散し，さらに遠心分離を行う。この操作を2回行う。得られた固形物を減圧乾燥し，BiSb粉末を得た。各反応温度で合成したBiSbナノ粒子のSEM像とゼーベック係数を図2に示す。ゼーベック係数は室温付近での

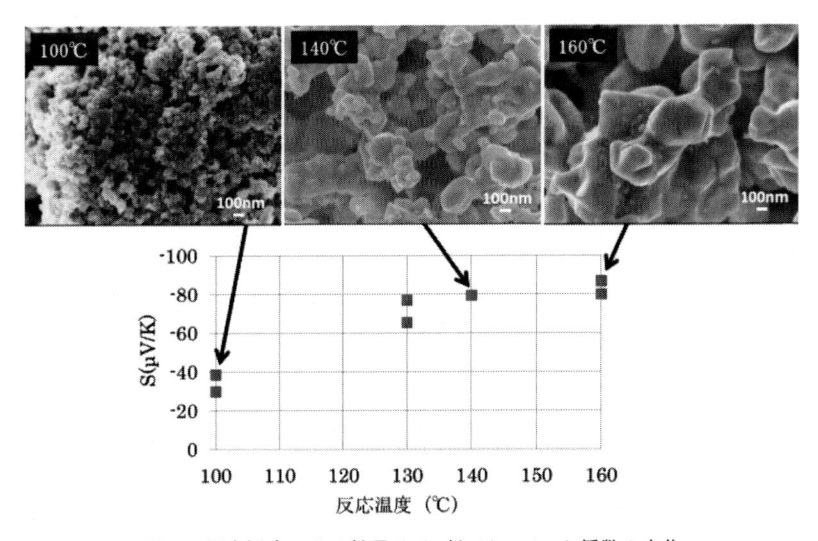

図2　反応温度による粒子サイズとゼーベック係数の変化

測定値であり，測定試料は粉末を非加熱で圧縮成型したペレットである。反応温度を高くするほど粒子が大きく成長し，それに伴ってゼーベック係数も大きくなるが，インクとして使用することを考えると，あまり大きな粒子ではすぐに沈降してしまうため塗布法には適さない。特性と塗布性との兼ね合いから反応温度140℃のものが最適であると判断した。

4　インク化

上記で得られたBiSbナノ粒子をインク化した。溶媒には，エタノールやN-メチルピロリドン（NMP）を用い，素早く乾燥させたい場合はエタノール，ゆっくり乾燥させたい場合はNMPというように使い分けた。さらに，膜の強度や基材との密着性を向上させるために，バインダー樹脂としてポリビニルピロリドン（PVP）をBiSbに対して5w%分加えた。今のところ製膜はキャスト法で行っているが，今後インクジェット法を検討する場合は，表面張力や粘度の調整が必要となる。その際は混合溶媒や界面活性剤の添加などを検討する必要が生じると予想される。

5　薄膜の作製～カレンダ処理

BiSb，PEDOT:PSSは，どちらもキャスト法によりポリイミドフィルムに塗布して薄膜を作製した。PEDOT:PSSは水分散液であるが，そのままではポリイミドフィルムには弾いてしまい塗布できなかったため，界面活性剤（ネオス：フタージェント250）を固形分に対して0.1％添加した。

BiSbは，キャスト後加熱せず乾燥させた。この段階の膜の外観は図3の一番右側の写真のように，粉末と同じ黒色である。この状態は粒子間の電気的な接触は非常に弱く，絶縁性である。通常であれば，加熱焼結を行うところであるが，この場合基材の耐熱性が250℃程度しかないため，加熱以外の方法により導電性を向上させる必要がある。そこで，図3に示すように，膜をプレスすることにより緻密化し導電性を向上させることを試みた。この処理は印刷用語に因んでカレンダ処理と呼んでいる。図3にカレンダ処理によって膜が緻密化していく様子を示す。緻密化していくに従って金属光沢が現れていくのが確認できる。

このようにして作製した薄膜のゼーベック係数の評価結果を図4に示す。室温付近のゼーベック係数はPEDOT:PSSが20μV/K，BiSbが-80μV/K程度であるから，π型素子にした場合，1℃の温度差で得られる起電力は100μVと予想される。

6　π型フレキシブル熱電変換素子の作製

ポリイミドフィルム（幅5mmの短冊状）上に作製したPEDOT:PSSとBiSbの薄膜を銀ペーストで接続し，波形に折り曲げることによりπ型素子作製した（図5）。波型に折り曲げた状態

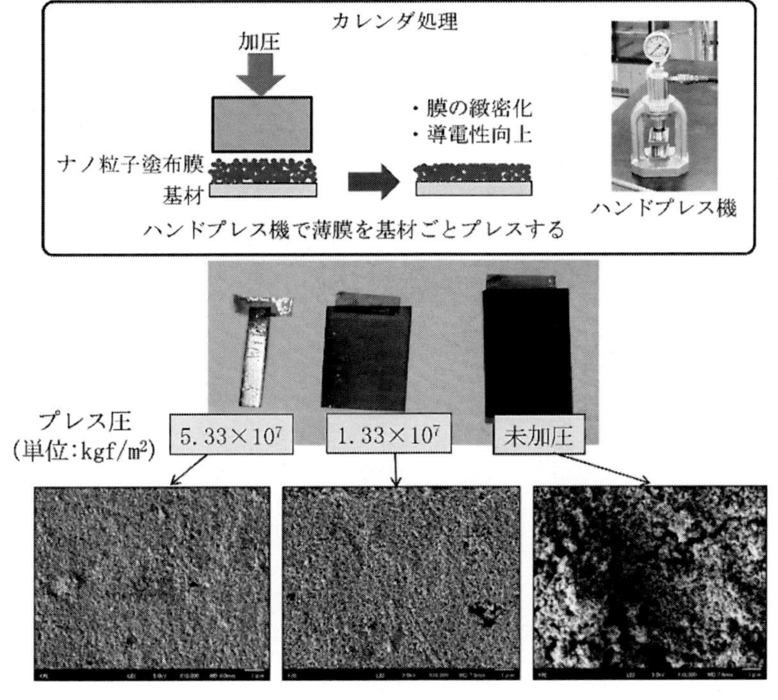

図３　カレンダ処理による膜の緻密化

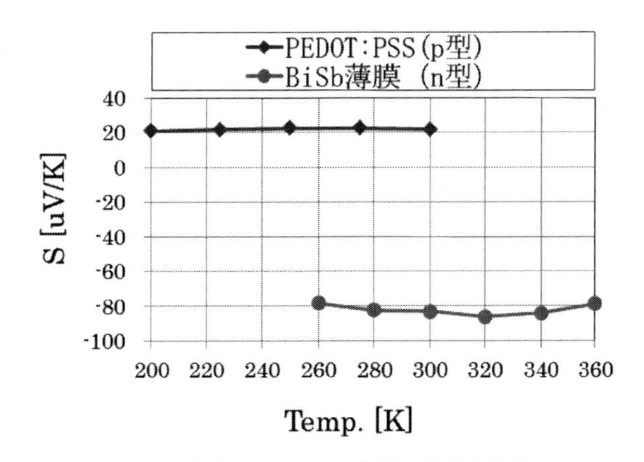

図４　薄膜のゼーベック係数の温度依存性

を維持するため，別のポリイミドフィルムに谷の部分を接着固定している。

作製したのはπ型素子３対を直列に接続したものである。これをホットプレートの上に置いて60℃に加熱した際の山と谷の部分の温度と熱起電力を測定した（図６）。山の部分は低温部（T_c），谷の部分が高温部（T_H）となる。その結果，$\Delta T = T_H - T_c$ に対して直線的に熱起電力が増加した。直線の傾きは0.264 mV/K であった。これをπ型素子１対当りに換算すると88μV/K であり，薄膜のゼーベック係数から見積った100 μV/K に比べてやや低い値となった。88 μV/K という値は微々たるものであるが，今後印刷技術を使うことで，素子の集積化が可能になれば素子の数に比例して起電力は大きくできる。例えば，π 型素子 1 対のサイズを 1 mm×1 mm にできれば，10 cm □の中に 10,000 対の π 型素子を収めることができる。このときの熱起電力は ΔT = 1℃ 当り 88 μV×10,000 = 0.88 V，ΔT = 10℃なら 8.8 V と十分実用的な起電力が得られる。

図５　作製したπ型素子（３対）

一方で，導電性は大きな課題である。今回作製した素子の抵抗は 80 kΩ 程度と極めて高かった。この大半は電極との接合部における接触抵抗である。また，集積化により素子の幅が狭くなることも抵抗が大きくなる要因である。

7　ファブリックモジュール[9)]

最後に，ウェアラブル用途を想定して我々が考案したフレキシブル熱電変換モジュールについて紹介する。

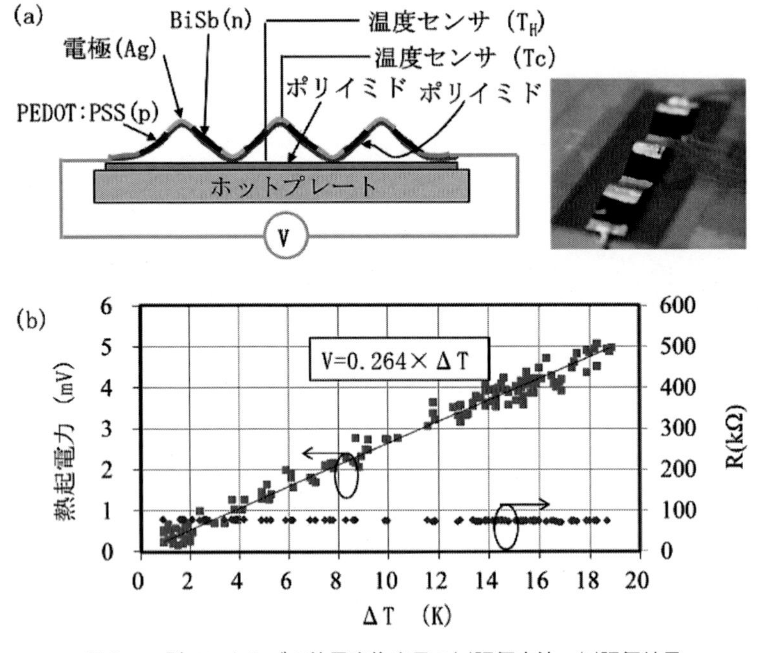

図６　π型フレキシブル熱電変換素子の(a)評価方法，(b)評価結果

図7に示した熱電変換モジュールは，先に紹介した波型素子の改良型であり，波型素子を縦・横に織り込んだ構造であることから，ファブリック（織物）モジュールと名付けた。

ファブリックモジュールのメリットとしては，以下が挙げられる。

- 曲げやすく，伸縮性にも優れる。
- 交差部で2つの素子が重なっているため素子密度が倍になり，集積化に有利である。
- 織物構造であるため，衣服や身に着けるもの（帽子，ベルトなど）に組み込むのが容易である。

次に，実際に試作したファブリックモジュールを図8に示す。使用している熱電変換材料や部材などは6節と同じく，P型＝PEDOT:PSS，n型＝BiSbであり，銀ペーストで両者を接合した。基材にはポリイミドフィルムを用いている。図7の概念図と異なる点は，重なりあった素子の間の熱伝導を低減することや，伸縮性の向上のために，シリコーンゴムのシートに切り込みを入れ，ファブリックモジュールを編み込んだ点である。こうすることで，図8の写真のように曲面に巻きつけて固定するのも容易になった。今後は，素子の幅を細くしていき，外観をさらに編み物に近づけることや，将来的には，素子を糸状にして完全なファブリックモジュールの作製を計画している。

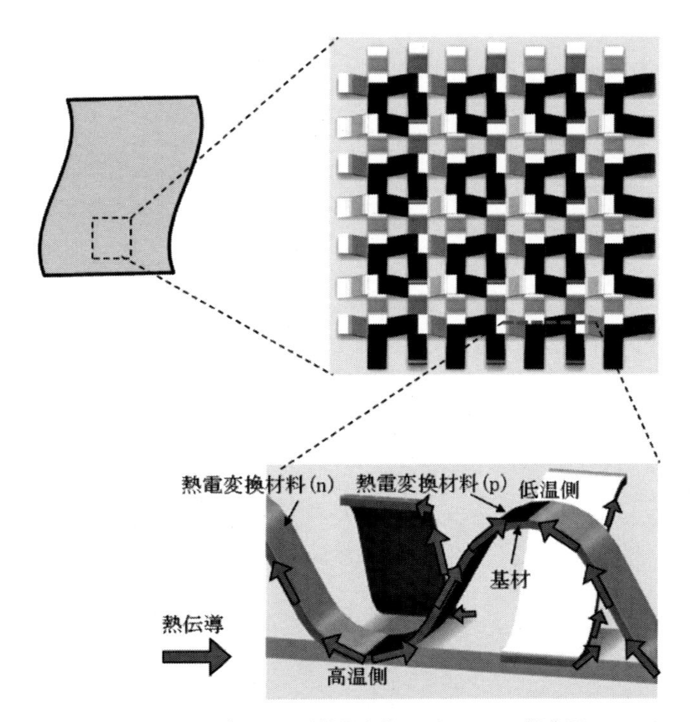

図7　ファブリック型熱電変換モジュールの概念図

試作モジュールの構造

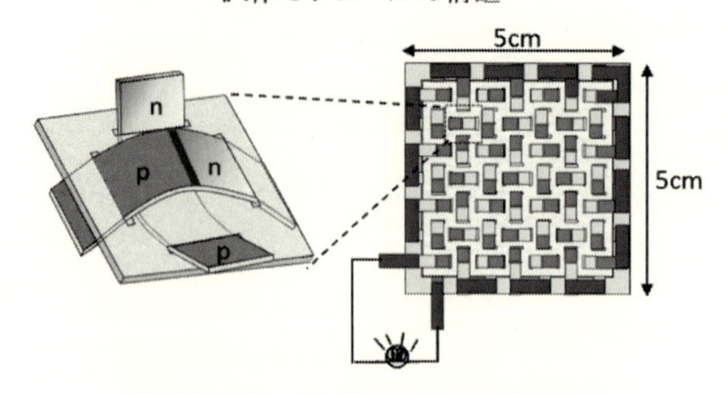

試作モジュールを曲面に装着した様子

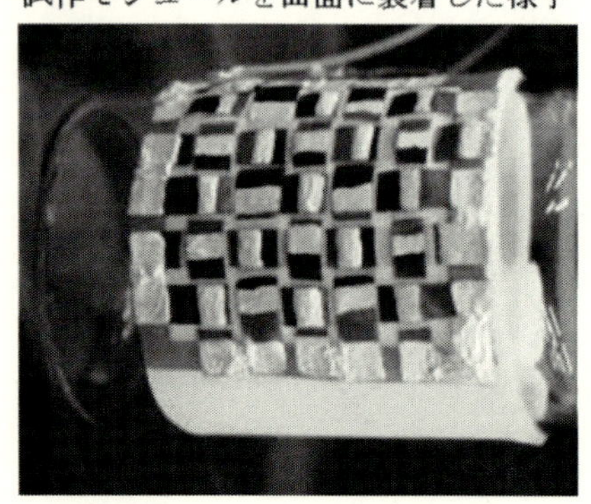

図８　試作したファブリック型熱電変換モジュール

8　まとめと今後の展望

独自に合成した熱電変換材料のナノ粒子を用いて作製したフレキシブル熱電変換素子について紹介した。

ナノ粒子の薄膜を作製する際，基材の耐熱性などの関係で加熱焼結ができなかった。そこで，非加熱で膜を緻密化できる方法としてカレンダ処理を検討した。カレンダ処理は一定の効果があったが，圧縮によって粒子間の隙間を減らす方法であるため，粒成長や結晶性の向上は期待できない。基材にダメージを与えず粒成長できる方法としては，フォトシンタリングが挙げられる。フォトシンタリングは，高出力のキセノンフラッシュランプで粒子だけを瞬間的（数 ms）に加熱する技術であり，基材へのダメージが極めて少ないのがメリットである。現在，銅ナノ粒子インクを有機系の基材上に塗布した試料において，フォトシンタリングの効果が報告されており[10]，非常に興味深い。

また，モジュール化については我々が独自に考案したファブリックモジュールを紹介した。これは主にウェアラブル用途を想定したものである。ウェアラブルデバイス用電源としては，熱電変換以外に振動発電や太陽光発電なども考えられるが，ファブリックモジュールは衣服に組み込めば大面積化が可能であるため，人体から放出される熱エネルギーをより多く取り込むことができるという点で期待は大きい。

文　献

1) 「省エネルギー技術の活用による新たな事業展開についての調査研究 — 保有技術の再評価による事業機会調査専門部会報告書（Ⅱ）—」，p.12，㈳日本機械工業連合会（2007）に記載のデータを集計した
2) 特開 2006-186255
3) 関佑太，富田元紀，山本智之，齋藤美紀子，園部義明，高橋英史，寺崎一郎，本間敬之，第 59 回応用物理学関係連合講演会　講演予稿集（2012）
4) K.T. Kim, H.M. Lee, D.W. Kim, K.J. Kim, G.H. Ha, *J. Korean Phys. Soc.*, **57**(4), pp.1037-1040（2010）
5) M.E. Anderson, S.S.N. Bharadwaya, R.E. Schaak, *J. Mater. Chem.*, **20**, pp.8362-67（2010）
6) R. Wolfe and G.E. Smith, *J. Appl. Phys.* **33**(3), pp.841（1962）
7) A. Datta and G.S. Nolas, *CrystEngComm*, **13**(7), pp.2753-2757（2011）
8) 田中裕介，伊藤孝至，粉体および粉末冶金，**57**(4)，p.252（2010）
9) 特願 2014-140146
10) 川戸祐一，有村英俊，工藤富雄，スマートプロセス学会誌，**2**(4)，p.173-177（2013）

第4章　カーボンナノチューブ紡績糸を用いた布状熱電変換素子

中村雅一[*1]，伊藤光洋[*2]

1　はじめに

第Ⅰ編　第2章で述べられているように，フレキシブル熱電変換素子において十分な性能を発揮するためには，2〜3 mm 程度の素子厚みと柔軟性を両立させる必要がある。近年，有機材料やカーボン材料を利用したフレキシブル熱電変換素子の研究が盛んに行われており，モジュール化に関する報告も数多く見られるが，その多くは面内方向の温度差を用いるものである。これは，もっぱら構造作製や素子特性の評価が容易であるという理由によると思われるが，残念ながら多くのエナジーハーベスティング用途では使いにくい構造である。また，厚み方向の温度差を用いたモジュールの報告もあるが，その多くは素子の厚みが高々数百 μm であり，やはり十分ではない。これは印刷的なプロセスで形成可能な厚みの制限や，フレキシブル性を確保するための限界によると思われる。上述の要求を満たすためには，材料単独でも素子構造だけの工夫でもなく，材料〜作製プロセス〜素子構造をトータルで技術開発する必要がある。著者らのグループでは，この課題に対して，熱電材料を糸状にし，それを布に縫い込むことでフレキシブルモジュールを作製する方法を研究している。本章では，その第一段階である縞状ドーピングされたカーボンナノチューブ（CNT）紡績糸による布状熱電変換素子の作製法を紹介し，その特徴などを解説する。

2　布状熱電変換素子の構造

図1に，縞状ドーピングされた熱電材料糸による布状熱電変換素子の構造を示す。熱電材料を柔軟性が得られる程度に細い糸状に形成し，ドーピング法を工夫することによって，p/n 縞状ドーピングを行う。それを基本ユニットとして，縞状ドーピングとピッチを合わせて布に縫い込むことで，図1(b)の断面図のように，π型セル直列接続構造が形成される。

この素子構造と素子作製法には，以下のような特徴がある。

① 基材としてフェルトやフリースなどの断熱性が高い布が使用可能

② 要求性能や使用状況に応じて厚みが広い範囲でスケーラブル

＊1　Masakazu Nakamura　奈良先端科学技術大学院大学　物質創成科学研究科　教授

＊2　Mitsuhiro Ito　古河電気工業㈱（(元)奈良先端科学技術大学院大学
物質創成科学研究科）

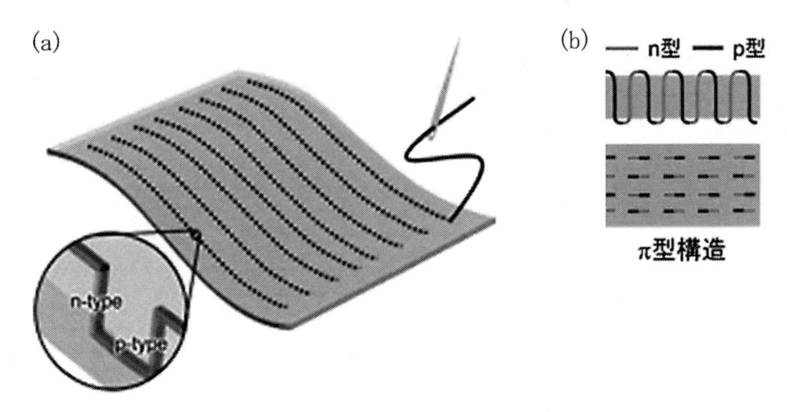

図1　(a)糸状に形成した熱電材料により実現する布状熱電変換素子と(b)その断面および平面構造

③　使用可能面積・必要な電力・許されるコストに応じてモジュール面積や熱電材料密度も調整が容易

④　モジュール製造コストの上昇や素子不良につながりやすい個々のp・nブロック間の配線が不要

⑤　曲げ，ねじり，引張りに対して強い

①は，第Ⅰ編　第2章で述べられた低い素子熱伝導率を確保するために有利である。②〜④はコストダウンや性能対コストの設計容易性のために有利である。⑤はフレキシブル熱電モジュールとして最も重要な性質である。布状熱電変換素子では，糸状熱電材料が布に縫い込まれているだけであり，布の伸縮が曲がりに対して糸状熱電材料にはほとんどストレスがかからない構造となっていることが，有利な点である。

以下では，基本ユニットとしてCNT紡績糸を用いて図1のモジュール構造の有用性を実証した研究[1]から，作製法と素子特性を紹介する。

3　ウェットスピニング法によるCNT紡糸法概要

CNT紡績糸は，ウェットスピニング法[2,3]を用いて作製した。図2(a)のように，ディスペンサーに入れたCNT分散液を回転台に乗せた凝集液に吐出することによって，流体力学的にやや延伸しながら紡糸を行う。CNT原料としては，改良直噴熱分解合成法（eDIPS：enhanced Direct Injection Pyrolytic Synthesis method）を用いて合成されたもの[4]を使用した。水に対して分散剤としてラウリル硫酸ナトリウム（SDS）を4 wt%，バインダーとしてポリエチレングリコール（PEG）を0.01 wt%添加したものに，0.15 wt%相当のCNTを分散させたものを紡糸原液とした。また，凝集液にはメタノールを用いた。吐出直後には，直径1 mm前後のゲル状紡績糸が形成されている（図2(b)）。その後，凝集液を純水に置換し，紡績糸を一方の端から引き上げ，大気中で乾燥させることにより，CNT紡績糸を作製した（図2(c)，(d)）。図2(e)に得られたCNT紡績

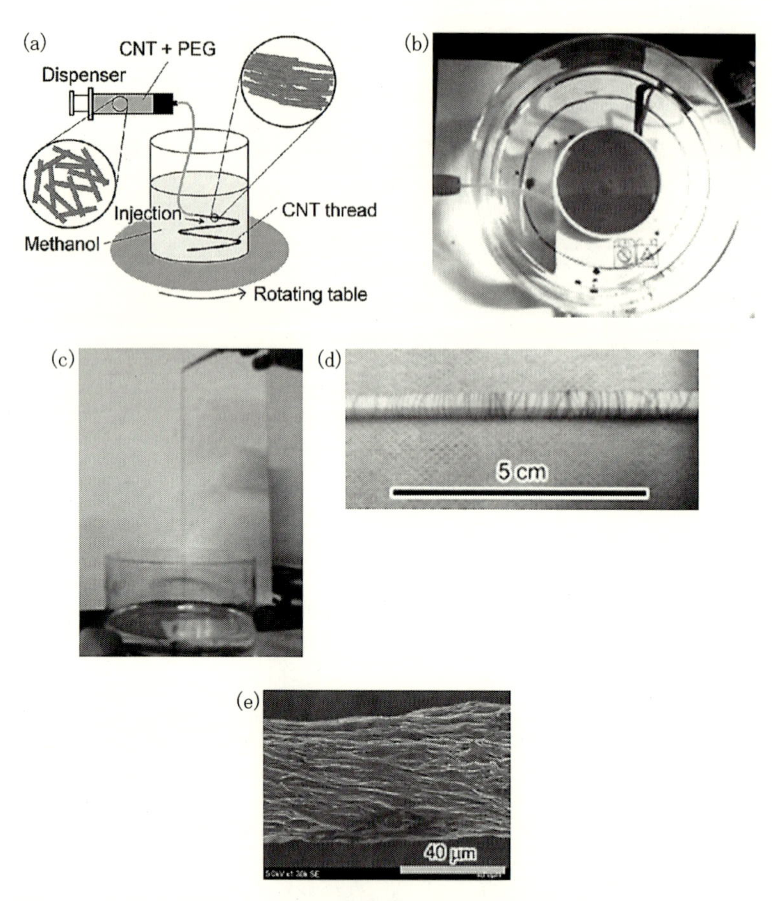

図2 (a)ウェットスピニング法による CNT 紡績糸の作製，(b)吐出直後の様子，(c)引き上げの様子，(d)巻き取られた CNT 紡績糸，(e) CNT 紡績糸の SEM 画像

糸の走査電子顕微鏡（SEM）写真を示す。典型的な直径は約 40 μm である。

4 CNT 分散法の検討

CNT はファンデルワールス力によって強く凝集し，束状（バンドル）になる傾向が強い。さらに，CNT は本来疎水性であるため，界面活性剤と強力な超音波処理を用いて水に分散させる。ところが，超音波処理による分散は CNT の切断や欠陥導入[5] が起こるため，超音波の強度や印加時間が増えるとともに，導電率やゼーベック係数が低下することが知られている。そこで超音波処理の影響を軽減する手段として，イオン液体による CNT の一次分散を試みた（図 3)。イオン液体を分散剤として使用することで CNT 間に働く強いファンデルワールス力を遮蔽し，CNT の凝集を防ぐことができる[6]。

本研究ではイオン液体として 1-butyl-3-methylimidazolium hexafuluorophosphate（[BMIM]PF_6）

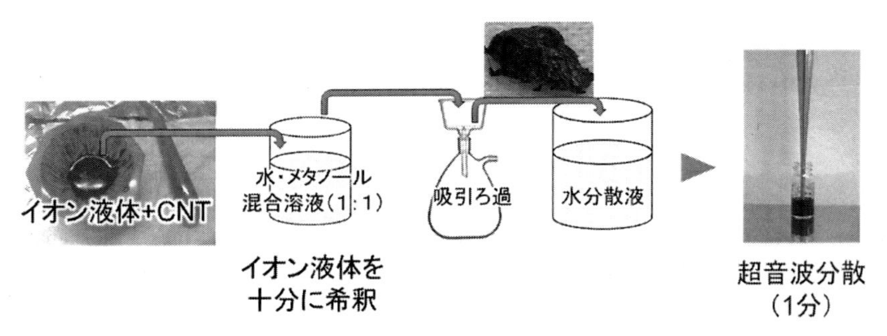

図3　(a)ウェットスピニング法によるCNT紡績糸の作製，(b)吐出直後の様子，(c)引き上げの様子，(d)巻き取られたCNT紡績糸，(e)CNT紡績糸のSEM画像

を使用した。CNTとイオン液体を乳鉢と乳棒で攪拌混合することで，剪断的な力を加えて強く結合したバンドルをほどきながらイオン液体に分散させる。そのままでもある程度の紡糸は可能であるが，イオン液体の高い粘性により吐出量が不安定になりやすく，均質かつ糸切れのない紡糸が困難である。そこで，CNTのイオン液体分散液を水・メタノール混合液（1：1）で希釈し吸引ろ過することでイオン液体を除去し，ごく軽い超音波処理によって最終的な水分散液を作製する方法を用いた。CNTはイオン液体中に分散させた際にバンドルがほぐれているため，超音波処理のみによるCNT分散液作製に比べて5分の1の超音波処理時間で分散される。

5　バインダーポリマー量の検討

CNT分散液にバインダーとして働くポリマーを添加することでCNT紡績糸の熱伝導率を抑制し，CNT紡績糸の強度を高めることができる[2)]。ここでは，様々なポリマーを試した中から比較的良い特性が得られたポリエチレングリコール（PEG）を用いたときの結果を紹介する。

図4(a)に導電率およびゼーベック係数のPEG濃度依存性を示す。ゼーベック係数は濃度にほとんど依存しないが，導電率は濃度の増加とともに減少している。これは濃度の増加とともに絶縁性のポリマーがCNT間に挿入される頻度と量が増加し，非導電性のCNT接合部が増えることが主な原因として考えられる。一方，図4(b)から，熱伝導率はごく少量のPEG添加で十分減少し，その後の減少は緩やかであることがわかる。結果として，ZTはPEG添加量0.01～0.05 wt%程度のときに高くなる。以降の実験では，PEG濃度を0.01 wt%として作製したCNT紡績糸を使用する。

6　CNT紡績糸のn型ドーピング

本研究で作製されたCNT紡績糸はそのままでp型を示しており，π型セル構造の形成のためにはn型のCNT紡績糸が必要である。そこで，CNT紡績糸に対して様々なn型ドーパントを

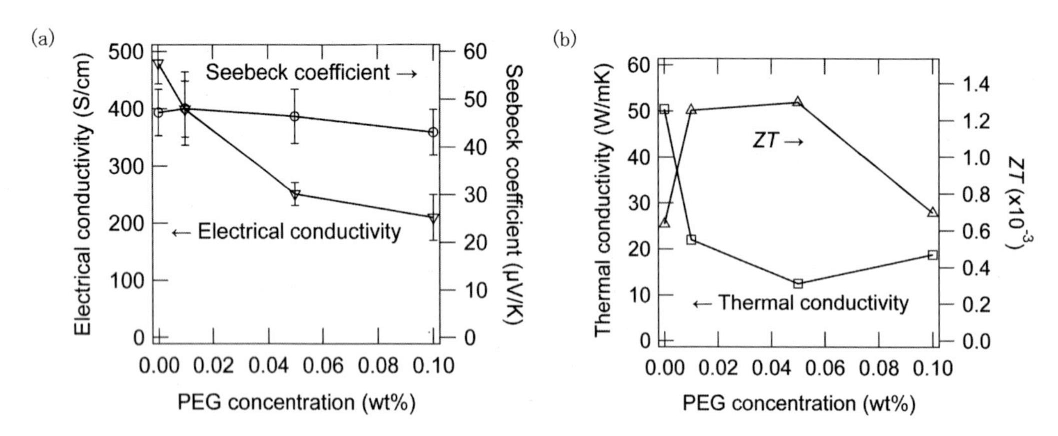

図4　CNT紡績糸における，(a)導電率とゼーベック係数，および，(b)熱伝導率とZTのバインダーポリマー（PEG）量依存性
横軸は，紡糸前の分散液におけるPEG濃度である。

用いて，その安定性などを評価した。その過程で，CNTの分散に用いたイオン液体[BMIM]PF_6が大気中でも安定なn型ドーパントとして機能することを発見した。

粘度を調整するために10 wt%のDMSOを添加したイオン液体にCNT紡績糸を24時間浸漬することでドーピングを行った。[BMIM]PF_6によってCNT紡績糸の部分ドーピングを行い，熱起電力を測定した結果を図5に示す。ドーピングを行った側はn型に極性反転しているが，

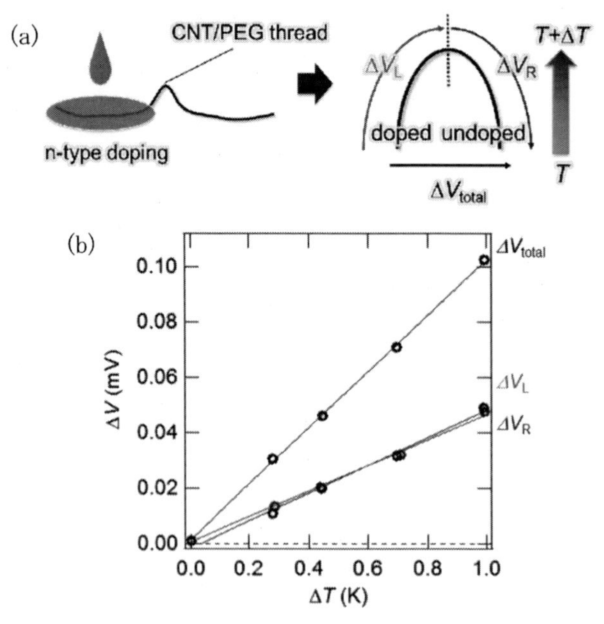

図5　(a)CNT紡績糸の部分ドーピングと熱起電力測定法の概略図，および，(b)[BMIM]PF_6により部分ドーピングを施したCNT紡績糸の熱起電力測定結果

行っていない側はp型に保たれており部分ドーピングが適切に施されていることが確認された。また，同様にドーピングを行ったn型糸を大気中で10日間保管したところ，導電率は10%ほど減少したもののゼーベック係数はほぼ変わらなかった。

イオン液体によるn型ドーピング効果は，ポリアニリンについての報告はあるが[7]，CNTについてはこれまでに報告されていない。n型ドーピングの原因としてまず考えられるのがアニオン種とCNT間の電荷移動ドーピングであるが，PF_6^-の求核性は低いためCNTとの電荷移動は起こりにくいと考えられる[8]。そこで，ドーピングメカニズム解明のため，走査型電子顕微鏡-エネルギー分散型X線分光法（SEM-EDX）による元素分析を行った。

図6に，ドーピング前後のCNT紡績糸におけるEDXスペクトルを示す。ドーピング後のCNT紡績糸にはイオン液体由来のN，P，Fが確認され，CNT紡績糸中に［BMIM］PF_6が存在していることが確かめられた。また，イオン液体の不純物としてI^-のようなより求核性の高いアニオンが含まれている疑いもあるが，EDXスペクトルからはそのような元素は確認されなかった。イオン液体そのもののEDXスペクトルを標準試料とし，SEM-EDXの結果からドーピング後のCNT紡績糸中のN，P，F元素の組成比を見積もった結果を表1に示す。イオン液体における本来の組成比がN：PF＝2：6：1であるのに対し，ドーピング後のCNT紡績糸中ではN：P：F＝2：4.62：0.79となっており，アニオン由来の元素がいずれも約80％程度に減少している。このことから，CNT紡績糸中のイオン液体はカチオン過剰となっており，電荷中性条件を満たす

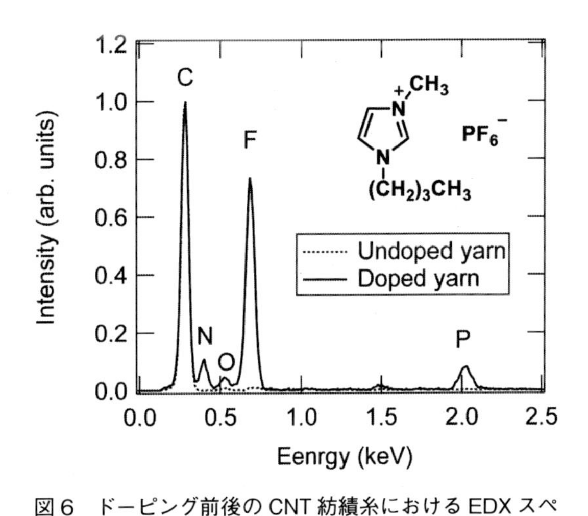

図6　ドーピング前後のCNT紡績糸におけるEDXスペクトルの比較
紡績糸の表面付近約1μm程度の組成を示していると考えられる。1.5 keV付近の小さいピークはサンプルホルダーのAlによるものである。

表1　イオン液体を標準試料として定量したCNT紡績糸中のイオン液体構成元素の組成比

Element	Atomic ratio		
	Ionic liquid (reference)	Doped thread	Ratio
N	2	2	－
F	6	4.62	0.77
P	1	0.79	0.79

ためにCNTがn型化すると考えられる[5]。具体的には，まずPF_6^-から平衡状態で少量のF^-が発生する。

$$PF_6^- \rightleftarrows PF_5 + F^- \tag{1}$$

次に，このF^-によって，CNTがイオン化される。

$$CNT + F^- \rightleftarrows [CNT]^- + 1/2\,F_2 \tag{2}$$

このままでは，CNTのイオン化率は低いと思われるが，F_2やPF_5の蒸気圧が高いために，中性化したこれらの分子はイオン液体から徐々に揮発して失われる。そのため，(1)式および(2)式の反応が常に平衡からずれて右向きに進行し，アニオンが減少するとともにCNTがn型化すると推測される。

7 CNT紡績糸への縞状ドーピングによる布状熱電変換素子の試作と評価

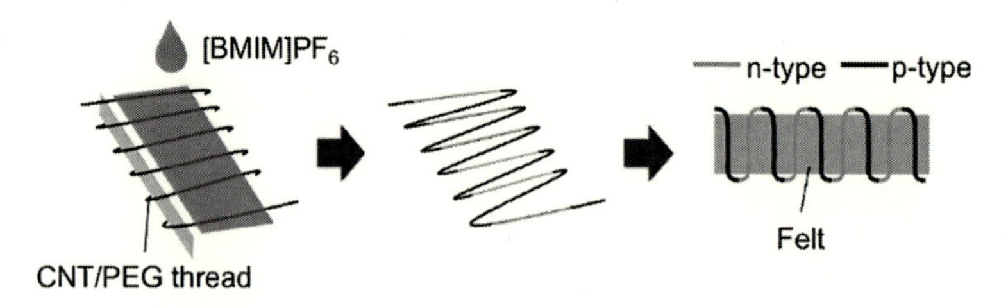

図7 縞状ドーピングによる熱電布の作製法

素子作製のためにはπ型構造を周期的に必要なセル数だけ作成する必要がある。そこで図7のようにCNT紡績糸をプラスチック小片に巻きつけ，片側のみをドーピングすることで周期的にp/nの縞状ドーピングを行なった。治具の大きさにより自在にドーピングピッチ調節でき，一度に複数のπ型構造を容易に作成することができる。このように縞状ドーピングされたCNT紡績糸をドーピングピッチに合わせて約3 mm厚の布に縫い込み，熱電布を作製した。図8は，作製した熱電布の曲げ耐性の実験結果である。図中の写真のように熱電布を折りたたむ動作を160回繰り返したが，素子抵抗の変化

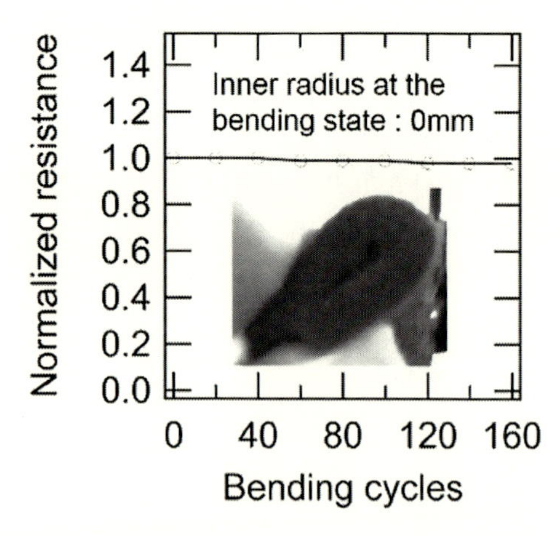

図8 布状熱電変換素子の折り曲げ耐久性試験結果

(a)
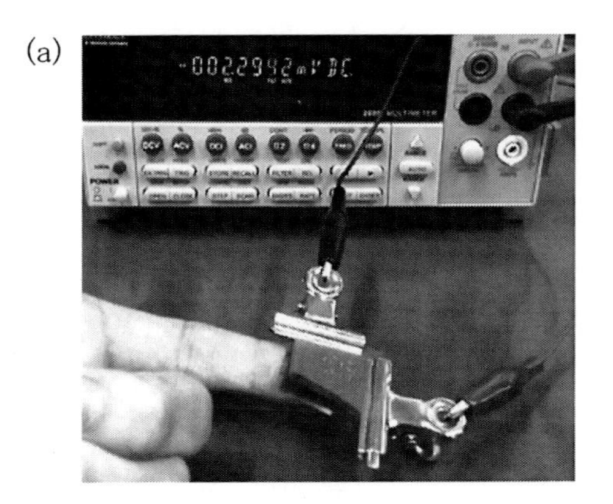

(b)
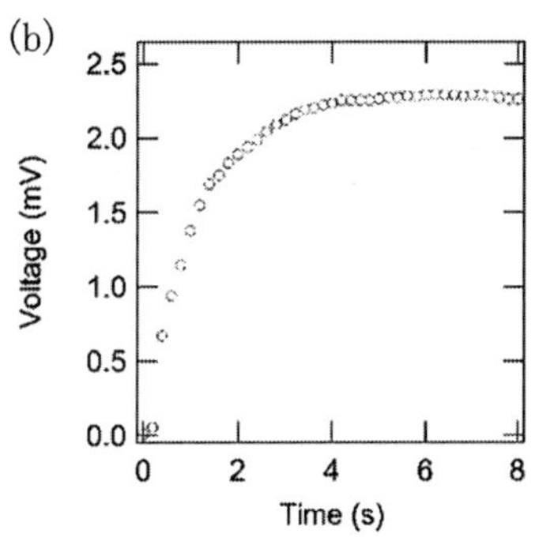

図9　布状熱電変換素子による発電デモンストレーション
(a)指で素子の裏面に軽く触れている様子，(b)出力電圧の指が触れた時点からの時間経過

は2％以下である。これは既報のフレキシブル熱電素子による結果[9,10]と比べ，十分高い曲げ耐性である。このような高い曲げ耐性は，活性材料であるCNT紡績糸が基材に強く固定されていないため，活性材料が曲げ応力を受けにくいことにより得られていると考えられる。これは，ウェアラブル用途において非常に有利な点であると言える。

実使用環境を想定し，この試作素子に対して，図9(a)のように大気中（24℃）で熱電布の片面を指で軽く触れ，もう一方の面を自然空冷して発電する実験を行った。漏電を防ぐために触れる側にはカプトンフィルムを挟んでいる。図9(b)に示されるように，触れた瞬間から熱起電力が立ち上がり，4秒後には安定して約2.3 mVの電圧が出力されている。この電圧からCNT紡績糸に生じている温度差を見積もると，およそ5℃となった。市販の熱電素子（Thermal Electronics, TEC1-03104, 31セル，材料：Bi_2Te_3）を用いた対照実験では，温度差は約0.6℃と見積もられた。従来型の熱電素子では，ウェアラブル素子への応用を考えると熱抵抗が小さすぎることがわかる。

8　おわりに

本章では，著者らのグループの最近の成果から，十分な素子厚みと柔軟性，さらには，低い熱伝導率を兼ね備えた熱電変換素子の作製法の一例として，縞状ドーピングされたCNT紡績糸による布状熱電変換素子の試作例を紹介した。このように，これまでにない用途のための要求性能を満たすフレキシブル熱電変換素子を開発するためには，材料～作製プロセス～素子構造までをトータルで技術開発することが重要である。本稿が，その一例として参考になれば幸いである。

文　献

1) M. Ito, T. Koizumi, H. Kojima, T. Saito and M. Nakamura, *J. Mater. Chem. A*, **5**, 12068 (2017)
2) B. Vigolo, *Science*, **290**, 1311 (2000)
3) N. Behabtu, M.J. Green and M. Pasquali, *Nano today*, **3**, 24 (2008)
4) T. Saito, S. Ohshima, T. Okazaki, S. Ohmori, M. Yumura and S. Iijima, *J. Nanosci. Nanotechnol.*, **8**, 6153 (2008)
5) P. Vichchulada, M.A. Cauble, E.A. Abdi, E.I. Obi, Q. Zhang and M.D. Lay, *J. Phys. Chem.*, **114**, 12490 (2010)
6) J. Wang, H. Chu and Y. Li, *ACS Nano*, **2**, 2540 (2008)
7) D. Yoo, J.J. Lee, C. Park, H.H. Choi and J.H. Kim, *RSC Adv.*, **6**, 37130 (2016)
8) Y. Nonoguchi, M. Nakano, T. Murayama, H. Hagino, S. Hama, K. Miyazaki, R. Matsubara, M. Nakamura and T. Kawai, *Adv. Funct. Mater.*, **26**, 3021 (2016)
9) S.J. Kim, J.H. We and B.J. Cho, *Energy Environ. Sci.*, **7**, 1959 (2014)
10) K. Suemori, S. Hoshino and T. Kamata, *Appl. Phys. Lett.*, **103**, 153902 (2013)

第5章　導電性高分子を用いた繊維複合化熱電モジュール

桐原和大*

1　はじめに

工場や住環境等，社会に膨大に存在する概ね150℃程度以下の未利用低温排熱を活用する技術として，熱電変換技術が注目されている。熱電変換を広く普及させるためには，従来よりも効率の高い熱電変換材料の探索の他，様々な形状の低温熱源に適用できることも重要である。そこで，柔軟性を備えた材料候補として，高い導電率や低い熱伝導率を兼ね備えた導電性高分子poly(3,4-ethylenedioxythiophene): poly(styrenesulfonate)(PEDOT:PSS) が注目されている[1,2]。導電性高分子は軽量で大面積化が可能，製造エネルギーコストも比較的低い等，様々な利点を有する。一方で，高導電率化した導電性高分子は薄膜状で得られるため，そのまま素子化しても素子の内部抵抗を低くすることが容易でない。加えてPEDOT:PSSでは，水溶液にエチレングリコールを添加して製膜すると，PEDOT分子が膜面内方向に高配向化し高い導電率を与えると共に，熱伝導率も高くなり，膜面内方向の熱電性能が制限されることがある[3,4]。そこで本章では，PEDOT:PSSにおける導電率や熱伝導率の異方性を考慮した繊維複合化熱電変換素子及びモジュールの開発[5]について解説する。繊維複合化によって導電性を大きく損なわずに高い熱抵抗を得られること，PEDOT:PSS単位量当たりの熱電出力密度を最適化することでPEDOT:PSSの原料使用量を抑えられること，が主な特長である。

2　繊維複合化PEDOT:PSS素子の作製と構造

導電性高分子PEDOT:PSSと繊維との複合化は，既に様々な用途に利用が試みられている。例えば，繊維状ヒータ[6]の他，Tシャツに利用して生体信号の計測に利用しようとするヘルスケア用途[7]，キャパシタ[8]やアクチュエータ[9]への応用等がある。これらの用途では，PEDOT:PSSと複合化した繊維の電気抵抗が必ずしも低くなくても良い場合が多く，シート抵抗にして数100Ω程度以上に高い場合が多い。これに対して，熱電発電向けの場合，素子が電源であることから内部抵抗は想定する負荷に比べて桁違いに低いことが要求され，複合化後も高い導電性を備えることが必須である。本章で紹介する繊維複合化PEDOT:PSS熱電素子は，熱抵抗を確保しつつ，1素子当たりの電気抵抗が数10 mΩと従来の用途より3～4桁低い値を実現している。

繊維複合化PEDOT:PSS熱電素子は下記の手順で作製した。まず，エチレングリコールを3%

＊ Kazuhiro Kirihara　(国研) 産業技術総合研究所　ナノ材料研究部門　主任研究員

添加したPEDOT:PSS水溶液（Clevios PH1000）をセルロース不織布（BEMCOT，M-1，旭化成製）に滴下し，70℃及び150℃のホットプレートで合計2時間前後加熱して溶媒を蒸発させると，高分子薄膜が繊維中に分布した構造体ができる。作製した繊維複合化PEDOT:PSS素子の写真を図1(a)に示す。素子はPEDOT:PSS由来の濃紺色を示し，曲率半径にして約10 mmまでは問題なく曲げることができ，柔軟性を有している。

図1(b)(d)(e)に，繊維複合化PEDOT:PSS素子の断面の走査型電子顕微鏡（SEM）写真を，3つのPEDOT:PSS組成で観察した結果を示す。繊維に含侵したPEDOT:PSS水溶液が乾燥して高分子膜が形成される際に，全ての組成で繊維素子の外形は収縮した。PEDOT:PSS濃度を，乾燥後のPEDOT:PSS高分子の重量が，複合化素子の全体重量に占める割合で示すことにする。PEDOT:PSS濃度が14.5重量％では，乾燥後のPEDOT:PSSは繊維の表面を覆う厚み2～3 μm程度の膜となると共に，膜同士がつながり網目状の断面形状を示すようになる（図1(b)）。この

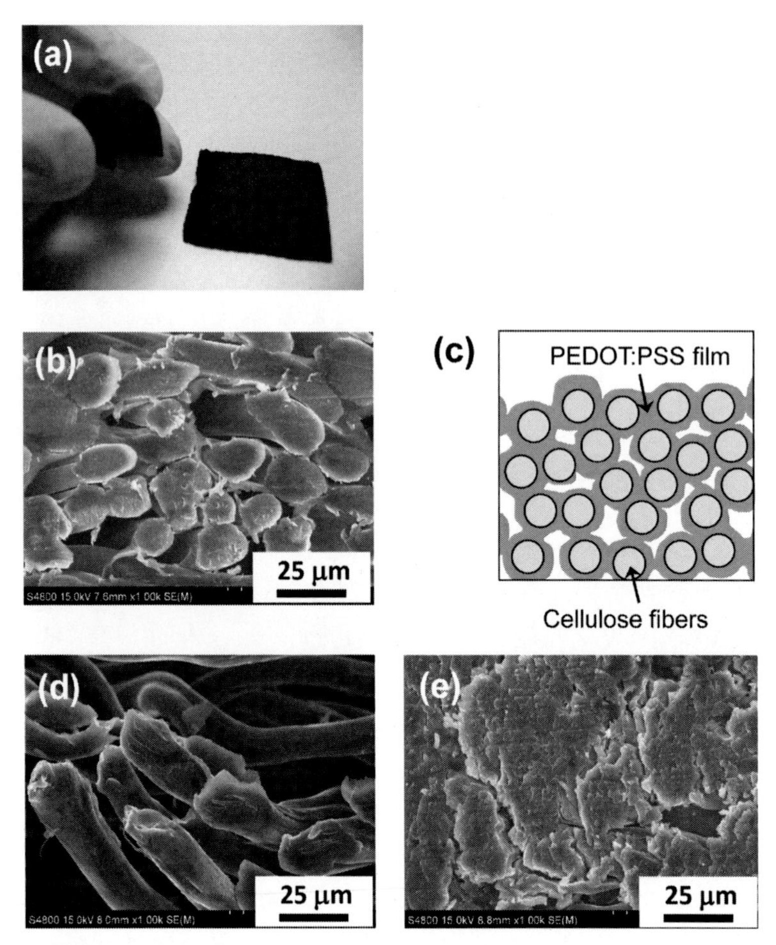

図1　繊維複合化PEDOT:PSS素子の写真(a)及び断面SEM像(b)(d)(e)，(c)は(b)の模式図
SEM像に示した素子のPEDOT:PSS濃度は(b)，(d)，(e)に対しそれぞれ14.5，3.1，23.6重量％である

様子を模式図に示したのが図１(c)である。さらにこの PEDOT:PSS 濃度では，PEDOT:PSS 膜の150℃での乾燥過程で繊維がカーリングし，部分的に空洞を形成した。一方で，PEDOT:PSS 濃度がこれより低い（3.1 重量％）場合，乾燥後の PEDOT:PSS 膜は繊維の表面を薄く被覆しているのみであり，同様に空洞はあるが，繊維間の高分子膜のつながり（つまり導電パス）は少ない（図１(d)）。逆に PEDOT:PSS 濃度を高くして 23.6 重量％にした場合，PEDOT:PSS 膜の収縮がさらに素子外形の収縮を促進し，繊維は PEDOT:PSS 厚膜内に埋め込まれる（図１(e)）。

3　繊維複合化 PEDOT:PSS 素子の物性

PEDOT:PSS 組成の繊維複合化素子の熱抵抗を評価するために，一定の面積の素子を，一定温度（5℃）に制御した冷却ステージと，一定の発熱量（4.2 W）の加熱板で挟み，素子両端に生じた温度差 ΔT を熱電対で計測した結果を図２(a)に示す。冷却ステージ及び素子の結露による熱

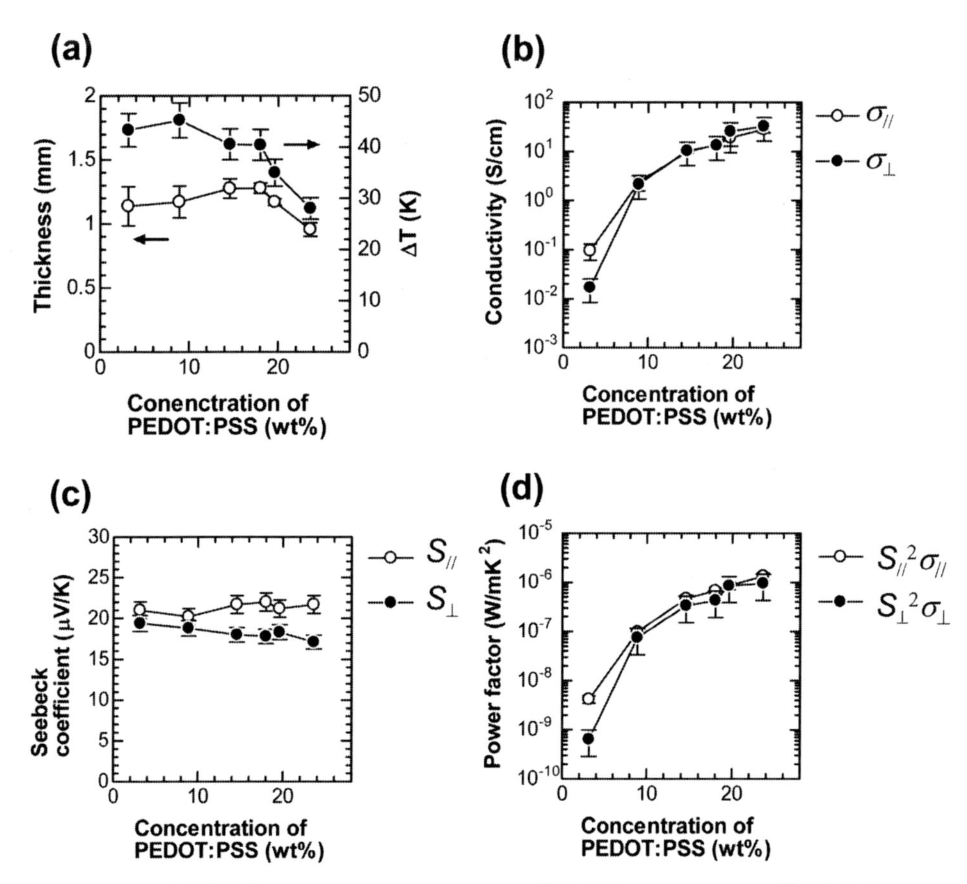

図２　繊維複合化 PEDOT:PSS 素子の厚さ及び各物性値の PEDOT:PSS 濃度依存性
(a)素子の厚さ及び素子の厚み方向に付与された温度差（一定温度（5℃）の冷却ステージと一定の発熱量（4.2 W）の加熱板で挟んだ場合)，(b)導電率，(c) Seebeck 係数，(d)パワーファクター

伝導の変化を防ぐため，窒素ガス雰囲気中で計測した。加熱板・ケーブル・熱電対を通した伝熱損失，対流・放射損失を考慮しておらず厳密ではないが，素子の厚み方向には一定の熱流が印加されており，ΔTは素子の熱抵抗に比例する。図2(a)に示すように，空洞形成によってPEDOT:PSS濃度が14〜20重量％まで素子の厚みが維持されるが，それ以上の濃度ではPEDOT:PSS膜の収縮力によって1 mm以下に縮む。ΔTつまり熱抵抗もこれに相関して，濃度が14〜20重量％までは緩やかに低下，それより高濃度ではさらに低下している。これは，繊維複合化素子における熱伝導が，PEDOT:PSS膜を通した熱伝導に支配されることを意味する。実際，複合化前の繊維自体の厚み方向の熱伝導率は約0.014 W $m^{-1}K^{-1}$であるのに対し，PEDOT:PSSと複合化すると熱伝導率は0.10〜0.12 W $m^{-1}K^{-1}$の値に増加する。PEDOT:PSS自立膜の値（膜面内方向及び厚さ方向でそれぞれ0.94及び0.20 W $m^{-1}K^{-1}$ [10]）よりは低いが，これは複合化による空洞形成が一因と考えられる。

繊維複合化PEDOT:PSS素子の導電率もまた，PEDOT:PSS組成によって変化する。PEDOT:PSS濃度が高くなるにつれ，導電率の異方性が無くなり等方的になる（図2(b)）。素子の面内方向及び厚さ方向のそれぞれの導電率（$\sigma_{//}$及び$\sigma_{\perp}$）を，いずれも直流4端子法で測定した。厚さ方向の導電率は，我々のグループでPEDOT:PSS自立膜の導電率異方性評価のために開発した計測器[10]を用いた。PEDOT:PSS濃度が3.1重量％の時は図に示すように，$\sigma_{\perp}$は$\sigma_{//}$に比べて1/10程度に低い値を示す。前述のとおり，この組成のPEDOT:PSS膜は繊維の表面を薄く被覆するのみで，繊維間の導電パスが少ない。従って導電率の異方性は，主に繊維の配向に起因する。一方で，PEDOT:PSS濃度が8重量％以上で導電率の異方性が無くなり，等方的な導電率は本実験で最も高いPEDOT:PSS濃度（23.6重量％）まで維持される。エチレングリコールを添加したPEDOT:PSS水溶液で製膜した自立膜では，$\sigma_{//}$は$\sigma_{\perp}$に比べて桁違いに大きい[10]。これは，高沸点溶媒の蒸発時に，溶液を塗布した基板面に沿ってPEDOT分子が配向し凝集することで高い$\sigma_{//}$が生じるためと考えられている[3]。同じPEDOT:PSS水溶液を繊維に含浸させ乾燥させた場合，繊維の表面それぞれが基板の役目を果たし，乾燥後のPEDOT分子配向は，繊維素子の面内方向・厚さ方向のいずれにも同程度に揃う。これが繊維素子で等方的な導電率が得られた原因と考えられる。繊維複合化PEDOT:PSS素子のSeebeck係数は，図2(c)に示すように，PEDOT:PSS組成に依存せず概ね等方的な値である。これらの導電率（σ）とSeebeck係数（S）から，熱電材料の性能指数として重要な指標の1つであるパワーファクター（$S^2\sigma$）のPEDOT:PSS組成依存性を求めた結果を図2(d)に示す。パワーファクターは，PEDOT:PSS濃度が大きくなるに従い導電率が増加することにより，10^{-9} W $m^{-1}K^{-2}$から10^{-6} W $m^{-1}K^{-2}$のオーダーまで約2〜3桁増加する。8重量％以上で等方的な値を示すことは，前述の導電率を反映している。

4　繊維複合化PEDOT:PSS素子の熱電出力の試算と最適化

ここで，繊維複合化PEDOT:PSS素子の特長の1つとして，素子自体から得られる単位面積当たり及びPEDOT:PSS単位量当たりの最大熱電出力（最大熱電出力密度）が，PEDOT:PSS濃度に対して最適化できることを説明する。まず，既定のサイズ（面積A，厚さt）の素子の厚さ方向に温度差ΔTを付与した場合に，素子から得られる最大熱電出力Pは，素子の内部抵抗r_iと同じ値の負荷をつないだ時に得られる値として次式で表される。

$$P=\frac{1}{4}\frac{(S_{\perp}\Delta T)^2}{r_i}$$

ここでr_iは厚さ方向の導電率$\sigma_{\perp}$を用いて$r_i=t/A\sigma_{\perp}$で得られる。この式を用いて最大熱電出力密度はP/Aで与えられ，次式のとおりとなる。

$$\frac{P}{A}=\frac{1}{4t}S_{\perp}{}^2\sigma_{\perp}(\Delta T)^2$$

今回，$\Delta T=50$ K（素子高温側（熱源）温度60℃），$t=1$ mmと仮定してP/Aを試算した結果を図3(a)に示す。P/Aは上式のとおりパワーファクター$S_{\perp}{}^2\sigma_{\perp}$に比例するため，PEDOT:PSS濃度に対して単調に増加し，23.6重量％にて約60 μW cm^{-2}を示す。続いて，繊維複合化素子中のPEDOT:PSSの単位量当たりの最大出力密度を求めてみる。これはP/Aを，体積tAの素子（図2で示したように乾燥・収縮した状態）に含まれるPEDOT:PSSの重量m_pで割って得られる値（P/Am_p）である。図3(b)に示すように，P/Am_pはPEDOT:PSS濃度が18重量％の時に最大値約4.5 μW cm^{-2} mg^{-1}を示し，それよりもPEDOT:PSS濃度が多くても少なくてもP/Am_pは低下する傾向があることが分かった。低いPEDOT:PSS濃度での低いP/Am_pは，繊維間の導電パスが少ないことによる低導電率に起因する一方，高いPEDOT:PSS濃度での低いP/Am_pは素子が収縮してP/Aよりもm_pの増加が大きくなったことと，熱伝導のパスも増えたことによる

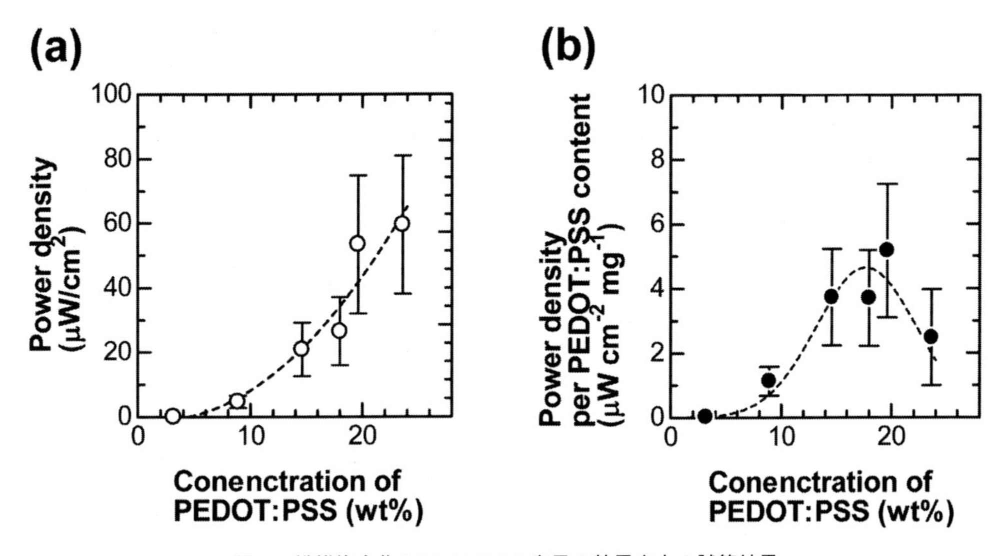

図3　繊維複合化PEDOT:PSS素子の熱電出力の試算結果
(a)熱電出力密度及び(b)PEDOT:PSS単位量当たりの熱電出力密度のPEDOT:PSS濃度依存性

と推測される。このように，繊維複合化素子では，PEDOT:PSSの濃度によって，PEDOT:PSS単位量当たりの最大熱電出力密度が最適化できることが分かった。近年報告されている，熱電変換向けのPEDOT:PSSと紙の複合化素子では[11]，紙の繊維はPEDOT:PSS厚膜に埋め込まれた構造であり，本章のような構造最適化はなされていない。

5　素子と電極の実効的な接触抵抗の低減

繊維複合化PEDOT:PSS素子におけるもう1つの特長が，熱電変換モジュールにおいて素子と電極の実効的な接触抵抗を低減できることである。これを述べる前に，繊維複合化PEDOT:PSS素子を用いた熱電変換モジュールの作製を説明する。素子を長方形（例として幅7 mm，長さ5 mm）にカットし，それらをNi箔（例として幅5 mm，厚さ5 μm）で直列に接続する（図4(a)）。図4(b)に6素子を直列につないだモジュールの写真を示す。発電効率としては，キャリアタイプがP型及びN型の繊維複合化素子を用いてπ型モジュールを実現したほうが発電効率は上がるが，現在のところ優れたパワーファクターを有するN型導電性高分子は無いため，Ni箔でつないだユニレグ型モジュールを作製している。我々のモジュールでは，素子とNi

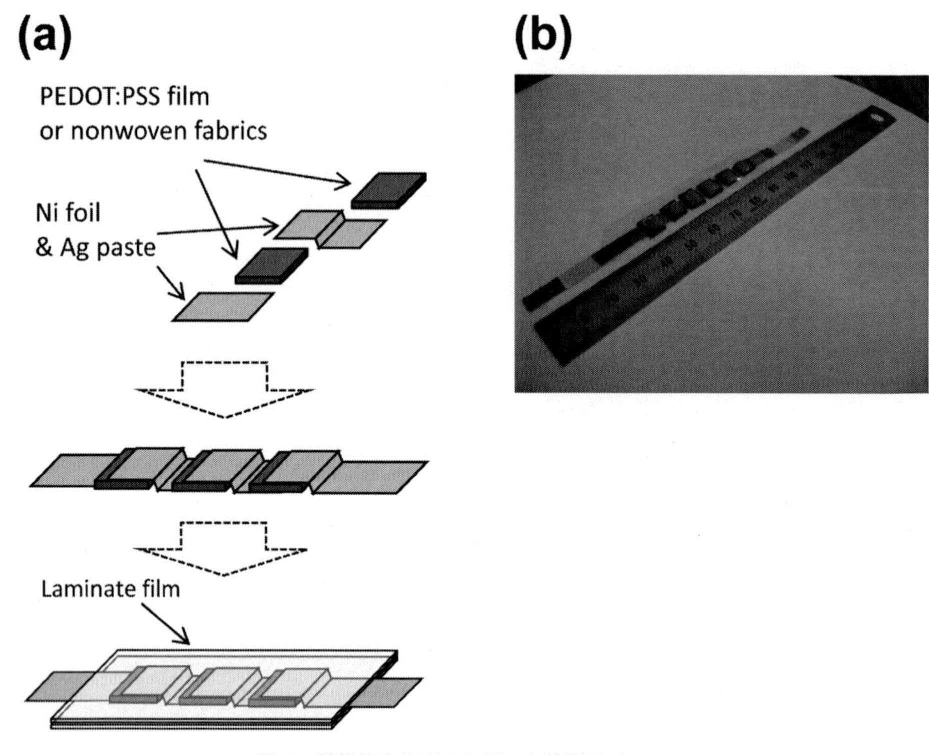

図4　繊維複合化素子を用いた熱電モジュール
(a)作製方法，(b)6素子モジュールの写真

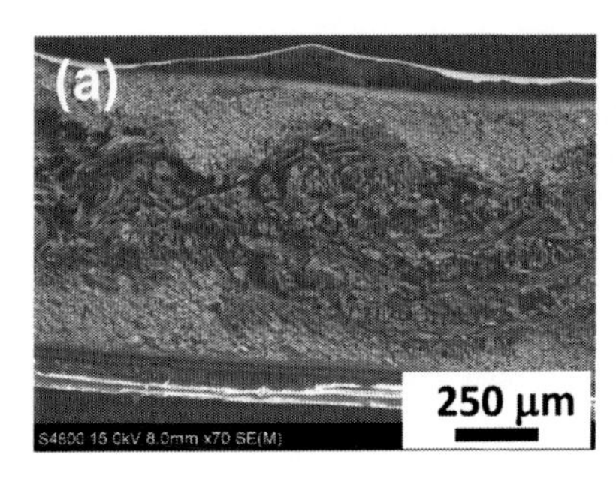

図5　熱電モジュールの断面 SEM 像
(a)繊維複合化 PEDOT:PSS 素子を用いた場合，(b) PEDOT:PSS 自立膜素子を用いた場合

箔の間に銀ペーストを塗布し，電気的な接触を良好に保っている。素子と電極とをつないだ後，モジュール自体の補強や，熱源への設置の簡便さを考慮して，厚さ 100 μm の PET フィルムでラミネート加工して仕上げた（図4(b)）。PEDOT:PSS 濃度 14.5 重量％の素子を用いて作製した熱電変換モジュールの断面の SEM 写真を図5(a)に示す。図の中央の繊維複合化素子の上下に塗布された銀ペーストが白い像として見える。素子と電極（銀ペースト）の接触面積の比較のために，厚さ約 100 μm の PEDOT:PSS 自立膜の両面に銀ペーストを塗布して作製したモジュール断面の SEM 写真を図5(b)に示す。PEDOT:PSS 自立膜では素子と銀ペーストの界面が滑らかである一方，繊維複合化 PEDOT:PSS 素子では，素子の空洞形成により大きく波打つ形の表面形状に加え，繊維自体の表面の粗さも加わり，素子と銀ペーストの実効的な接触面積が PEDOT:PSS 自立膜に比べて大きいことが推測される。実際，素子と電極の接触抵抗 R_b は，素子の外形面積を同じにして比較した場合，繊維複合化素子で約 60 mΩ，PEDOT:PSS 自立膜はこれより 3～4 倍高い約 180～240 mΩ を示した。これは繊維複合化素子表面と銀ペーストの実効的な接触面積が PEDOT:PSS 自立膜に比べて 3～4 倍大きいことを意味する。特筆すべきは，素子の内部抵抗 r_i は，P/Am_p が最適値を示す PEDOT:PSS 濃度で見積もると約 30 mΩ であり，導電性の高い繊維複合化構造体である一方で，R_b が r_i より大きいことである。

6　繊維複合化素子で作製したモジュールによる熱電発電

最後に，繊維複合化素子で作製したモジュールを用いた熱電発電について述べる。図4で示した6素子直列のモジュールの発電試験の結果を図6(a)に示す。発電試験は図2で述べた素子の熱抵抗の計測と同様に，冷却ステージと加熱板でモジュールを挟んで素子両端に温度差 ΔT を付与し，モジュールに負荷抵抗を接続して出力電圧・電流及び出力電力を計測した。図6(a)の出力電圧と出力電流のプロットの傾きから，モジュールの内部抵抗が 0.9 Ω と求まり，$\Delta T = 48.5$ K の場合に最大出力密度が 2.6 μW cm^{-2} であった。素子と電極の接触抵抗が無視できるほど小さい理想的な場合は，図3(a)から見積もられるように，同じ ΔT で 19 μW cm^{-2} の最大出力密度が

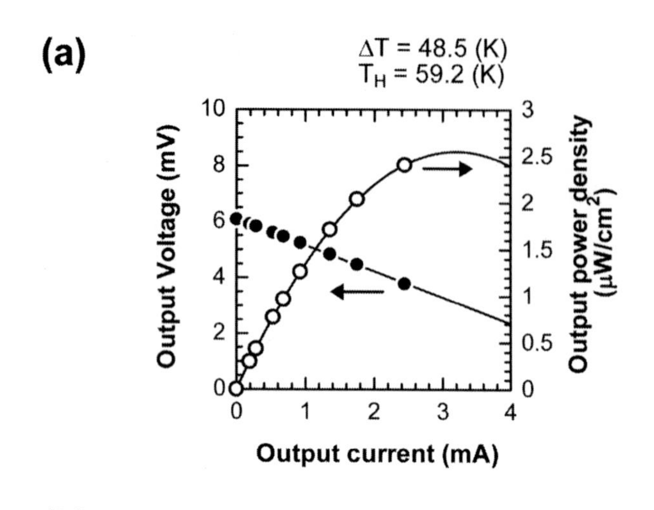

(b)

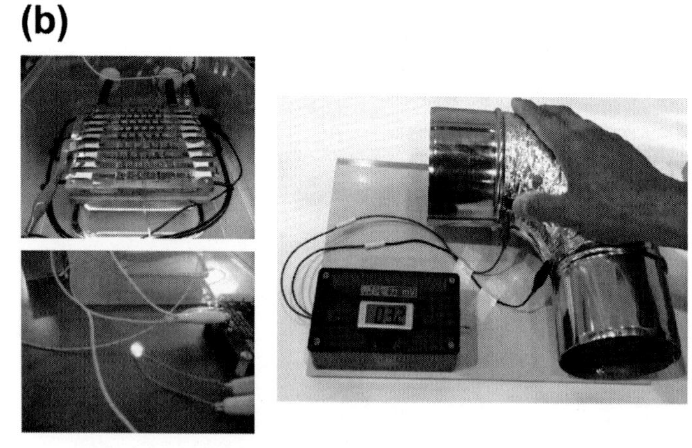

図6　繊維複合化素子を用いた熱電モジュールの発電試験

(a)6素子モジュールの出力特性，(b)名刺サイズ（54素子）のモジュールによるLED点灯や，配管に貼付した応用例の写真

得られるはずであるが，本来得られるはずの出力電力の大部分が，繊維複合化素子においても電極との接触抵抗によって損なわれている。

最大出力密度が限られているものの，ある程度小面積のモジュールでLEDを点灯させることに成功している。図6(b)左上には図4(b)で示した6素子の熱電モジュールを9本直列接続して冷却ステージ上にのせた写真を示す。これら54素子のモジュールの面積は5×10 cmで名刺サイズである。このモジュールの上に加熱板を置いて厚さ方向に55 Kの温度差を付与すると34 μWの出力電力が得られ，昇圧DC-DCコンバータを介してLEDを点灯できた（図6(b)左下）。繊維複合化モジュールは柔軟性を有するため，平らな熱源だけでなく，様々な形状の熱源に設置できる。例えば図6(b)右は，排熱配管を模した金属パイプの表面にモジュールを貼り付けた様子であり，同じ様な名刺サイズのモジュールで，冷えた金属パイプと手のひらの温度差で数mVの起電力発生が確認できる。配管の周りを何重にもグルグルと巻いて出力を稼ぐ使い方も想定できるであろう。我々は，軽量で大面積化も可能である導電性高分子の特長を活かした熱電変換モジュールを，工場や住環境における排熱配管へ実用化を促進することを目指し，さらなる高出力化に取り組んでいる。

7　おわりに

繊維複合化PEDOT:PSS素子の低い熱伝導率がもたらす高い熱抵抗とフレキシブル性を活かして，従来の熱電変換素子よりも幅広い熱源に適用する熱電モジュールが実現可能であることを説明した。繊維複合化によって導電性を大きく損なわずに高い熱抵抗を得ることができたこと，PEDOT:PSS単位量当たりの最大出力密度をPEDOT:PSS濃度で最適化することでPEDOT:PSSの原料使用量を抑えることが可能であること，等の様々な利点がある。PEDOT:PSSと同様に，他の導電性高分子の自立膜においても導電率・熱伝導率の異方性が大きい場合に適用可能であると考えられ，今後の導電性高分子を用いた熱電変換素子の原料コスト削減に寄与すると期待できる。一方で，各種排熱配管の熱源を利用した微小発電の実用化としては，配線や電池を必要とせずに，配管周りのセンシングやそのデータを無線で送信することが期待され，消費電力も1か所当たりmWオーダー以上が必要になってくる。熱源と周囲の温度差が小さな場所でも利用可能とするためには，素子の高出力化が必須であり，導電性高分子自体のパワーファクターを上げることや，素子と電極の界面の固有接触抵抗を下げること，等が主な技術課題となる。これまで有機系熱電材料で検討がなされてこなかった，固有接触抵抗の問題は大きい。例えば，無機系で市販のペルチェ素子に使われているBi-Te半導体と電極（Snはんだ）の固有接触抵抗が10^0－$10^2\,\mu\Omega\mathrm{cm}^2$であるのに対し，PEDOT:PSSでは銀や金といった貴金属電極との間でさえ10^4－$10^6\,\mu\Omega\mathrm{cm}^2$のオーダーである。これらの技術課題を克服することで，繊維複合化との相乗効果も得られ，PEDOT:PSSをはじめとした有機系熱電材料の実用化がさらに進むと期待される。

謝辞

本章で紹介した技術開発は，産業技術総合研究所の衛慶碩，向田雅一，石田敬雄の各氏との共同で推進したものである。また，本研究は（国研）新エネルギー・産業技術総合開発機構（NEDO）の委託業務の結果得られた成果をもとに記述した。ここに記して感謝の意を表する。

文　　献

1）O. Bubnova, Z.U. Khan, A. Malti, S. Braun, M. Fahlman, M. Berggren and X. Crispin, *Nat. Mater.*, **10**, 429-433（2011）

2) G-H. Kim, L. Shao, K. Zhang and K.P. Pipe, *Nat. Mater.*, **12**, 719-723 (2013)
3) Q. Wei, M. Mukaida, Y. Naitoh and T. Ishida, *Adv. Mater.*, **25**, 2831 (2013)
4) Q. Wei, M. Mukaida, K. Kirihara and T. Ishida, *ACS Macro Lett.*, **3**, 948-952 (2014)
5) K. Kirihara, Q. Wei, M. Mukaida and T. Ishida, *Synthetic Metals*, **225**, 41 (2017)
6) A. Laforgue, *J. Mater. Chem.*, **20**, 8233-8235 (2010)
7) 生体情報検知機能素材 "hitoe", ホームページ, http://www.tbr.co.jp/pdf/trend/tre_111_02.pdf
8) X. Bai, X. Hu and S. Zhou, *RSC Advances*, **5**, 43941-43948 (2015)
9) J. Zhou, T. Fukawa, H. Shirai, M. Kimura, *Macromol. Mater. and Eng.*, **295**, 671-675 (2010)
10) Q. Wei, C. Uehara, M. Mukaida, K. Kirihara and T. Ishida, *AIP Advances*, **6**, 045315 (2016)
11) Q. Jiang, C. Liu, J. Xu, B. Lu, H. Song, H. Shi, Y. Yao, L. Zhang, *J. of Polymer Sci., Part B: Polymer Phys.*, **52**, 737-742 (2014)

第1章　マイクロプローブ法を用いた熱電変換材料のゼーベック係数測定法の開発

中本　剛*1，仲林裕司*2

1　はじめに

熱電変換におけるエネルギー変換効率は，物質に固有な無次元性能指数ZTの単調増加関数として与えられる。したがって，熱電変換のエネルギー変換効率を向上させるためには，物質固有の無次元性能指数を大きくすることが重要となる。無次元性能指数は，ゼーベック係数S，熱伝導率κ，電気抵抗率ρの3つの物理量を用いて以下の(1)式で表される。ここで，Tは試料の絶対温度である。

$$ZT=\frac{S^2}{\rho\kappa}T \tag{1}$$

つまり，電気の良導体であり，かつ熱の不良導体である物質が熱電材料として優れていることが判る。ゼーベック係数は，性能指数に対して分子に二乗の形で寄与することから，物質の熱電性能を評価する上で最も重要な物理量であると言える。

ゼーベック効果とは，(2)式に示すように，物質に温度差ΔTを与えたとき，その温度差に比例する熱起電力Vが発生する現象である。

$$V=S\Delta T \tag{2}$$

このときの比例定数Sをゼーベック係数と呼ぶ。つまり，ゼーベック係数とは，物質に1Kの温度差を与えたとき発生する熱起電力の大きさを意味する。また，ゼーベック係数の符号から，キャリアの種類がホールあるいは電子かを判定できる。ミクロに見た場合，ゼーベック係数Sは，(3)式で与えられるように，電子状態密度$D(\varepsilon)$の自然対数をフェルミ準位ε_Fにおけるエネルギーεで微分したものとして与えられる。ここで，k_B，T，eは，それぞれ，ボルツマン定数，絶対温度，素電荷である。

$$S=-\frac{\pi^2 k_B^2 T}{3|e|}\left[\frac{\partial lnD(\varepsilon)}{\partial\varepsilon}\right]_{\varepsilon=\varepsilon_F} \tag{3}$$

つまり，ゼーベック係数は，フェルミ準位における電子状態密度（キャリア数）と電子状態密度の形状とに強く依存する物質の電子状態を反映した物理量である。

＊1　Go Nakamoto　愛媛大学　教育学部　理科教育講座　物理学研究室　准教授

＊2　Yuji Nakabayashi　北陸先端科学技術大学院大学　ナノマテリアルテクノロジーセンター　主任技術職員

本稿では，筆者らが材料の結晶方位や組織を反映したゼーベック係数の分布を評価するために，これまで開発してきたマイクロプローブ法を用いたゼーベック係数測定装置についてその詳細を紹介する。

2　ゼーベック係数測定法

2.1　Nagy と Tóth の方法

ゼーベック係数とは，前述のように物質に1K温度差を与えたときに発生する熱起電力の大きさを意味するので，試料に温度差を与え，そのとき発生する熱起電力を試料上の2点間で測定すれば，ゼーベック係数を求めることができる。ただし，温度差と熱起電力を独立に測定する場合は，それぞれの測定点が空間的に厳密には一致しないため，測定誤差が生じる原因となる。

これを解決するための方法として，Nagy と Tóth の方法がある[1)]。この方法では，図1に示すように，試料の上端に加熱用ヒーターを取り付け，下端を熱浴に固定する。ゼーベック係数が既知の2種類の導線AとBを用いて，2つの導線の接点を試料上の2点に固定する。これらの導線は，サーマルアンカーを介して，別の導線に接続される。デジタルボルトメーターなどにより導線A間と導線B間とに発生する熱起電力をそれぞれ測定することで，試料のゼーベック係数Sを求めることができる。このとき，高温側接点の温度を$T+\Delta T$，低温側接点の温度をT，サーマルアンカーの温度をT_0とし，導線A，導線B，試料のゼーベック係数を，それぞれ，S_A，S_B，Sとすると，導線A間に発生する熱起電力V_Aは，①サーマルアンカーから高温側接点までの導線Aに発生する熱起電力，②試料に発生する熱起電力，③低温側接点からサーマルアンカーまでの導線Aに発生する熱起電力，の和として観測され，(4)式のように表される。

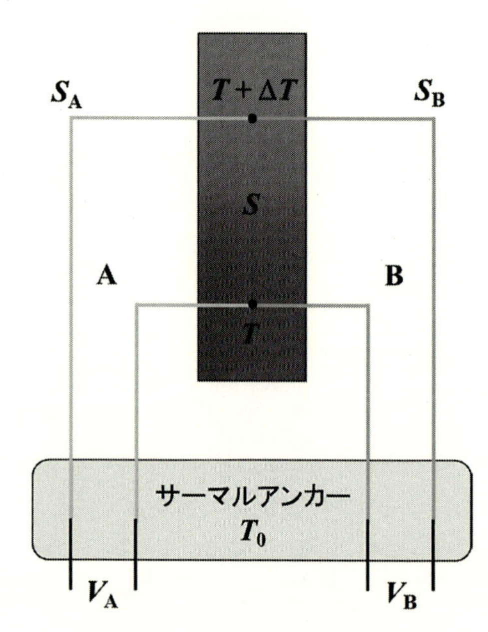

図1　Nagy と Tóth の方法

$$V_A = S_A(T_0 - T - \Delta T) + S\Delta T + S_A(T - T_0) = (S - S_A)\Delta T \tag{4}$$

導線B間においても同様で，(5)式のようになる。

$$V_B = (S - S_B)\Delta T \tag{5}$$

この2つの式を連立させて解くことにより，2つの導線間の熱起電力を測定することで温度差ΔTも(6)式のように，同時に求めることができる。

$$\Delta T = \frac{V_A - V_B}{S_B - S_A} \quad (6)$$

(4)式と(5)式から判るように，例えば導線A間に対して測定された熱起電力V_Aは，温度差ΔTに比例するので，その直線の傾きS-S_Aを求めれば，試料のゼーベック係数Sを得ることができる。ここで重要なのは，4本の導線が固定されるサーマルアンカーの温度を一定にすることである。4つの導線のサーマルアンカー上での接点間に温度差が生じると，導線A間とB間で測定される熱起電力は，上記(4)，(5)式に加えて余剰な熱起電力の項が加わるので，測定誤差の原因となる。

2.2　定常法と微分法

前に述べたような方法でゼーベック係数を測定する際に，それぞれの導線間に発生する熱起電力をどのように測定し，ゼーベック係数を求めるかの違いによって，定常法と微分法の2つの方法に分けることができる。

定常法とは，ヒーターにより試料に温度差を与えたとき，温度差が時間に依らず一定になった定常状態において，温度差と熱起電力を測定し，V-ΔTグラフの定常状態の点と原点とを結んだ直線の傾きから試料のゼーベック係数を求める方法である。この方法は，定常状態になるのを待って測定を行うため，室温では一測定点当たり数分から数十分と測定時間が長いこと，測定開始前に試料に温度勾配が残存すると，誤差を含みやすいという欠点がある。

一方の微分法では，加熱開始後から定常状態に至る過程においてデータを採取し，それらのデータを最小二乗法によって直線近似することで，直線の傾きからゼーベック係数を求める方法である。この方法は，定常法に比べて圧倒的に測定時間が短いこと，測定開始前の試料に残在する温度勾配の影響を受けないことが利点である。後で詳しく述べるが，我々が開発した装置では，一測定点当たりの実測定時間は，約10秒である。ただし，非定常状態で測定を行うため，2種類の導線間に発生する熱起電力の測定タイミングを一致させることが重要となる。

筆者らが開発した装置では，温度差と熱起電力の測定点の空間的誤差が小さいNagyとTóthの方法を用いるとともに，より短時間で測定が可能な微分法を採用した。

3　マイクロプローブ法によるゼーベック係数測定装置

マイクロプローブ法を用いた物性評価法は，試料における化学組成や結晶構造の不均一さに起因する局所物性や物理量の空間分布を調べる方法として発展してきた[2~5]。さらに，近年では，物質探索の一環として，様々な熱電変換材料の高速熱電物性評価法としても用いられるようになっている[6~8]。熱電変換材料に限らず，傾斜機能材料やナノ構造材料などの発展に伴い，ミク

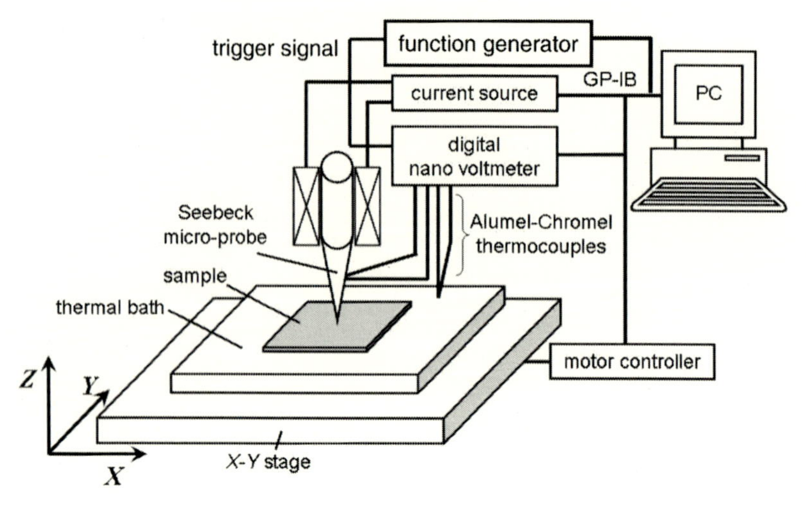

図2　マイクロプローブ法を用いたゼーベック係数測定装置の概略図

ロ・ナノスケールにおける新しい物性評価法の開発が強く望まれるようになっている。

図2に筆者らが開発したマイクロプローブ法を用いたゼーベック係数測定装置の概略図を示す。試料は銅製の熱浴に固定され，Nagy と Tóth の方法で示した高温側の接点に対応するヒーター付きプローブを二次元 X-Y 平面内で走査することにより，試料の厚み方向のゼーベック係数分布の測定を可能としている。2種類の導線には，直径 0.076 mmϕ のアルメル線とクロメル線を用い，高温側接点はプローブ内に収納し，一方の低温側接点は銅製の熱浴の裏面に設けてある。プローブおよび熱浴に接点を設けた2組のアルメル線とクロメル線は，熱浴上面に設置したサーマルアンカーで銅線に接続され計測器に入力される。装置は，アルメル線間とクロメル線間の熱起電力を測定するためのデジタルナノボルトメーター2台とヒーターに電流を供給する直流電源，熱起電力測定の時間間隔を設定し2つの熱起電力測定の同期を取るためのファンクションジェネレーター，試料の X-Y 平面内での移動およびプローブの Z 方向の移動に用いるステッピングモーター駆動のステージからなる。これらの機器は，GPIB および USB インターフェースを介してコンピューターに接続され，ナショナルインスツルメンツ社の LabVIEW™ を用いて作成したプログラムにより制御されている。このプログラムでは，図3に示すようにヒーター電流値，測定時間間隔，測定空間領域およびその間隔，プローブストローク，次の測定を開始する際の温度平衡条件などを初期パラメーターとして設定することができる。また，試料形状に応じて，円形あるいは長方形いずれかの測定領域を選択でき，完全自動測定が可能である。

試料は，銅製の熱浴に銀ペーストにより良好な電気的熱的接触を保つよう固定される。熱浴を搭載した X-Y ステージを駆動することにより，マイクロプローブを試料の任意の位置に移動させ，次に Z ステージを降下させることで，プローブを試料に接触させる。プローブを試料に接触した後，ヒーターに通電して試料の上下面間に温度差を与える。この時，加熱過程において，

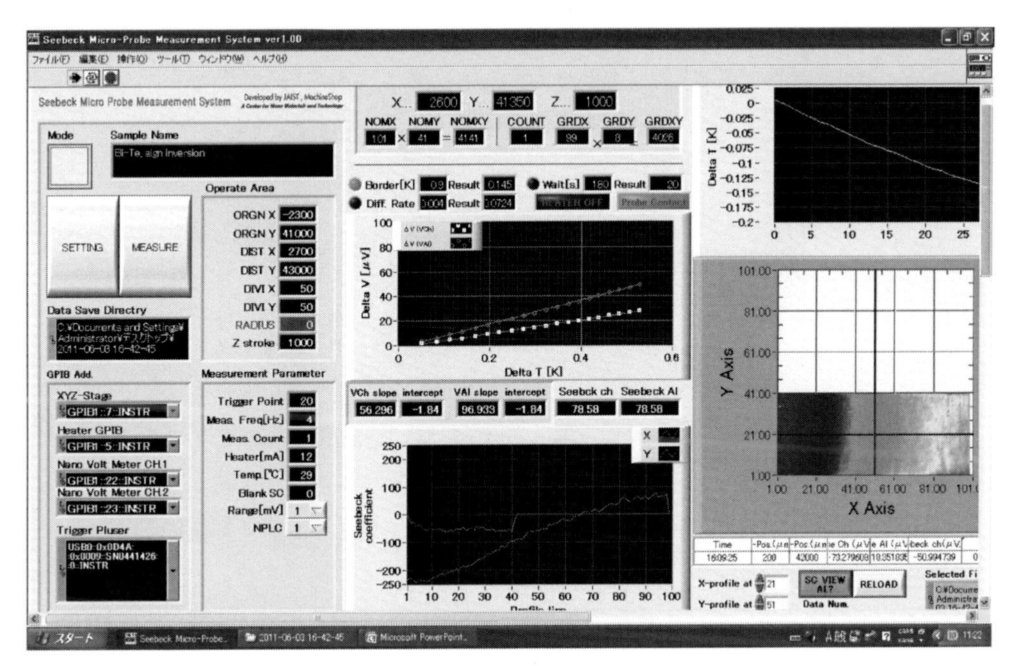

図3　自動測定プログラム

アルメル線間とクロメル線間にそれぞれ発生した熱起電力 V_A, V_B を測定し，それぞれの熱起電力を温度差 ΔT に対してプロットし最小二乗法によって求めた直線の傾きから試料のゼーベック係数 S を得る。

図4にマイクロプローブ先端部の拡大写真を示す。プローブの材料として，ゼーベック係数が小さく，熱伝導と電気伝導に優れ，比較的加工性の高い銅を採用した。マイクロスコープを用いた旋盤加工により，約 10 μm の接触直径を実現している。プローブの先端から 0.5 mm 上の位置に直径 0.2 mm ϕ の穴を開け，点溶接したアルメル－クロメル線の接点を銀ペーストにより固定した。また，放電加工により作製したプローブ側面の両平面部には，直列に接続した電気抵抗 120 Ω の歪ゲージ2枚をワニスによって貼り付け試料に温度差を与えるためのヒーターとした。この銅製プローブ先端を取り付けた全体図を図5に示す。銅製プローブは電気および熱絶縁のためのアクリル製のスペーサーを介してステ

図4　マイクロプローブ先端部

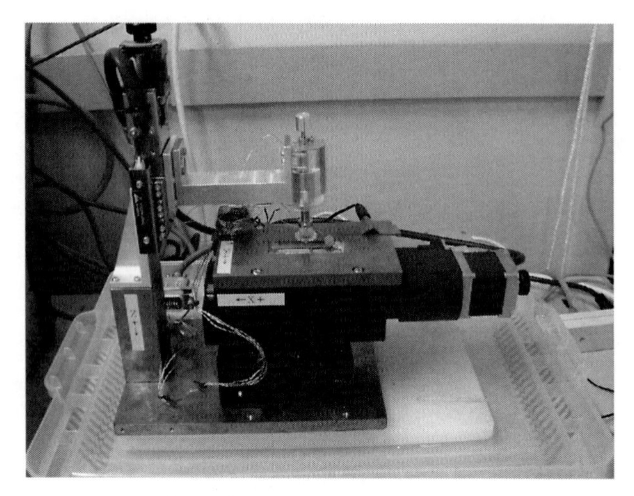

図5　マイクロプローブ法を用いたゼーベック係数測定装置全体図

ンレス製のシャフトに取り付けられる。透明なアクリルシリンダー内には，ばね定数 10 gf/mm のコイルばねが内蔵されており，試料とプローブとの良好な電気・熱接触を実現している。このばね機構を持つプローブは，ステンレス製のアームを介してステッピングモーター駆動の Z ステージに取り付けられる。

4　マイクロプローブ法を用いたゼーベック係数の分布測定

ここでは本装置を用いて行った亜鉛 - アンチモン系およびビスマス - テルル系熱電変換材料の測定例について紹介する。

4.1　亜鉛 - アンチモン系熱電変換材料

亜鉛 - アンチモン系熱電変換材料は，700 K 近傍の中温度領域において大きな無次元性能指数 $ZT = 1.3$ を有する[9)]。菱面体結晶構造を持つことから熱電特性の大きな異方性が期待されるが，融点から高い熱電性能を示す β 相に至るまでの凝固過程で多数の構造相転移を示すために，現在のところ大型の単結晶試料は得られていない。そこで，我々は一軸凝固法により作製した比較的結晶粒が大きく結晶成長方向に優先配向を持つ多結晶体を用いてゼーベック係数の分布測定を行った[10)]。

傾斜凝固法により作製した直径 10 mm，長さ 30 mm の砲弾型インゴットから結晶成長方向に垂直に切り出した厚さ 2 mm のディスクを測定試料として用いた。この試料の一部の偏光光学顕微鏡写真を図6に示す。黒い線や丸の部分は，結晶成長の過程で生じたクラックやボイドである。色の違いが結晶方位の違いを表している。図6に示す写真では，色の異なる2つの領域，すなわち結晶方位の異なる2つの結晶粒が存在することが判る。これら2つの結晶粒は，いずれも

図6　亜鉛－アンチモン系熱電材料の偏光光学顕微鏡写真

数mmの大きさを持つことが判る。正方形で囲った$1 \times 1\,mm^2$の領域に対して，縦横それぞれ50 μmの測定間隔でマイクロプローブ法によりゼーベック係数分布を調べた。

測定結果を図7に示す。ゼーベック係数の空間分布は，結晶粒分布を強く反映していることが判る。クラックや結晶粒界部のゼーベック係数分布のぼやけから判断すると，有効接触領域は，実際のプローブ接触面積よりも，数10%大きいと考えられる。ゼーベック係数は，クラック部を除くと100から120 μV/Kに亘って分布しており，異なる2つの結晶粒でゼーベック係数の大きさが異なることが判る。このゼーベック係数の分布をヒストグラムに表したものが図8である。図中の曲線は，ガウス分布を仮定して最小二乗法によりフィッティングを行った結果である。測定領域においては，102と112 μV/Kの平均値を持つ少なくとも2つの成分が含まれていることが判る。

このように，亜鉛－アンチモン系の熱電変換材料の測定では，結晶粒分布を反映したゼーベック係数分布が存在することが明らかとなった。X線ラウエ法などの結晶方位決定法とマイクロプ

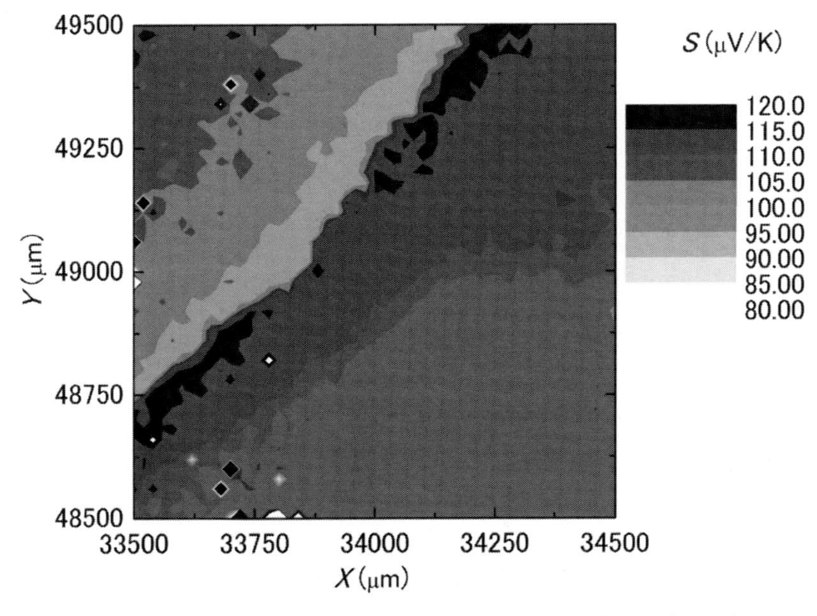

図7　亜鉛－アンチモン系熱電材料におけるゼーベック係数の空間分布

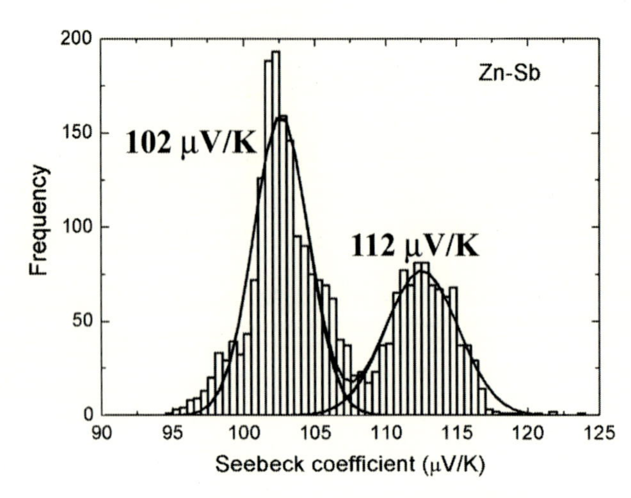

図8 亜鉛－アンチモン系熱電材料におけるゼーベック係数分布のヒストグラム

ローブ法を併用すれば，大型単結晶試料の育成が困難な材料においても，熱電特性の異方性を明らかにできると期待できる。

4.2 ビスマス－テルル系熱電変換材料

ビスマスをアンチモンで部分置換し，さらに過剰テルルを添加したビスマス－テルル系材料のゼーベック係数の空間分布を測定した。直径 10 mm，長さ 40 mm の試料を傾斜凝固法により育成し，結晶成長方向に平行に厚さ 2 mm にスライスしたものを測定に供した。この試料は，我々のグループのこれまでの研究から，結晶の成長方向に沿って，結晶下部から上部へ行くにしたがって，伝導型が P 型から N 型へと変化することが判っている。これは，過剰に添加したテルルが結晶成長とともに，結晶上部へ偏析するため，ドナーとなって伝導型が N 型へと変化したと考えられる。この極性変化を詳細に調べるために，マイクロプローブ法を用いて測定を行った。

図 9 に測定試料の偏光光学顕微鏡写真を示す。結晶成長方向に沿っていくつかの大きく細長い結晶粒が見られる。このことは結晶成長方向に優先配向が存在することを意味する。図 9 中の直線に沿ってラインスキャンをした結果を図 10 に示す。結晶下部では，+250 μV/K のゼーベック係数を持ち P 型伝導を示すことが判る。P 型領域では，ゼーベック係数は，ほぼ一定の値を持つ。結晶上端から約 5 mm（$X=0\ \mu$m）の辺りで伝導型が P から N へと変化している。結晶上部では，－250 μV/K の値を持つ N 型伝導を示す。ゼーベック係数が符号反転を示す領域近傍をより詳細に調べた結果が図 11 である。図 9 の 2,000 × 5,000 μm^2 の長方形で囲った領域を X，Y 方向ともに 50 μm ステップで面分析を実施した。$X=0\ \mu$m 付近でゼーベック係数が P 型から N 型へと極性反転しているのが明瞭に観測されている。その遷移幅は，約 5,000 μm と見積もられる。電子プローブミクロ分析などの組成分析法と併せて調べることで，化学組成とゼーベック係

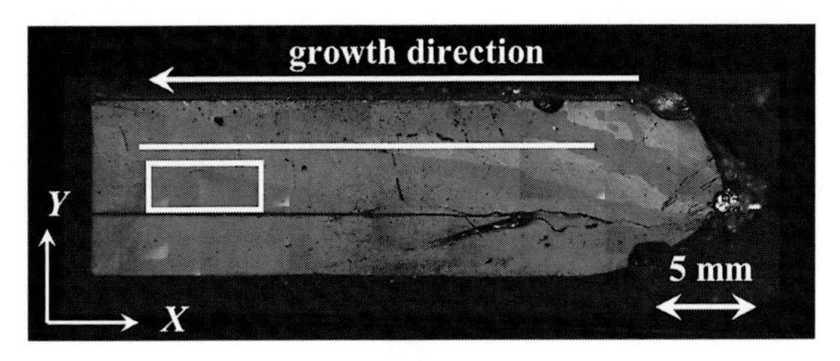

図9　ビスマス－テルル系熱電材料の偏光光学顕微鏡写真

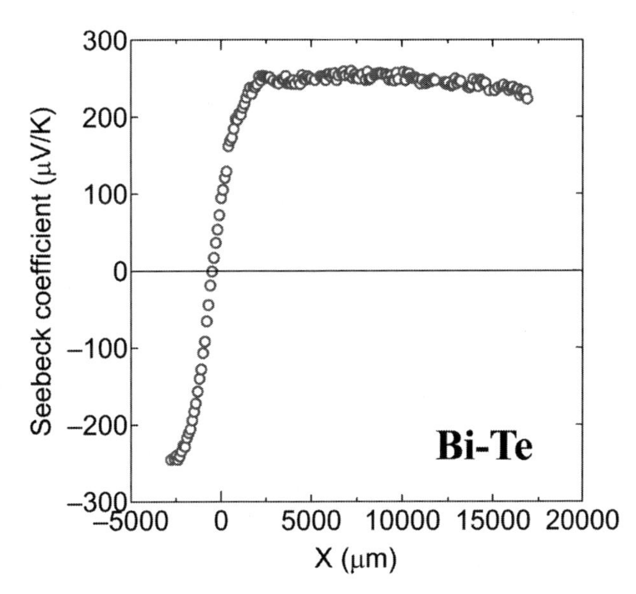

図10　ビスマス－テルル系熱電材料におけるゼーベック係数のラインプロファイル

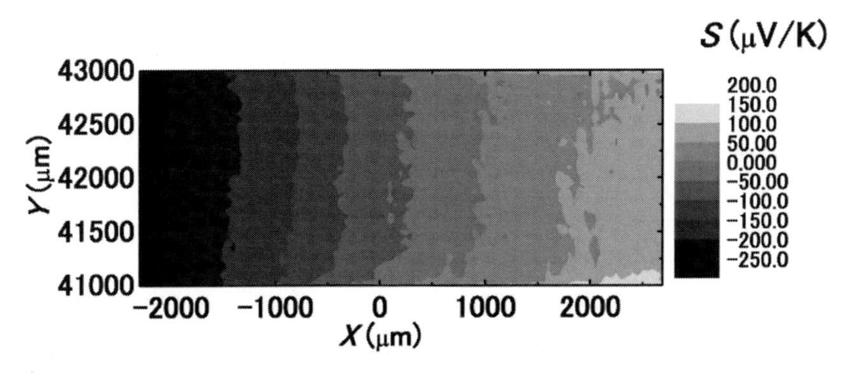

図11　ビスマス－テルル系熱電材料におけるゼーベック係数の空間分布

数との相関を明らかにできると期待される。

5 今後の展望と課題

本稿では，筆者らがこれまで開発してきたマイクロプローブを用いたゼーベック係数測定装置について述べた。マイクロプローブ法による物性評価法は，従来のバルク試料を用いた測定法に比べ，試料が少量で済むこと，バルク全体の平均的物性ではなく，局所的な物性評価が可能であること，が有利な点として挙げられる。他の構造に関する評価法と組み合わせて使用することで，ゼーベック係数と結晶組織・方位や化学組成などとの相関についても知見が得られることが期待できる。また，これまで評価が困難であった薄膜材料の厚み方向のゼーベック係数測定にも応用が期待できるであろう。

しかしながら，残された課題も数多く存在する。一つは，プローブの耐久性である。空間分解能を上げるためにプローブの先端径を小さくすればするほど，プローブ先端にかかる圧力は大きくなり耐久性が落ちる。これを解決するために，硬い合金を使用することも考えられるが，電気伝導や熱伝導性が悪くなるために，測定に様々な問題を生じる。二つめは，一つめの課題とも関連して，薄膜材料や柔らかいフレキシブル材料にマイクロプローブ法を応用する場合，材料を破損する可能性が高くなる。空間分解能を多少犠牲にしても，プローブの試料との接触面積を大きくすることで，接触圧力を小さくすることも必要であろう。

文　　献

1) E. Nagy, J. Tóth, *J. Phys. Chem. Solids.*, **24**, 1043 (1963)
2) E. Müller, Č. Drašar, J. Schilz, W.A. Kaysser, *Marer. Sci. Eng.*, **A362**, 17 (2003)
3) H.L. Ni, X.B. Xao, G. Karpinski, E. Müller, *J. Mater. Sci.*, **40**, 605 (2005)
4) K. Satou, O. Yamashita, H. Odahara, S. Tomiyoshi, *Appl. Phys.*, **A84**, 103 (2006)
5) G. Nakamoto, M. Kurisu, *J. Electron. Mater.*, **38**, 916 (2009)
6) A. Yamamoto, D. Kukuruznyak, P. Ahmet, T. Chikyow, F.S. Ohuchi, *Mater. Res. Soc. Proc.*, **804**, 3 (2003)
7) S. Ikeuchi, K. Shimada, Y. Takahashi, Y. Ishii, A. Yamamoto, *ULVAC Tech. J.*, **69** (2008)
8) A. Kosuga, K. Kurosaki, H. Muta, C. Stiewe, G. Krapinski, E. Müller, S. Yamanaka, *Mater. Trans.*, **47**, 1440 (2006)
9) T. Caillat, J.P. Fleurial, A. Borshchevsky, *J. Phys. Chem. Solids.*, **58**, 1119 (1997)
10) G. Nakamoto, Y. Nakabayashi, *Intermerallics*, **32**, 233 (2013)

第2章　異方性を考慮した有機系熱電材料の特性評価法

向田雅一[*]

1　はじめに

熱電材料は，電気伝導度（σ），ゼーベック係数（S）及び熱伝導率（κ）の3つの特性を測定し，(1)式による性能指数（Z），あるいは(2)式のようにZに温度（T）を乗じた無次元性能指数の大きさで評価される。ただし，ZTの増大はTを大きくすることでも可能であるため，同じZを有する材料でも，高温ではZTが大きくなり性能が高く見積もられることに注意する必要がある。有機材料の場合は，比較的低温域での使用となるため，高温用（無機）材料のZTと単純に比較することは難しい。(1)式の分子部分は，単位を換算すると$V\cdot A$（$=W$）となり電力を表していることから，その部分だけをパワーファクター(PF) と呼んで指標とする場合もある（(3)式)。ただし，熱電材料を使用する場合の最大発電出力は，(4)式で与えられ（Kは熱コンダクタンス)，Zと温度差（ΔT）の2乗に比例することから，熱伝導率が大きいとZは小さくなり，またΔTも大きくできないため，結果的に出力を大きくできない。熱電材料及びそのモジュールの設計は，熱伝導率を無視して行うことは不可能である。PFによる評価は，熱物性を測定できない場合の便宜的な手法であることに留意しておくべきである。

$$Z=\frac{S^2\sigma}{\kappa} \tag{1}$$

$$ZT=\frac{S^2\sigma}{\kappa}T \tag{2}$$

$$PF=S^2\sigma \tag{3}$$

$$P_{max}=\frac{1}{4}ZK(\Delta T)^2 \tag{4}$$

S，κ，σは，いずれもキャリアの濃度に依存する物理量である。キャリア濃度が大きくなれば，σは増大する（材料特性を向上させる）が，κも増大してしまいSは減少する（材料特性を低下させる)。すなわち熱電材料の特性を決定する3要素はトレードオフの関係にあり，ひとつのパラメーターを単純に変化させることのみによって特性を向上させることはできない。また，パラメーターがすべてキャリア挙動に依存することから，材料のキャリアに関する評価は，

＊　Masakazu Mukaida　（国研）産業技術総合研究所　材料・化学領域
ナノ材料研究部門　ナノ薄膜デバイスグループ　主任研究員

熱電材料の開発にとって重要である。

2　有機熱電材料の評価

2.1　有機熱電材料について

1960年代に，有機材料の熱電特性が測定されており，$ZT=0.8\times10^{-5}$ 程度という値が報告されている[1)]。この数値自体は熱電材料としては小さく，有機で熱電材料の実用化を目指すということよりも，有機でも半導体物性を測定できるという証明のようなものであった。1970年代には，明確に半導体特性を有する有機材料が発見され，熱電材料としても評価され始めた。そして，2000年を越える頃に有機材料の ZT が0.1のレベルに到達し，有機材料でも熱電材料として利用できると考えられるに至った[2)]。

排熱のうち，高温分は様々な方法でリサイクルされているため，未利用分は150℃以下という現状がある[3)]。低温ほど温度差は得られにくく得られる電力も小さいため，排熱回収に高コストの技術は即さない。有機材料は，原材料が安く，また印刷技術や溶液法により大面積のものを連続的に作製することが可能であり，さらに製造エネルギーを低く抑えられるため，低温の熱回収システムへの応用に適していると考えられる。また，有機材料は，そのフレキシビリティーにより使用場所，並びに形状の選択肢が広がるという特徴もあり，未利用の排熱や身の回りの低温排熱を回収するプロセス用材料として大きなアドバンテージを有している。

導電性有機材料として開発されてきたpoly（3,4-ethylenedioxythiophene）（PEDOT）系材料は，むしろ半導体的な電気伝導度を有するため，熱電材料としての研究も多い。PEDOTにtosylate（tos）を組み合わせた材料において，2011年に $ZT=0.25$ という当時としては無機材料に迫る特性が報告され，PEDOT系材料が熱電材料として急速に注目され始めた[4)]。tosの代わりにpoly（styrenesulfonate）（PSS）を用いたPEDOT/PSSは，空気中で安定であり，またエチレングリコール（EG）を数%添加することで電気伝導度が数桁増大することから，2010年を越えて意欲的に研究がすすめられ[5~8)]，$ZT=0.42$，$PF=469\,\mu W/mK^2$ の値が報告された[5)]。X線回折（XRD）手法による有機材料の構造解析に関する研究も盛んになり，PEDOT/PSSの構造については，導電パスを担うPEDOTと分散剤（PEDOTの基材）であるPSSがペアとなり，数量体の大きさのPEDOTが高分子のPSSに連結した結晶体であることがわかっている[9)]。

2.2　PEDOT/PSSについて

2.2.1　構造異方性とその評価手法

PEDOT/PSSについては，斜入射高角X線回折（GIWAXD）及び斜入射小角X線散乱（GISAXS）を用いて，EG添加とともに結晶が層状に析出すること，並びに結晶中の規則性が増大することが明らかになっている[10)]。図1に，EG添加により得られた膜の構造を模式的に示す。組成が変わらないまま結晶構造の規則性が向上することにより，キャリア密度は変わらずに移動

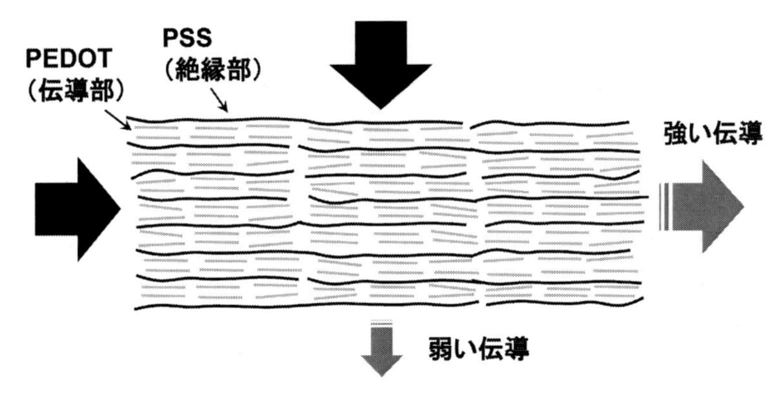

図1　PEDOT/PSSの構造異方性

度が増し，Sの低下を抑えたまま膜面方向のσを増大でき，結果として熱電特性が向上する。

しかし，PEDOT/PSSが層状構造を有するなら，特性にも異方性が生じることが予想される。図1に示すように，膜面方向の伝導度は大きく，膜厚方向の伝導度は小さいためである。膜（あるいは板）状の試料の場合，従来の熱電特性評価においては，Sとσは膜面方向の，κは膜厚方向の値を測定するのが一般的であった。Sとσの評価には，電圧測定用の電極を取りつけるための面積が必要だからであり，κの評価には，熱が測定方向以外に漏れないように測定する必要があるため膜厚方向の短い距離で短時間のうちに測定する手法（フラッシュ法）が主流だからである。それらの模式図を図2に示す。しかし，これでは前述の(1)式において，分子部分（$S^2\sigma$）と分母部分（κ）とで異なる方向の測定値を用いてZを計算してしまうことになり，材料の異方性を考慮しているとは言えない。

2.2.2　異方性を考慮した特性評価結果

これより，筆者らが設計開発した装置による熱電特性の評価手法について解説する。材料の異方性を評価するためには，今までになかった，Sとσにおいては膜厚方向の，κにおいては膜面方向の測定手法を確立することが必要となる。

Sについては，お互いが触れないように水平を保ったまま上下に移動できるペルチェ素子間に

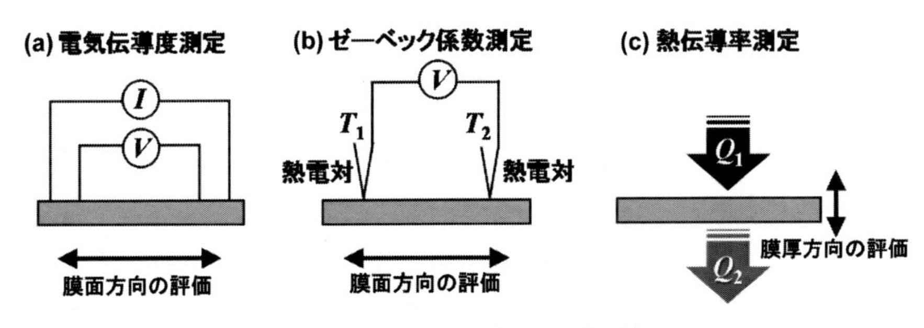

図2　熱電特性評価法模式図（従来）

試料をはさみ，試料の上面と下面にそれぞれ接触させた熱電対からそれぞれの温度を，また同じ種類の上下の熱電対間の電圧を測定する装置を開発した。図3に，その装置の模式図(a)と写真(b)を示す。この装置により，数十 μm 厚さの試料の膜厚方向の S を測定できる。この装置と通常の膜面方向の測定から得られた結果から，PEDOT/PSS の S においては，温度依存性に差が認められるものの，絶対値としては大きな差異がないことがわかった。測定例は，まとめて後述する。

σ の膜厚方向の測定についても，新たな手法を考案した。その概念を図4に示す。図4(a)は一

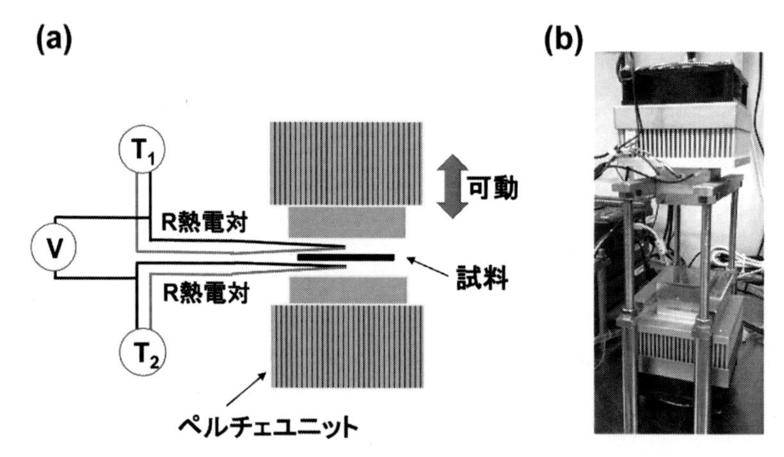

図3　縦方向ゼーベック係数測定装置の模式図(a)と写真(b)

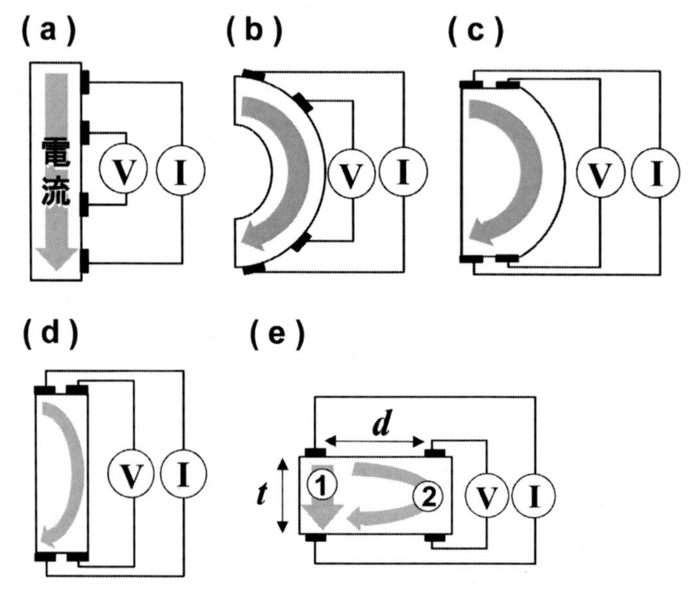

図4　新しい膜厚方向電気伝導度測定手法の概念

般的な4端子法である。試料を反らせていくと図4(b)のようになり，その先に図4(c)，図4(d)があるとする。図4(d)を変形させたものが図4(e)である。すなわち，試料の表と裏にそれぞれ電流端子と電圧端子があれば，図4(e)のように厚さtのサンプルのσが測定できると考えた。図4(e)中のdは，電流端子と電圧端子間の距離を表す。図5に，膜厚方向電気伝導度測定用に設計及び作製した装置の概念図(a)と写真(b)を示す。ただし，4端子法と同様と想定するならば電流は図4(e)の②のようでなければならないが，膜状試料の電流は図4(e)の①のように流れると考えられる。tに比べてdが極めて小さい場合には電流が②に近づくが，薄膜の場合はtが数十μmに対しdはサブmm程度であるためこの条件を満たしていない。そこで，図6に示すように，電極間距離（図4(e)のd）を変化させた測定を行い，dをゼロに外挿した値を膜厚方向の電気伝導度とした。(a)は，ステンレススチール材（SUS304）の結果である。電気伝導度が大きくまた等方性材料の例として測定した。図中には，試料の厚さによる違いも記してある。電気伝導度の大きい材料では，電極間距離が大きいほど測定値が大きく見積もられてしまうことと，厚さが薄いほ

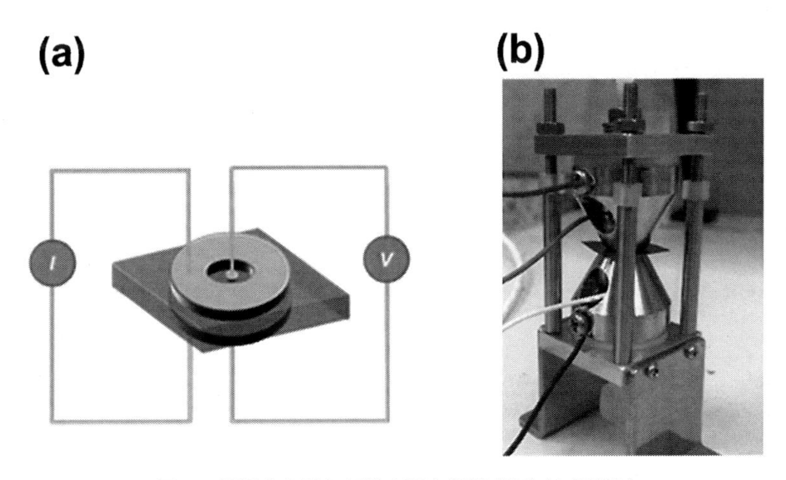

図5　膜厚方向電気伝導度測定器模式図(a)と写真(b)

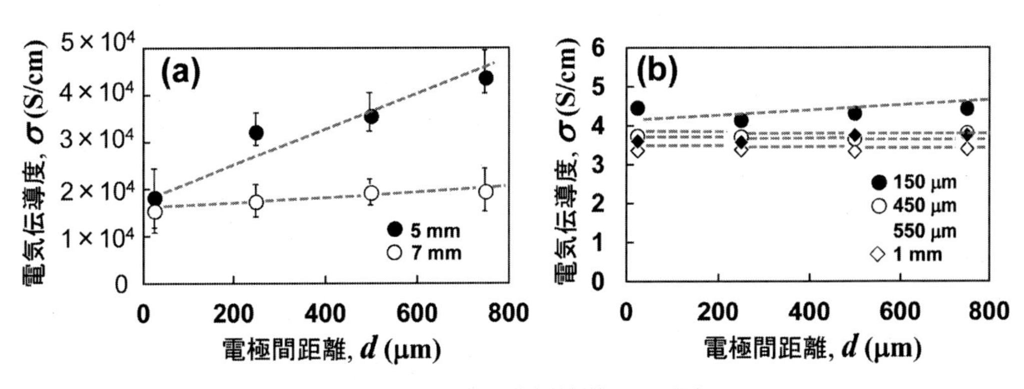

図6　縦方向電気伝導度外挿法による評価

ど誤差は大きくなるが，d をゼロに外挿すれば，値がほぼ一致することが確かめられる。(b)は，異方性を有し電気伝導度が小さい材料の例として，高配向熱分解黒鉛（HOPG）の値を測定した結果である。電極間距離による差は顕著ではないが，厚さが薄いものほど誤差が大きくなる傾向がある。薄膜の精度よい測定には，さらなる改善は必要と考えている。表1に，等方性材料のSUS304，異方性材料のHOPG，グラファイトシート（PGS）及び筆者らが作製したPEDOT/PSSの電気伝導度を，それぞれ測定し比較した結果を示す。膜面方向の値は通常の4端子法で測定したものであり，膜厚方向の値が本測定手法によるものである。表のように，等方性材料ではほぼ同じ値が得られたのに対し，異方性材料の値には大きな差があることがわかる。膜厚方向測定の精度を向上させるにはまだ検討を重ねる必要はあるが，PEDOT/PSSが電気伝導度に大きな異方性を有することは明らかである。

膜面方向の熱伝導率は，膜を等間隔で裁断し，緻密に巻くことで円盤状の試料としてフラッシュ法により測定を行った。概念を図7に示す。この測定により，熱拡散係数において，膜厚方向で0.11 mm^2/sの値を有した試料の膜面方向の値が0.60 mm^2/sであることがわかった。PEDOT/PSSの熱的特性も，構造異方性に大きく影響される。熱伝導率は拡散係数に比例するため，膜面方向では κ が約6倍となる。すなわち，膜面方向の ZT は κ 部分を考慮しただけでも膜厚方向の1/6に低下する。

熱電特性の3要素すべての測定結果をまとめて図8に示す。図中の黒丸（●）が膜面方向の，白丸（○）が膜厚方向のそれぞれ値を示している。S には絶対値的には顕著な異方性は認められ

表1　電気伝導度の異方性測定結果

（※）単位：S/cm

	厚さ数mm（バルク体）		厚さ数十 μm（薄膜）	
	等方性材料	異方性材料		
	SUS304	HOPG	PGS	PEDOT/PSS
膜面方向	1.3×10^4	430	4020	820
膜厚方向	1.6×10^4	3.4	18	36

（※）HOPG：高配向熱分解黒鉛（Highly Oriented Pyrolytic Graphite）
PGS：PGS社製グラファイトシート

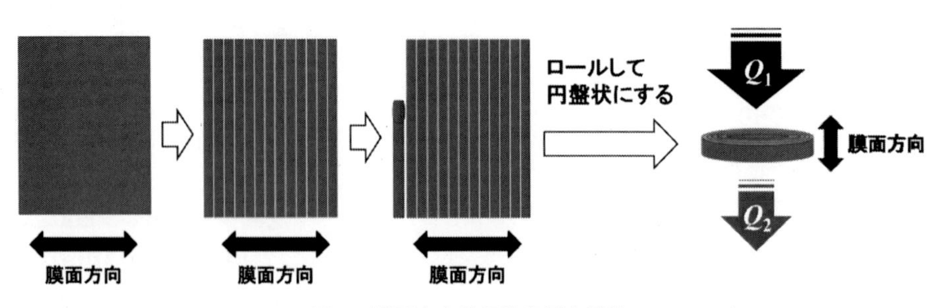

図7　膜面方向熱伝導率測定手法

ないが，σ は膜厚方向の値が一桁低下し，κ は膜面方向で6倍となることがわかる。これらの結果をもとに計算すると，従来方法で評価した場合に ZT で0.05のポテンシャルを有していると考えていた試料の膜面方向の ZT は約0.008，また膜厚方向の ZT は約0.001となる。材料の異方性を考慮しないまま特性評価を行うと，ZT は大きく見積もられてしまい，作製したモジュールの出力は目標より大幅に小さくなることが予想される。熱電材料の実用化を目指すうえで，異方性を考慮した材料特性評価は極めて重要である。

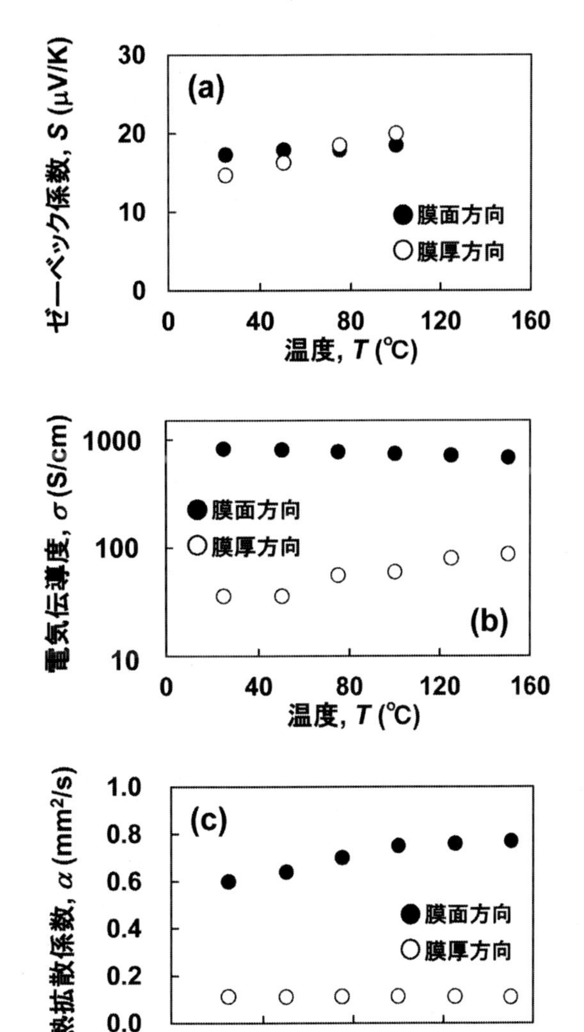

図8　PEDOT/PSSのゼーベック係数(a)，電気伝導度(b)及び熱拡散係数(c)の異方性

2.3　キャリア評価手法について

熱電特性は，キャリア密度に大きく影響されることが知られているが，有機材料では，キャリア密度あるいはキャリア移動度の測定が困難である。分子鎖内と分子鎖間のキャリア輸送挙動が大きく異なるからである。そのような不均一材料では，例えば無機材料のキャリア評価手法としてよく知られるホール係数の測定は難しい。さらに，例えばPEDOT/PSSのように伝導パスのPEDOTと絶縁性のPSSが層を形成する異方性材料では，直交する成分を測定しなければならないホール係数による評価は，手法として適していると言い難い。

筆者らは，PEDOT/PSSと光塩基発生剤を用いた薄膜トランジスタ（TFT）を作製してキャリア挙動を評価するという，新しい手法を開発した[10, 11]。ドープされたPEDOT/PSSと光塩基発生剤にUV照射を行うと，光誘起電荷移動反応により照射時間に応じてPEDOT/PSSのキャリア密度が数桁変化する。この現象を利用し，キャリア密度とキャリア移動度を計算し，得られたキャリア密度と熱電特性の関係を調べた。図9(a)に，測定したキャリア密度と S の関係を，また図9(b)に，キャリア密度と PF の関係を示す。この図から明らかなように，有機材料でもキャリア密度が熱電特性に大きく影響を与えており，Sはキャリア密度の増加とともに減少し，PFはピークを有することがわかる。有機熱電材料の作製においても，特性の最大値を得るためには，キャリア挙動の設計あるいは制御技術が重要である。

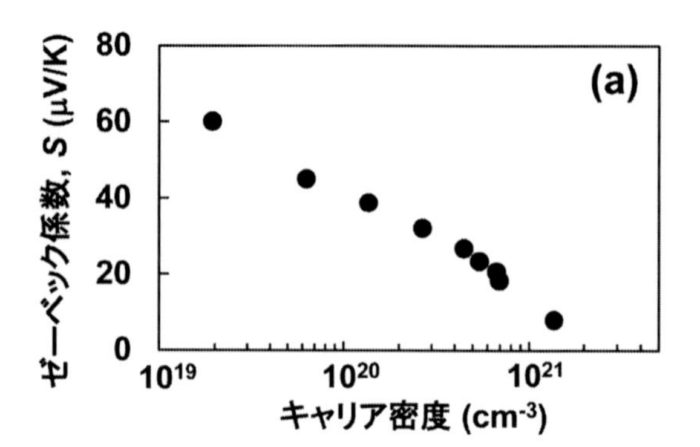

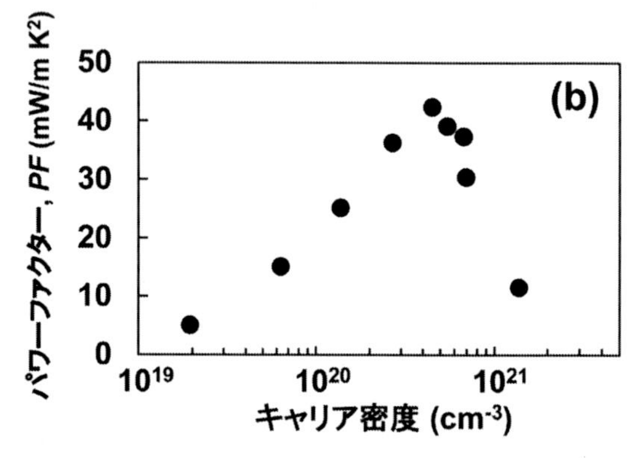

図９　PEDOT/PSS のゼーベック係数のキャリア密度依存性(a)とパワーファクターのキャリア密度依存性(b)

2. 4　異方性を考慮した熱電モジュールデザイン

有機熱電材料は，多くの場合薄膜で得られるため，無機熱電材料とは異なるモジュール設計及び作製技術が必要となることが多い。バルク体が得られにくいためπ型と呼ばれるモジュールは作製しにくく，また現状で安定して得られている材料がp型のみであるため，ユニレグ方式（p型あるいはn型のどちらか1種類のみの接続で作製する方式）となる[12, 13]。モジュール作製では，熱電材料同士を接続するための部材が必要となるが，その接続部材には電気導電性の大きい金属が用いられることが多い。電気伝導度の大きい材料同士であれば，その界面をキャリアは透過しやすいが，有機材料中のキャリアの場合，金属との界面を透過するにはある条件が必要となる。金属表面に酸化膜などが存在しやすい場合，例えばAl，Fe，Ni，Coなどの金属やSUSなどの合金の場合，その酸化膜の存在がキャリア透過を阻害する。しかし，Au，Ag，Ptなどの表面酸化膜を有しない材料を用いることで，単純に有機熱電材料と接するだけで界面電気抵抗を小さくでき，シンプルなモジュールを作製できる[14]。

図10に，筆者らが作製したモジュールを示す。有機材料の柔軟性を生かすうえでは，膜形状を利用したもの（シートタイプ）が有効と考えられるが，図10に示したものは，膜断面の一端で受熱し他端で放熱させ受熱面積当たりの得られる出力を大きくするというコンセプトに基づいて設計された，PEDOT/PSS膜を縦に利用したモジュール（フィンタイプ）である。PEDOT/PSS膜の電極と接する部分には両面ともAuを蒸着し，他は両面とも水溶性絶縁剤（ポリビニルアルコールあるいはポリビニルブチラール）を塗布して乾燥させた。PEDOT/PSS膜間の接続材料としては，電気伝導性と有機材料と異なるnタイプの特性を有しかつ熱起電力の絶対値がPEDOT/PSSに近いNi箔を用いた。図10(a)は，それぞれ50枚ずつを積層したものの写真であ

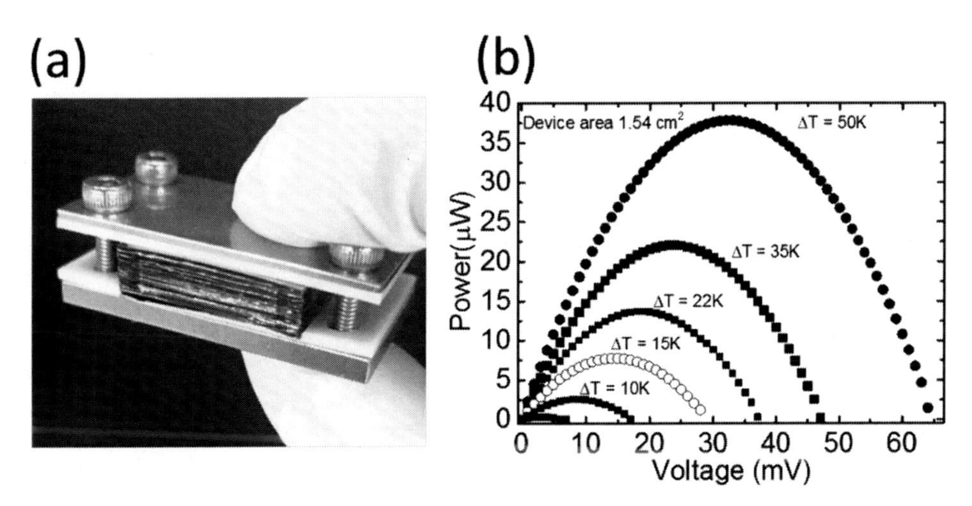

図10　モジュールの写真(a)と出力特性(b)

る。積層した膜が崩れないように絶縁性テフロン板及びSUS板で押さえてある。写真中央の積層された断面が受熱部分で，その面積は1.54 cm^{2}である（参考：PEDOT/PSSの膜厚は約50 μm，Ni箔の膜厚は5 μm，厚さには絶縁用塗布膜分が加わる，膜の幅は22 mm）。

図10(b)に，写真のモジュールによる出力特性を示す。使用したPEDOT/PSS膜は，単体での*PF*（膜面方向）は25 μW/mK^{2}程度であるが，モジュール特性としては，温度差50 Kで，約37 μWの出力が得られており，24 μW/cm^{2}の出力密度を達成した。また，50枚の積層でもモジュール全体の電気抵抗は約30 Ωに抑えられている。熱電変換技術の実用化には，材料特性向上とともにモジュールデザインも重要な要素であることがわかる。

3　おわりに

熱電材料の特性評価には，電気物性と熱物性の測定が必要であるが，有機材料ではバルク体が得られにくいため，例えば薄膜材料の膜厚方向の電気的物性を測定することが難しい。しかし，有機材料は構造異方性を有することが多く，測定方向をそろえた評価は必須と考えられる。また，有機材料は，熱伝導率が小さいことが長所である一方で，電気伝導度の小ささが短所である。電気伝導度の向上には，例えばカーボンナノチューブ（CNT）などの異方性の大きい添加剤による改良が試みられている。また，層状PEDOT/PSSの層間に種々の添加剤を入れることも試みられている。このような材料特性向上のためのハイブリッド化も，異方性を考慮した特性評価法の必要性を増大させている。

材料の*ZT*は，異方性を考慮した評価により，方向を混在したまま評価したものより低下してしまう傾向があることは否めない。しかしながら，*ZT*の大きさのみに固執して異方性を無視してモジュールを作製すると，そのモジュール特性は予想よりはるかに低いというエラーにつながる。熱電材料は，モジュールにして使用する。材料の正しい特性を知らないままではモジュールの設計はできない。

また，モジュールにおいては，種々の部材間の接合部分の電気的，並びに熱的な損失をいかに抑えるかも，最終的性能を決める重要な要素である。材料特性では無機材料に及ばないPEDOT/PSSでも，前述のようにモジュール方式の工夫によっては，比較的大きな出力密度を得られることが実証できた。さらに，実際の出力は温度差の2乗に比例するため，温度差を大きくできれば出力を大きくできる。電気接合部などの部材の熱伝導率をいかに小さくするかも大切である。熱電材料自体の特性を向上させる努力はもちろん大切であるが，材料特性評価に異方性を考慮し材料の真の姿をとらえることと同様に，材料ポテンシャルを生かすモジュール設計は，有機系熱電材料の実用化のための鍵となる。

謝辞

本研究の成果は，（国研）産業技術総合研究所ナノ材料研究部門ナノ薄膜デバイスグループ長の石田敬雄氏，同グループの桐原和大氏と衛慶碩氏の協力のもとに得られたものであり，ここに感謝の意を示す。また，この成果の一部は，（国研）新エネルギー・産業技術総合開発機構（NEDO）の委託業務の結果得られた。

文　　献

1) J.E. Katon, B.S. Wildi, *J. Chem. Phys.*, **40**, 2977 (1964)
2) Y. Hiroshige, M. Ookawa, N. Toshima, *Synthetic Metals*, **157**, 467 (2007)
3) 平成12年度工場群の排熱実態調査，財団法人省エネルギーセンター(2001)
4) O. Bubnova, Z.U. Khan, A. Malti, S. Braun, M. Fahlman, M. Berggren, X. Crispin, *Nat. Mater.*, **10**(6), 429 (2011)
5) B. Zhang, J. Sun, H.E. Katz, F. Fang, R.L. Opila, *Appl. Mater. Interfaces*, **2**(11), 3170 (2010)
6) G.H. Kim, L. Shao, K. Zhang, K.P. Pipe, *Nat. Mater.*, **12**(8), 719 (2013)
7) S.H. Lee, H. Park, W. Son, H.H. Choi, J.H. Kim, *J. Mater. Chem. A*, **2**(33), 13380 (2014)
8) Q. Wei, M. Mukaida, K. Kirihara, T. Ishida, *ACS Macro Lett.*, **3**(9), 948 (2014)
9) T. Takano, H. Masunaga, A. Fujiwara, H. Okuzaki, T. Sasaki, *Macromoleculers*, **45**(9), 3859 (2012)
10) Q. Wei, M. Mukaida, Y. Naitoh, T. Ishida, *Adv. Mater.*, **25**(20), 2831 (2013)
11) Q. Wei, M. Mukaida, K. Kirihara, Y. Naitoh, T. Ishida, *ACS Apply. Mater. Interfaces*, **8**, 2054 (2016)
12) Q. Wei, M. Mukaida, K. Kirihara, Y. Naitoh, T. Ishida, *Appl. Phys. Express*, **7**, 031601 (2014)
13) Q. Wei, M. Mukaida, K. Kirihara, Y. Naitoh, T. Ishida, *RSC Adv.*, **4**, 28802 (2014)
14) M. Mukaida, Q. Wei, T. Ishida, *Synt. Met.*, **225**, 64 (2017)

第3章　SBA458 *Nemesis*® によるゼーベック係数測定とフラッシュアナライザーLFA467 *HyperFlash*® による熱拡散率・熱伝導率評価

塚本　修*

1　はじめに

新規機能性材料の開発において，材料特性の確からしい評価は欠かせない要素になってきている。特に近年ではデバイスの精密化や高性能化に伴い，動作環境に対する高い信頼性が求められている。それに伴い材料においてもより厳しい仕様が要求され，材料評価においてもより細かい精度管理が必須な状況になっている。

熱電変換材料の性能は，ゼーベック係数（S [V K^{-1}]），電気伝導率（σ [S m^{-1}]），熱伝導率（λ [Wm^{-1} K^{-1}]）から特徴づけられる無次元の性能指数（ZT）で評価される。

$$\mathrm{ZT} = \frac{S^2 \cdot \sigma}{\lambda} \mathrm{T} \tag{1}$$

本章では性能指数を決定するため必要なゼーベック係数・電気伝導率の測定システムとフラッシュアナライザーを用いた有機薄膜における熱伝導率測定について紹介する。

2　ゼーベック係数測定装置について

2.1　NETZSCH 社製ゼーベック係数・電気伝導率測定システム SBA458 *Nemesis*® について

ゼーベック係数測定装置は加熱炉と試料の温度勾配を生じさせるマイクロヒーターおよび電圧計測から構成され，ゼーベック係数は温度勾配下にある試料片の電圧を計測することで求められる。また，ゼーベック係数の測定系に電流計測系を加えることでI-V 測定も行えることから，多くの自作のシステムや市販の装置ではゼーベック係数と電気伝導率の２つの物性量が求めることができる。

NETZSCH 社のゼーベック係数・電気伝導率測定システム SBA458 *Nemesis*®（図１）の測定系は，図２に示されるような測定系で構成される。

SBA458 *Nemesis*® では試料を水平に設置することで，長さ：10.0 mm～25.4 mm，幅：2 mm～25.4 mm までの幅広いサイズの試料片での測定が可能になっている。後述するフラッシュアナライザーで使用する同じサンプルサイズでの測定も可能であり，ゼーベック係数・電気伝導率および熱伝導率を同一試料片で測定することもできる。電圧・電流の計測は試料下部から，一定の

＊　Osamu Tsukamoto　NETZSCH Japan ㈱　アプリケーションマネージャー

ばね圧で電流・電圧の4端針を当て込むことで，一定の電極間距離かつ電極との接触状態で測定される。電圧端子かつ温度勾配の検出にはインコネルシースのK熱電対が用いられており，試料による測定端子の汚染や固着などのリスクが低減されるような工夫がされている。

図1　NETZSCH社製 SBA458 *Nemesis*®

試料ステージには2つのヒーターが組み込まれており，各測定温度で任意の温度勾配を設定できるだけでなく，温度勾配を変化させた際の起電力の線形性の確認やヒステリシスの有無などから測定結果の健全性を検証できる。さらに電圧および電流の測定端子は温度勾配下にある試料ステージを通して試料と接触していることから，cold-finger effect[1)] と呼ばれるような試料から電圧・電流端子への放熱による計測値の不確かさが生じない測定系となっている。下記にSBA458 *Nemesis*® によるゼーベック係数および導電率測定の計測原理について説明する[2)]。

2. 2　SBA458 *Nemesis*® でのゼーベック係数（S）の測定原理

ゼーベック係数はサンプル内の温度勾配（ΔT）によって生じた電圧を2つの測温熱電対（+，+：U_A）および（−，−：U_B）間の起電力計測から測定される（図3)。

この時，温度勾配を可変させながら測定を行うことで，起電力とΔTが一次線形でプロットされる。この時の傾きをそれぞれa_A，a_Bとすると，既知であるK熱電対線のゼーベック係数

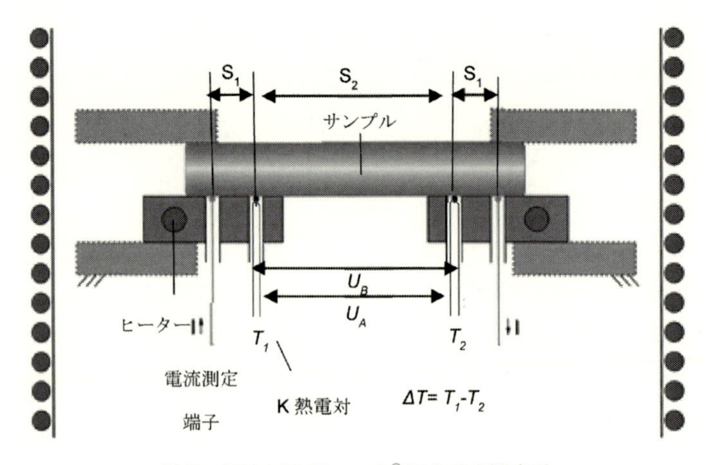

図2　SBA458 *Nemesis*® における測定系

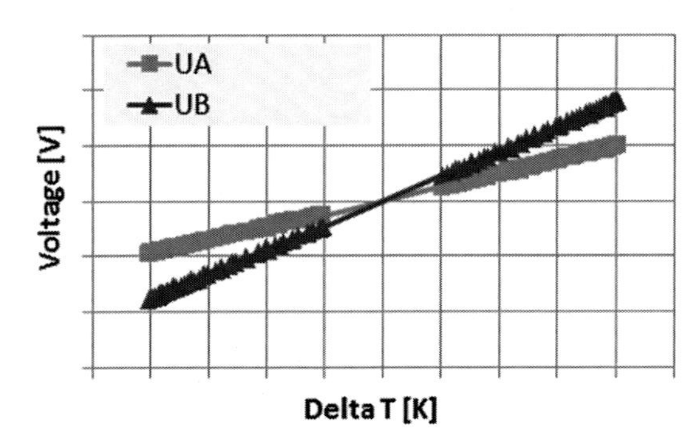

図3　SBA458 *Nemesis*® によるゼーベック係数測定

S_A，S_B と(2)式から試料片のゼーベック係数（S）は求められる。

$$S = \frac{1}{2}\left(\frac{a_A + a_B}{a_B - a_A} \times S_{AB} + S_A + S_B\right) \tag{2}$$

2. 3　SBA458 *Nemesis*® での電気伝導率（σ）の測定

サイズが無限に大きい試料での4端子測定における電気伝導率は(3)式から与えられる。

$$\sigma = \frac{I}{\Delta U}\frac{1}{2\pi}\left(\frac{1}{S_1} + \frac{1}{S_3} - \frac{1}{S_1 + S_2} - \frac{1}{S_2 + S_3}\right) \tag{3}$$

ここで，I：電流［A］，ΔU：電圧［V］である。$S_1 = S_3 = 1.625$ mm，$S_2 = 8.25$ mm から，(4)式にまとめられる。

$$\sigma = \frac{I}{\Delta U}\frac{1}{\pi}\left(\frac{1}{S_1} + \frac{1}{S_1 + S_2}\right) \tag{4}$$

実際の測定では試料サイズが有限であることから，試料サイズによる図4に示されるような電

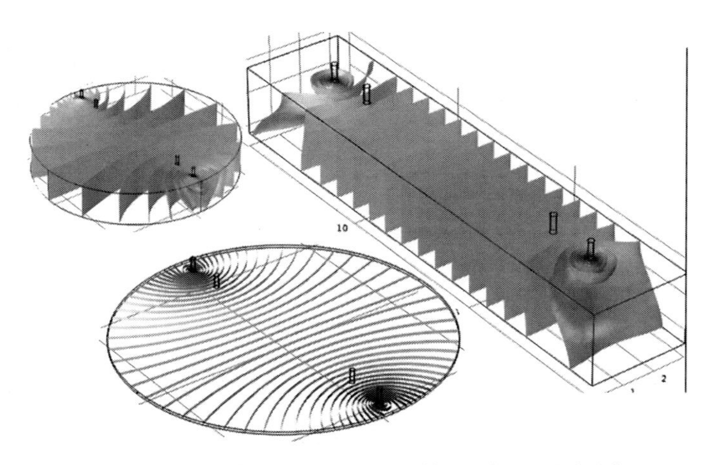

図4　有限要素法から求められる4端子測定での電流分布

流分布の補正因子が適用される。

補正因子については測定ソフトウェア上から入力された試料厚み・サイズにより有限要素法から計算された結果が，自動的にソフトウェア内で適用され(5)式のように計算される。

$$\sigma = \frac{I}{\Delta U} \frac{1}{\pi} \left(\frac{1}{S_1} + \frac{1}{S_1 + S_2} F_1 F_2 \right) \tag{5}$$

2. 4 SBA458 *Nemesis*® による熱電変換材料の測定事例

SBA458 *Nemesis*® では電極間距離が常に一定になるように試料片のセットが行えるため，試料片の設置・電極の当て方・測定者の癖などによる不確かさ要因を除することができる。BiTe の異なるサイズ（直方体・円柱）の試料片を測定した結果を図5に示す。試料片のサイズによら

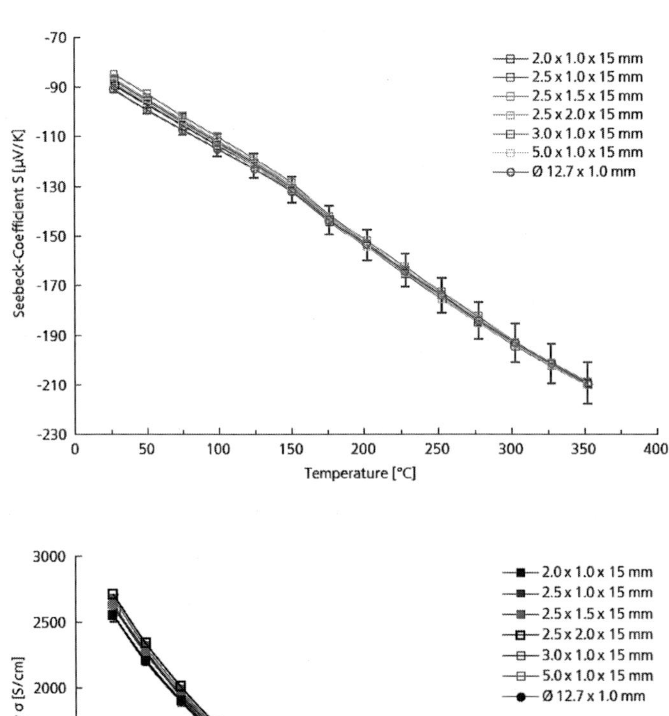

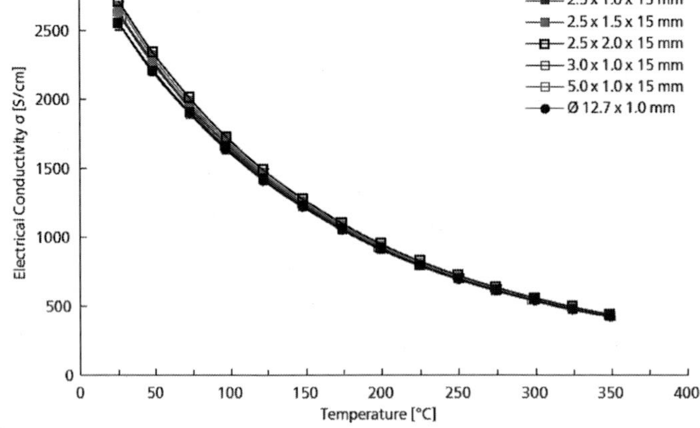

図5　異なる試料サイズにおける PbTe のゼーベック係数，導電率の測定結果

ず，4％以内の再現性を示すデータがゼーベック係数および導電率で得られていることが分かる。

また，フレキシブルな有機薄膜系の熱電変換材料の測定例として，図6に異なる極性溶媒に分散させたPEDOT[poly(3,4-ethylenedioxythiophene)]/PSS（ポリスチレンスルホン酸）分散溶液をガラス基板上に塗布し作成した薄膜の電気伝導率およびゼーベック係数の測定結果を示す。Seebeck係数では分散溶媒の違いによる違いはほとんど見られないが，電気伝導率は溶媒自身のドーパントとして作用や高分子薄膜の高次制御を誘起することなどから，溶媒の極性によって大きな差がみられる。

3 フラッシュ法による有機薄膜の熱拡散率・熱伝導率測定

フラッシュ法は光源から短パルス光を試料に照射し，照射背面に伝わる温度上昇を赤外線検出器などからなる測定系と測定試料とが非接触であることから確からしい測定法の一つである[3)]。

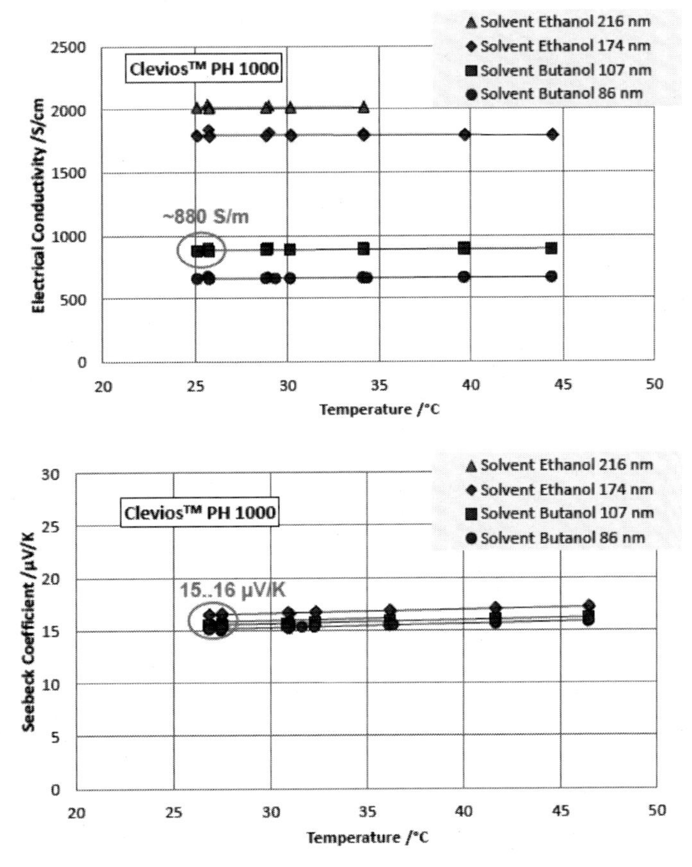

図6 PEDOT/PSS分散溶液をガラス基板上に塗布し作成した薄膜の電気伝導率およびゼーベック係数の測定結果

フラッシュ法の詳細な原理・解析についての説明は他書に譲り，本稿では有機薄膜系熱電変換材料の熱伝導率評価に要求される薄膜における熱拡散率・熱伝導率の評価事例および面方向における熱拡散率・熱伝導率評価事例を紹介する。

3.1　フラッシュ法による薄膜試料の熱拡散率・熱伝導率測定

一般的なフラッシュ法による測定では，パルス光の吸収と照射背面からの輻射率の向上たために試料両面に黒化処理を施して測定を行う。薄膜試料での熱拡散率・熱伝導率測定では試料自身の熱拡散時間が短いため，測定結果への黒化処理の影響がバルク材料での測定以上に大きい。また，下記に特に薄膜試料で気を付けなければならない不確かさ要因を挙げる。

- パルス光による試料温度上昇・試料への熱的ダメージ
- サンプリングレートに起因する熱拡散時間の不確かさ
- 前処理（黒化処理の影響，透過光の影響）
- δ関数的な時間幅のないパルス加熱の影響

また，フラッシュ法による不確かさ要因についてはJIS R 1611に詳細に記載されている[4]。

NETZSCH社製LFA467 *HyperFlash*®はパルス幅が20 μsec～1.2 msecに可変することができ，2 MHzの高速サンプリングレートを有することから一般的なバルク材料から薄膜材料までの対応している（図7）。さらにパルス光源にキセノンランプを採用し，有機物・薄膜に熱的ダメージを与えない強度でのパルス照射を可能にし，照射されるパルス光のモニターから得られるパルス形状に基づいた有限パルス幅補正から，パルス照射の正確な時間原点の決定・パルス光の影響によらないより確からしい測定を行うことができるシステムである（図8）。

図7　NETZSCH社製LFA467 *HyperFlash*®

先に挙げた通り，有機薄膜でのフラッシュ法による熱拡散率・熱伝導率測定ではパルス光の透過や黒化処理などによる前処理がもたらす測定結果への影響の寄与が無視できない場合が多い。パルス光の透過は試料両面に金属膜をスパッタ・蒸着などにより製膜することで防止することができるが，スパッタの条件によっては成膜中に熱がかかり有機薄膜では収縮・たわみなどが生じる場合があるので注意が必要である。黒化処理においては金を成膜した試料をテルル系の溶液に浸漬させ，金薄膜をテルル化させることで黒化処理を行う手法もある。本章では，一般的に用いられているカーボンスプレーによる黒化処理について，内容物をグラファイト粉末ではなくグラ

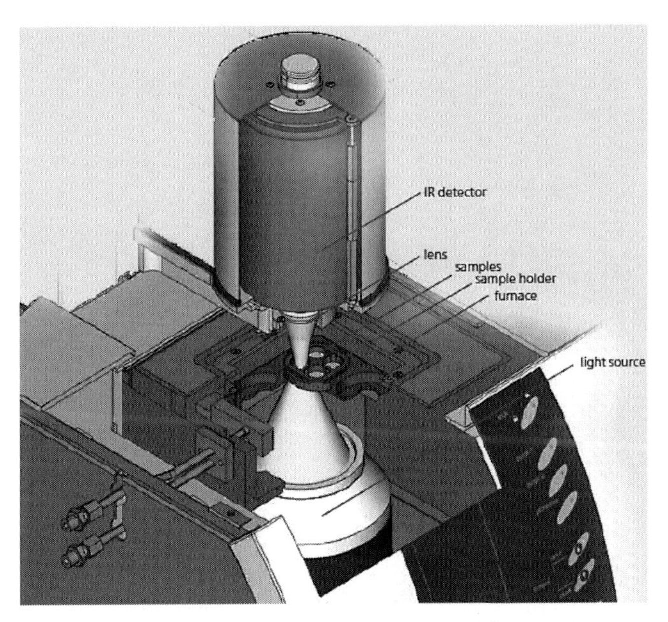

図8　NETZSCH 社製 LFA467 *HyperFlash*® の検出部

フェンプレートレットに変更したカーボンスプレー（図9）での有機薄膜の測定事例を紹介する[5)]。

図10，表1に膜厚25 μm のフィルムのポリイミドフィルムとその温度上昇曲線および測定結果を示す。ハーフタイム0.8 msec と従来のフラッシュアナライザーでは測定が難しい熱拡散時間の短い試料でも再現性の良いデータが得られている。

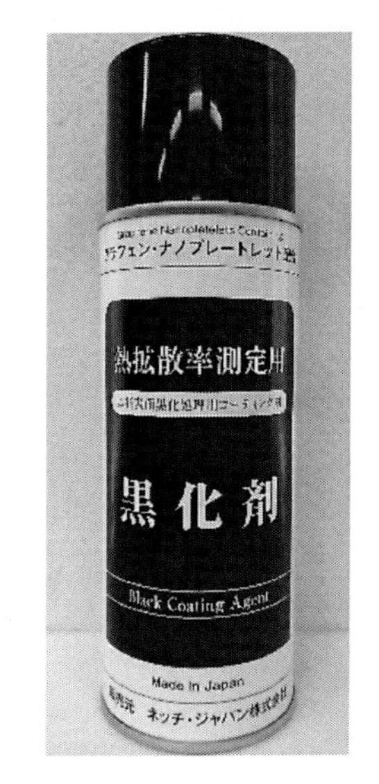

図9　グラフェンプレートレットを用いたカーボンスプレー

3. 2　面内方向における熱拡散率・熱伝導率の評価

熱電変換材料において，発電を行うための温度勾配は必ずしも試料の厚み方向だけとは限らない。特に有機薄膜系では資料作成の過程で延伸などの加工工程により試料物性に異方性がみられることが多い。このような面内での温度勾配を用いて発電を行う材料においては厚み方向の熱伝導率ではなく面内方向での熱伝導率を用いて性能指数を評価するべきである。

フラッシュ法での熱拡散率・熱伝導率評価は原理的には厚み方向の一次元での熱伝導の評価であるが，面内方向での異方性評価も専用の試料ホルダーを用いることで行うことができる（図11）。

ラメラホルダーでは，等間隔に短冊状にカットした試料を90°傾けてホルダーにセットして測

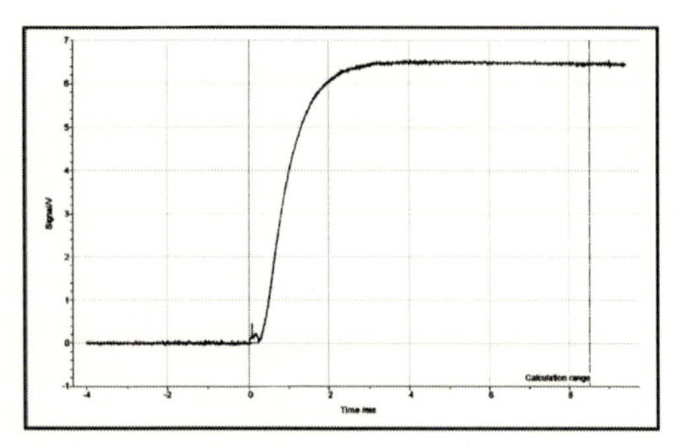

図10　ポリイミドフィルムの温度上昇曲線

表1　ポリイミドフィルムの熱拡散率測定結果

N	Thermal diffusivity ［mm^2/s］
1	0.106 ± 0.000
2	0.108 ± 0.000
3	0.105 ± 0.000
Ave.	0.106 ± 0.002（CV：1.44％）

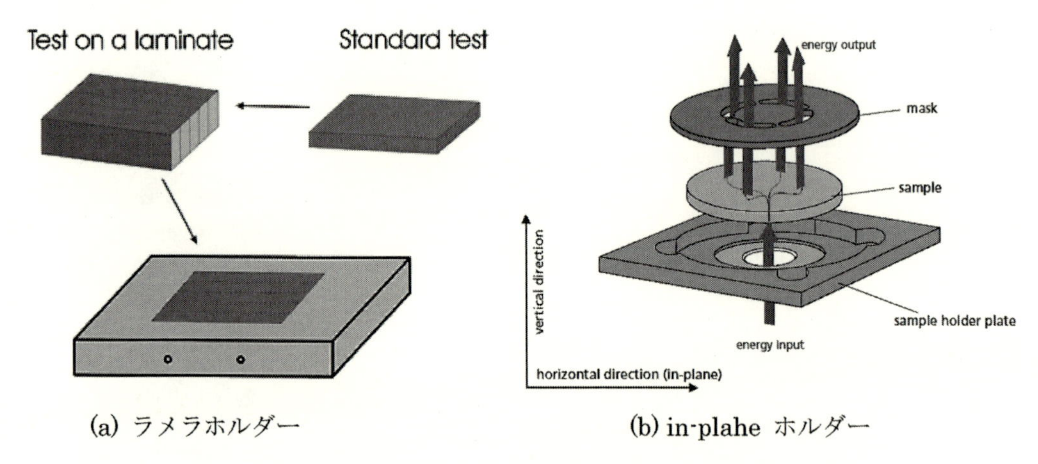

(a) ラメラホルダー　　(b) in-plahe ホルダー

図11　フラッシュアナライザーにおける面内方向の熱拡散率測定用治具

定を行う。試料を90°に傾けているだけで，パルス光加熱による熱伝導は通常の測定と同じく1次元方向であることから，得られる温度上昇曲線の厚み方向と同様の解析を行うことができる。測定例として銅繊維強化プラスチック繊維の配向方向とその垂直方向における面内方向での異方性評価の結果を図12に示す。

また，フィルムなど薄膜試料の場合では，短冊状の試料は自立せず多数の短冊状試料が必要になることから，ラメラホルダーにセットするには非常に困難である。そのような場合には，

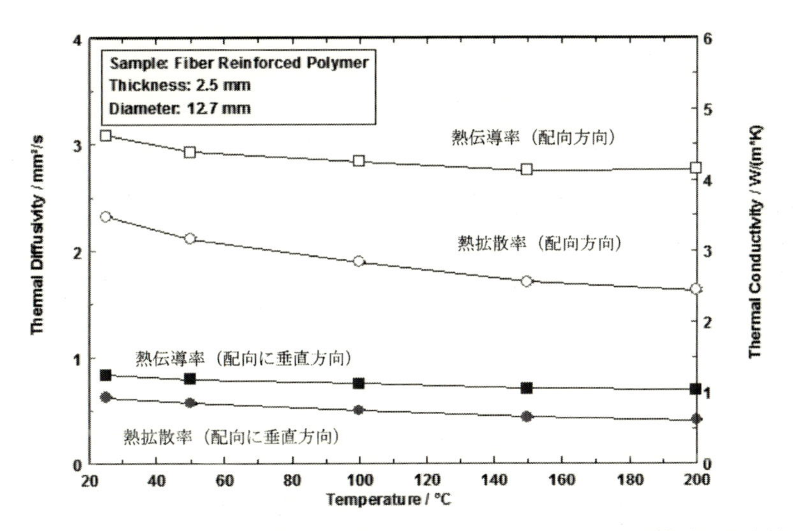

図12　ラメラホルダーによる銅繊維強化プラスチックの面内における熱拡散率の異方性測定

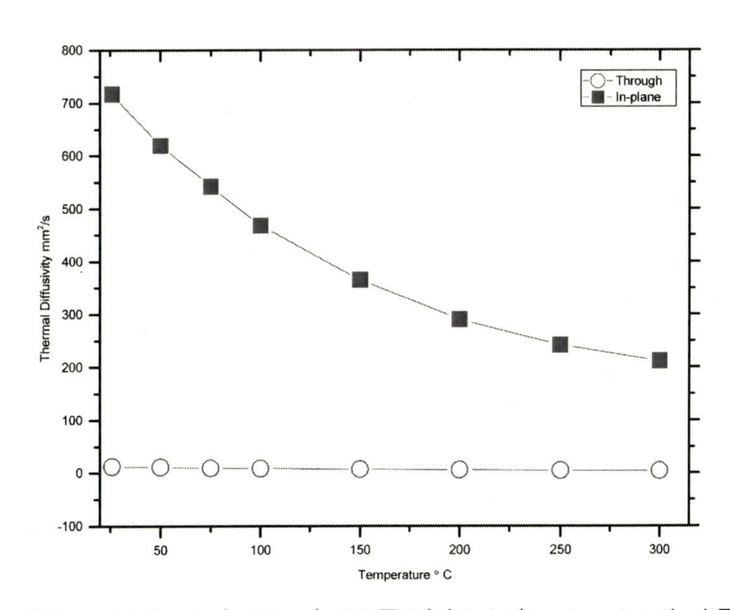

図13　グラファイトシート（t=80 μm）での厚み方向およびin-planeホルダーを用いた面内方向の熱拡散率測定結果

30 cm程度にカットした短冊状のフィルムを木など熱伝導率の小さい材料に巻き付けるサンプル作成を行う方法もある。

In-planeホルダーは，ホルダー底面に空いている6 mm φの穴からパルス光を試料に照射し，試料中心から同心円状に広がっていく熱伝導を検出器側のマスク外周部にからの輻射によって温度上昇曲線を測定する。得られた温度上昇曲線はホルダーの寸法を用いた解析モデルから解析される[6~8]。

In-plane ホルダーはホルダーが試料に接触していること，通常の測定とは異なりパルス光が試料に対して部分照射に由来する小さい照射エネルギーによる温度上昇曲線の S/N 比の低下などから，30 W/mK 以下の熱伝導率の試料での測定は難しいことには留意する必要がある。

図 13 に膜厚 80 μm でのグラファイトシートにおける厚み方向と面内方向の熱家訓率測定の温度依存性評価の結果を示す。In-plane ホルダーは 25.4 mm ϕ の薄膜試料をホルダーにセットすれば簡便に測定を行えるので，面内方向の熱伝導率が大きいグラファイトシートや CNT が配向した複合材料などでの異方性評価が期待される。

4 おわりに

本章では，熱電変換材料の性能評価に必要なゼーベック係数・電気伝導率の評価システムとキセノンフラッシュアナライザーによる薄膜・面内方向における熱拡散率・熱伝導率評価の測定例を紹介した。フレキシブルな有機熱電変換材料の物性評価には従来の半導体系の熱電変換材料のバルクにはない難しさがともなう。本章で紹介した測定事例が今後の熱電特性評価の助けになれば幸いである。

文　献

1) J. Mackey *et al., Rev. Sci. Instrum.,* **85**(8), 085119 (2014)
2) J. Blumm *et al., Proc. 36th Jpn. Symp. Thermohys. Prop.,* C212 (2015)
3) J.W. Parker *et al., J. Appl. Phys.,* **32**, 1679 (1961)
4) JIS R 1611, “Measurement methods of thermal diffusivity, specific heat capacity, and thermal conductivity for fine ceramics by flash method” (2010)
5) Y. Ishibashi *et al., Proc. 37th Jpn. Symp. Thermohys. Prop.,* D222 (2016)
6) A.B. Donaldson *et al., J. Appl. Phys.,* **43**, 4226 (1972)
7) A.B. Donaldson *et al., J. Appl. Phys.,* **46**, 4584 (1975)
8) F.I. Chu *et al., J. Appl. Phys.,* **51**, 336 (1980)

第4章　熱電計測に関わる総括とフレキシブル材料への応用

池内賢朗*

1　はじめに

近年，IoT の電源から自動車の排熱発電まで様々なところで，熱電モジュールのアプリケーションが求められている。これらの用途では，目的によって求められている材料の物性が異なるために，様々な熱電材料の開発が進められている。

熱電モジュールの性能を示す指標としては，変換効率・発電量がある。弊社では，試料サイズに応じて熱電モジュールの性能を評価できる装置（Mini-PEM，PEM-2，F-PEM）を開発・販売している[1)]。最大変換効率 $\eta_{\max}$[ ] を熱電材料の性能指数 $Z[\mathrm{K}^{-1}]$ を用いて表すと次式になる。

$$\eta_{\max} = \frac{T_h - T_c}{T_h} \frac{\sqrt{1+Z((T_h+T_c)/2)}-1}{\sqrt{1+Z((T_h+T_c)/2)}+T_c/T_h} \tag{1}$$

T_h[K] と T_c[K] はそれぞれ，高温側の温度と低温側の温度である。高温側と低温側の温度差が同じであるならば，性能指数が大きくなるにつれて最大変換効率も大きくなる。したがって，性能指数を大きくするために材料開発は進められている。ある温度（T/K）の性能指数をゼーベック係数（$S[\mathrm{V\ K^{-1}}]$）・電気抵抗率（$\rho\,[\Omega \mathrm{m}]$）・熱伝導率（$\lambda\,[\mathrm{W\ m^{-1}\ K^{-1}}]$）で表すと次式になる。

$$ZT = \frac{S^2}{\rho\lambda} T \tag{2}$$

ゼーベック係数は大きく，電気抵抗率と熱伝導率が小さい材料が求められている。

熱電材料を評価する上において，材料の材質・厚さ・温度によって，測定法・得られる物性量と方向が決まってくる。測定法によっては，異なった方向の物性量を得られることがあるので，注意して行う必要がある。本稿では，ミリメートルオーダの厚さを持つ自立試料をバルク試料として，数 μm～数百 μm の厚さの自立試料を薄板試料として，基板上にナノメートルオーダの厚さを成膜した試料を薄膜試料とする。次節以降では，最初に試料の厚さと測定法の関係性と，薄板試料における測定法について紹介する。

* Satoaki Ikeuchi　アドバンス理工㈱　生産本部　試験2G

2　試料厚さと測定法

2.1　ゼーベック係数と電気抵抗率

弊社では，ゼーベック係数と電気抵抗率を同時に測定できる装置としてZEMシリーズを開発・販売している[2)]。ZEM-3の試料系の模式図を図1に示す。試料は高温ブロックと低温ブロックに挟まれている。高温ブロックは，ゼーベック係数測定のために，ヒーターが入っている。高温ブロックと低温ブロックは，電気抵抗測定のために，外部から電流を与えられる構造になっている。試料の中央部には，2つの熱電対が接触している。これらの熱電対は，試料の温度だけでなく，それぞれの片側の素線を用いて電圧測定も行っている。試料内に温度差をつけた状態で電圧を測定すると，ゼーベック係数を評価することができる。実際には，複数の試料内温度差をつけた状態で電圧を測定し，電圧の温度差依存性と素線のゼーベック係数から試料のゼーベック係数を評価することを推奨している。また，電気抵抗率測定においては，4端子法による測定を行っている。熱電材料は電流を流すとペルチエ効果が起きるので，この効果が表れる前に電流を判定させて測定を行っている。この測定を行うための試料サイズは次の条件が成り立つことで決まる。高温ブロックと低温ブロックの間に試料が挟まることと，熱電対の距離よりも試料長さが十分に長いことが求められる。したがって，弊社では2～4 mm（W）× 2～4 mm（D）× 10～22 mm（L）の試料サイズを推奨している。しかし，絶縁材のサポートブロックおよび基板を用いることにより，薄板試料や薄膜試料の測定も行うことができる。この方法については，3.1項で詳細に紹介する。

2.2　熱伝導率

熱輸送特性を評価する手法は，多岐にわたっている。定常状態において熱輸送特性を測定する

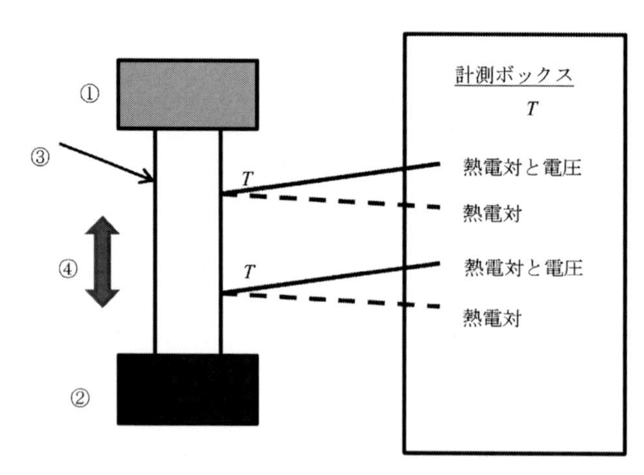

図1　ZEM-3の試料系の模式図
①低温ブロック，②高温ブロック，③試料，④電流

場合は，フーリエの法則に基づいて評価することできるため，熱伝導率として得ることができる。一方，非定常状態において熱輸送特性を測定する場合は，温度の時間依存性を考慮しなければならない。測定方法によっては，熱拡散率として評価される場合がある。熱伝導率（λ [W m^{-1} K^{-1}]）は，熱拡散率（α [m^2 s^{-1}]）と体積比熱容量（C [J m^{-3} K^{-1}]）を用いると次式で表すことができる。

$$\lambda = C\alpha \tag{3}$$

熱輸送特性を評価する方法を分類した図を図2に示す。弊社では，ASTM E 1530[5] に準拠した定常法の装置としてGH-1を，パルス加熱法に基づいたフラッシュ法[6,7]の装置としてTCシリーズ，周期加熱法に基づいた温度波熱分析法[12]の装置としてFTCシリーズ・光交流法[13~15]の装置としてLaser PIT・2ω法[18~20]の装置としてTCN-2ωを販売している。現在，弊社で販売している装置について，厚さと熱伝導率で評価可能な測定法について簡易的に示したものを図3に示す。光交流法のみ面内方向で，他の方法では厚さ方向の評価が可能である。本項では，定常法の装置の特徴と薄膜試料の評価の特徴を説明し，3. 2項に薄板試料の面内方向の測定が可能である光交流法について紹介する。

定常法は，高温ブロックと低温ブロックの間に試料を挟み，高温ブロックと低温ブロックの間に温度差をつける。試料の両面の温度が安定になった時に，試料両面の温度差 dT [K] と熱流計で計測した単位面積当たりの熱量 q [W m^{-2}] から試料の熱抵抗 R[m^2 K W^{-1}] を測定し，試料厚さ d [m] を考慮して熱伝導率 λ [W m^{-1} K^{-1}] を評価する方法である。上記の内容を以下の式で表すことができる。

$$q = \frac{\mathrm{d}T}{R} = \lambda \frac{\mathrm{d}T}{d} \tag{4}$$

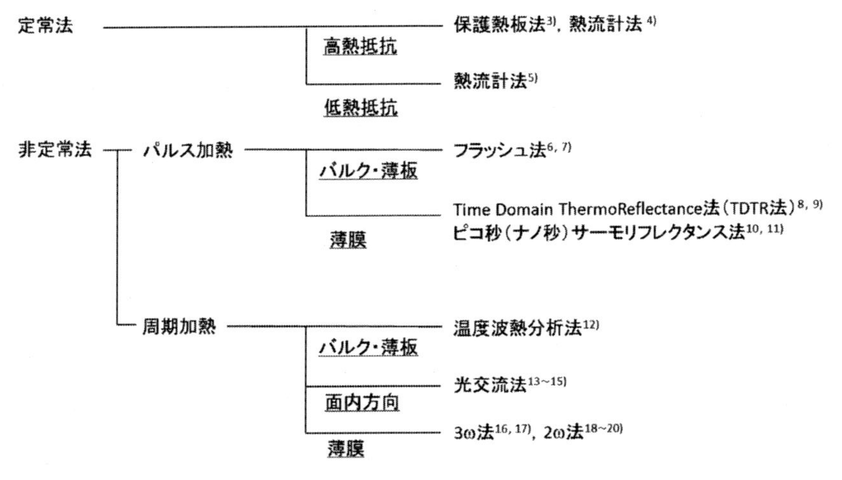

図2　熱輸送特性の主な評価方法の分類図

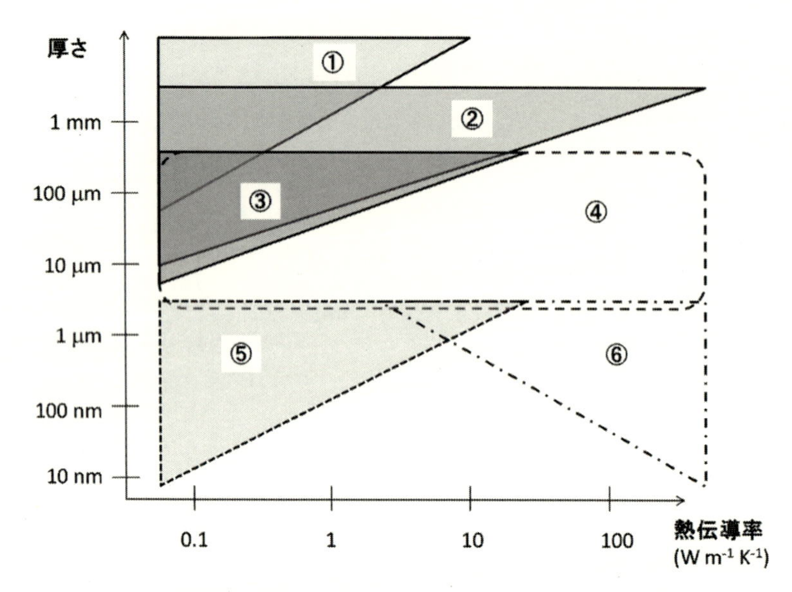

図３　弊社販売装置の評価法における厚さと熱伝導率の概略図
①GH-1（定常法），②TC シリーズ（フラッシュ法），③FTC シリーズ（温度波熱分析法），
④Laser PIT（光交流法の薄板試料），⑤TCN-2ω（2ω法），⑥Laser PIT（光交流法の薄膜試料）

この方法はフーリエの法則に基づいて熱伝導率を測定するため，一般的に受け入れやすい方法である。定常法は，JIS A 1412-1,2[3,4]，や ASTM E 1530[5] で規格化されている。定常法の熱抵抗の測定範囲は，JIS A 1412-1,2 では 0.1[m^2 K W^{-1}] 以上が推奨されており，ASTM E 1530 では，0.001～0.04[m^2 K W^{-1}] が推奨されている。一般的に，高熱抵抗試料においての測定に適している。ASTM E 1530 では，1[W m^{-1} K^{-1}] を持つ試料であるならば，1 mm 以上の試料で行うことが推奨されている。この方法では，測定試料サイズがϕ25 mm 以上であり，温度範囲も最大 280℃である。また，十分に温度安定するまで待つ必要があるので 1 測定において 40 分以上かかるため，熱電材料の新規材料開発よりもバルク材料の品質管理に使うことに適している。

基板上の薄膜試料の評価については，面内方向と厚さ方向で評価方法が異なる。面内方向を評価するためには，薄膜だけでなく基板の熱拡散の影響を考慮する必要がある。基板上薄膜の 2 層試料において，見かけの熱拡散率 α_{0s} は以下の式で表すことができる。

$$\alpha_{0s}=\frac{\alpha_0 C_0 d_0+\alpha_s C_s d_s}{C_0 d_0+C_s d_s}=\frac{\lambda_0 d_0+\lambda_s d_s}{C_0 d_0+C_s d_s} \tag{5}$$

0，s は，薄膜と基板を示しており，λ [W m^{-1} K^{-1}]，α [m^2 s^{-1}]，C [J m^{-3} K^{-1}]，d [m] は，それぞれ熱伝導率，熱拡散率，体積比熱容量，厚さである。薄膜の熱輸送特性を得るためには，基板の寄与が小さくなければいけない。したがって，薄膜の評価を行うためには，基板の厚さを薄くすることと，基板の熱伝導率を高くする必要がある。今までに，光交流法を用いて，30 μm 厚ガラス基板上の 100 nm 厚 SiN 薄膜の熱伝導率評価[14] や，7.5 μm 厚ポリイミドフィルム上の

30～238 nm 厚の Pt 薄膜の熱伝導率評価[15]の結果が報告されている。

一方，基板上の薄膜試料の厚さ方向の評価については，様々な方法が報告されている[8~11, 16~20]。多くの場合で，薄膜側で加熱と温度検出を行う。パルス加熱を行う場合は測定時間，周期加熱を行う場合は測定周波数によって，薄膜内の情報・薄膜と基板の境界の情報・薄膜の寄与を含んだ基板の情報と変わってくる。弊社では，電気周期加熱とサーモリフレクタンス法[21]による温度検出を組み合わせた2ω法に基づいた装置を開発・販売（TCN-2ω）している。2ω法では，薄膜上に電気加熱とサーモリフレクタンス検出を行うために，100 nm 厚の金属膜を成膜している。金属膜表面の温度変化を，1次元伝熱モデルに基づいて表すことができる。半無限基板上の薄膜であり，界面熱抵抗を無視したモデル式と振幅と位相の測定結果を比較することにより，薄膜の熱伝導率を評価することができる[18]。薄膜と基板の境界の情報から評価した例として，ポリイミドフィルム（1 μm，5 μm）の熱物性値が報告されている。薄膜の寄与を含んだ基板の情報から評価した例として，Si 系薄膜の熱伝導率が報告されている[19, 20]。

3　薄板試料の測定法

数 μm～数百 μm の厚さの自立試料として定義した薄板試料では，厚さ方向と面内方向では測定手法が異なっている。ゼーベック係数と電気抵抗率については，バルクの測定方法と同じ方法で面内方向の測定を評価することができる。厚さ方向については，第Ⅳ編　第2章の方法で評価を行うことができる。一方，薄板試料の熱輸送特性については，熱拡散率として評価される場合が多い。厚さ方向については，フラッシュ法[6, 7]や温度波熱分析法[12]によって熱拡散率は評価することができる。ただし，これらの方法では，高い熱拡散率を持つ薄い試料を持つ場合は，評価できないことがあるので，注意して行う必要がある。面内方向については，光交流法によって直接熱拡散率を評価することができる[13]。以下に，面内方向の測定例を示す。

3.1　面内方向のゼーベック係数と電気抵抗率

薄板試料について ZEM-3 を用いて評価を行うためには，試料系内に試料を置くために工夫を行う必要がある。ZEM-3 に薄板をセットするために開発されたアタッチメントにコンスタンタン薄板を設置した例を図4に示す。このアタッチメントは薄膜試料においても適用可能であるので，絶縁基板上の薄膜試料を設置するために使うことも可能である。支持台は絶縁である必要があるので，アルミナ

図4　コンスタンタン薄板を ZEM-3 用薄膜アタッチメントに設置した写真

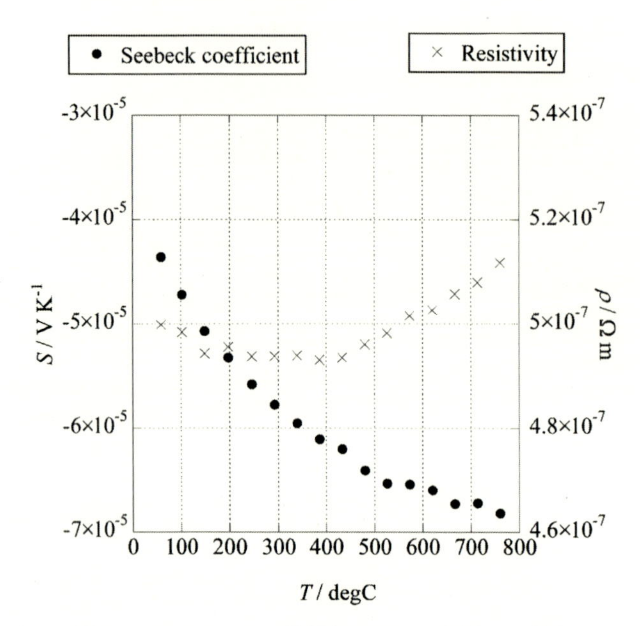

図5　コンスタンタン薄板を ZEM-3 で測定した結果
ゼーベック係数（●）と電気抵抗率（×）の温度依存性

製の支持台を用いている。ZEM-3の電極と良好に電気接触させるために，ニッケルの薄板を用いている。ニッケルの薄板と試料を電気的に接触させるために，図4ではねじ止めをしている。これについては，銀ペーストで導通をとっても構わない。3.4 mm（W）× 0.05 mm（D）× 15 mm（L）のコンスタンタン薄板を測定した結果を図5に示す。ゼーベック係数と電気抵抗率の温度依存性は文献値[22, 23]と比較して7%以内に入っている。試料サイズが2～4 mm（W）× 0.01～1 mm（D）× 10～20 mm（L）であるならば，このアタッチメントを用いて評価を行うことが可能である。

3.2　光交流法を用いた熱拡散率評価

光交流法は，光周期加熱と熱電対による温度検出に基づいた方法である。光交流法による面内方向の熱拡散率測定を行う際の模式図を図6に示す。試料表面のある場所に光によって周期加熱を行う。試料裏面のある点における温度の周期変動成分を熱電対で計測を行う。試料表面の光を当てる場所を変更することにより，温度の周期変動成分は面内方向の距離依存性として得ることができる。

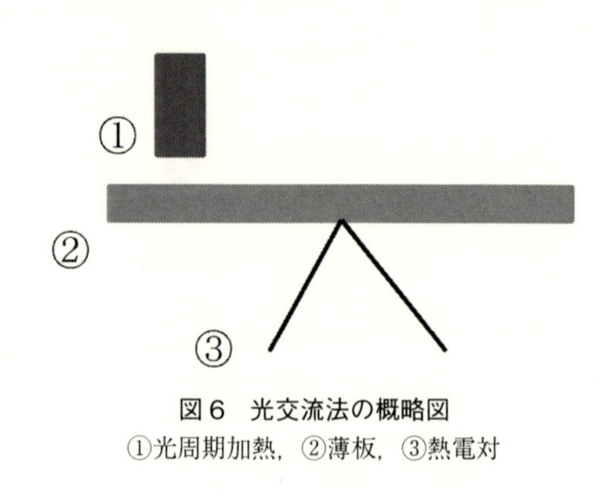

図6　光交流法の概略図
①光周期加熱，②薄板，③熱電対

試料表面のある点で熱量を周波数f[Hz] で周期的に加えた場合，その点から距離x[m] における温度の時間依存性は，理論的に以下の式で表すことができる。

$$T(x,t)=\frac{q}{\sqrt{C\lambda}\sqrt{2\pi f}}\exp\left(-\sqrt{\frac{\pi f}{\alpha}}x\right)\exp\left(i\left(\omega t-\frac{\pi}{4}-\sqrt{\frac{\pi f}{\alpha}}x\right)\right) \tag{6}$$

α [m^2 s^{-1}]，C [J m^{-3} K^{-1}] は，それぞれ熱拡散率，体積比熱容量である。距離xの時の振幅$A(x)$ と位相$\theta(x)$ は次式で表される。

$$A(x)=\frac{q}{\sqrt{C\lambda}\sqrt{2\pi f}}\exp\left(-\sqrt{\frac{\pi f}{\alpha}}x\right) \tag{7}$$

$$\theta(x)=-\frac{\pi}{4}-\sqrt{\frac{\pi f}{\alpha}}x \tag{8}$$

周波数一定と仮定すると，対数振幅と位相は距離の1次式として表すことができる。したがって，周波数を一定にして，対数振幅と位相の距離依存性を測定し，距離の1次式としてフィッティングすると，傾きから熱拡散率を計算することが可能である。Ångstrom は，試料から外部への熱損失を補正するために，真の熱拡散率αは，対数振幅から得た熱拡散率α_aと位相から得た熱拡散率α_pを用いて以下の式で評価できることを示した[24)]。

$$\alpha=\sqrt{\alpha_a\alpha_p} \tag{9}$$

光交流法に基づいたLaser PIT で測定した結果を図7と図8に示す。図7は光吸収面にカー

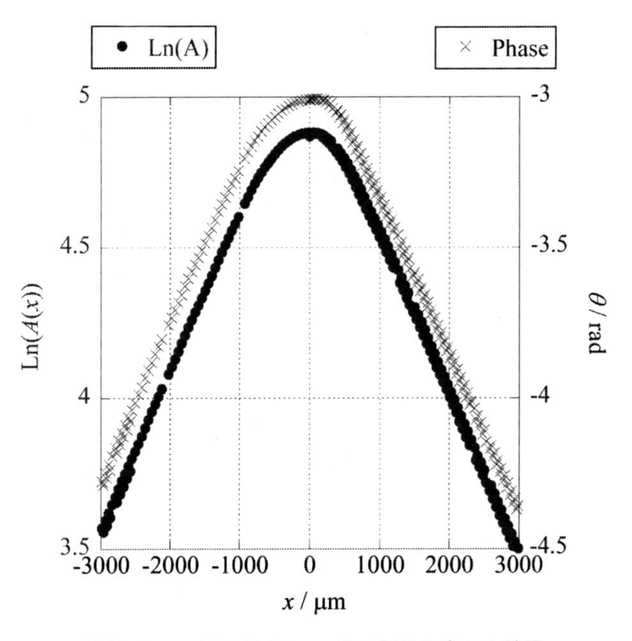

図7　Laser PIT で50μm厚の銅を測定した結果
対数振幅（●）と位相（×）の加熱点からの距離依存性

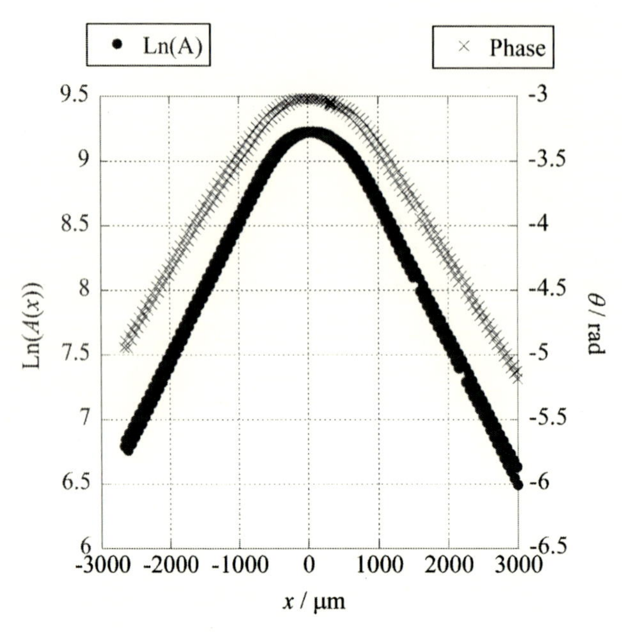

図8　Laser PIT で 50 μm 厚のポリイミドフィルムを測定した結果
対数振幅（●）と位相（×）の加熱点からの距離依存性

ボンスプレーで黒化した 50 μm 厚の銅を大気中で 10 Hz で測定した結果を示している。図8は光吸収面に Bi 膜（100 nm 程度）を蒸着した 50 μm 厚のポリイミドフィルムを真空中において 0.2 Hz で測定した結果を示している。距離0付近（熱電対直下）の所で対数振幅も位相も変曲点になっている。厚さ方向の熱拡散の影響を受けない 1,500 μm 以上離れた領域で，傾きから熱拡散率を評価した。銅の熱拡散率は 1.1×10^{-4}[m^2 s^{-1}] になり，文献値[25]と 5%以内で一致した。ポリイミドは 6.6×10^{-7}[m^2 s^{-1}] になり，温度波熱分析法で測定した値（1.8×10^{-7}[m^2 s^{-1}]）やフラッシュ法で測定した値（2.0×10^{-7}[m^2 s^{-1}]）と比べて大きな値であった。これは，試料の異方性の影響であると思われる。試料サイズが 3 mm（W）× 3～300 μm（D）× 30 mm（L）の試料であるならば，Laser PIT を用いて評価することができる。

4　おわりに

熱電材料の試料サイズによって，様々な評価法が存在している。熱電材料の正確な評価を行うためには，試料サイズ・温度に応じて適した方法で測定を行うことが必要である。特に，フレキシブル材料は薄いので，材料内に異方性がある場合が多い。したがって，測定方向に適した方法で行うことも重要である。今後，フレキシブル材料を用いたモジュールについても，発電量や変換効率を評価する方法についても進展していくことが求められる。

文　　献

1) 池内賢朗ほか，第13回日本熱電学会学術講演会講演要旨集 PS14（2016）
2) 辻本昭廣ほか，金属，**79**，237（2009）
3) ASTM E 1530 Standard Test Method for Evaluating the Resistance to Thermal Transmission of Materials by the Guarded Heat Flow Meter Technique
4) JIS A 1412-1 熱絶縁材の熱抵抗及び熱伝導率の測定方法－第1部：保護熱板法（GHP法）
5) JIS A 1412-2 熱絶縁材の熱抵抗及び熱伝導率の測定方法－第2部：熱流計法（HFM法）
6) ISO 22007-4 Plastics-Determination of thermal conductivity and thermal diffusivity-Part 4 : Laser flash method
7) JIS R 1611 ファインセラミックスのフラッシュ法による熱拡散率・比熱容量・熱伝導率の測定方法
8) D.G. Cahill *et al., J. Appl. Phys.,* **93**, 793（2003）
9) C.A. Paddock *et al., J. Appl. Phys.,* **60**, 285（1986）
10) N. Taketoshi *et al., Rev. Sci. Instrum.,* **74**, 5226（2003）
11) N. Taketoshi *et al., Rev. Sci. Instrum.,* **76**, 094903（2005）
12) ISO 22007-3 Plastics-Determination of thermal conductivity and thermal diffusivity-Part 3 : Temperature wave analysis method
13) I. Hatta *et al., Rev. Sci. Instrum.,* **56**, 1643（1994）
14) R. Kato *et al., Int. J. Thermophys.,* **22**, 617（2001）
15) 高橋文明ほか，第26回日本熱物性シンポジウム講演要旨集 A310（2005）
16) D.G. Cahill *et al., Phys. Rev. B,* **50**, 6077（1994）
17) T. Yamane *et al., J. Appl. Phys.,* **91**, 9772（2002）
18) 池内賢朗ほか，熱測定，**41**，60（2014）
19) N. Uchida *et al., J. Appl. Phys.,* **114**, 134311（2013）
20) Y. Nakamura *et al., Nano energy,* **12**, 845（2015）
21) A. Rosencwaing *et al., Appl. Phys. Lett.,* **46**, 1013（1985）
22) American Institute of Physics Handbook Third Edition, New York, McGraw-Hill（1972）
23) N. Cusack *et al., Proc. Phys. Soc.,* **72**, 898（1958）
24) A.J. Ångstrom, *Ann. Phys. Lpz.,* **114**, 513（1861）
25) 新編 熱物性ハンドブック，養賢堂（2008）

第5章　温度波熱分析法による熱伝導率・熱拡散率の迅速測定

橋本寿正*

1　はじめに

物質・材料の基本的な熱物性に，比熱容量と熱伝導率がある。共に熱量と温度に関する物性値である。熱エネルギーは格子振動や電子振動などの運動エネルギーが本質であるが，その量を直接測定することができない。実際に測定されるのは温度の時間変化・距離による減衰である。また熱エネルギーは温度差によって拡散し均一化するうえに，輻射もあるために完全な絶縁ができない。

筆者らは，高分子材料薄膜を中心に少量かつ薄い材料の熱伝導率・熱拡散率測定に温度波熱分析法が有効であることを提唱してきた[1~7]。熱絶縁できないなら積極的に変調温度を与え，定常的になったときの熱の移動過程をとらえる方法である。振幅で1℃以下の微弱な温度波を試料に与え，その伝搬を詳細に解析し，温度振幅減衰挙動から熱伝導率λを，位相遅れ計測からは熱拡散率αを求める方法である。これらの成果を踏まえ，具体的な測定装置として提供する目的で，大学発ベンチャー㈱アイフェイズ）を2002年に立ち上げた。温度波法の市販装置は，高感度であることに加え，テスター感覚のハンディで現場での測定を可能とするものを目指し，省エネルギーマシン，サンプリングの簡素化，ミリグラムオーダーまでの少量サンプル，経験不要，何より迅速測定を実現し，総計で300台程度まで普及しているシステムである。

2　熱物性と温度波法

2.1　熱物性

本解説で用いる各種熱物性の定義と関連を次元とともに表1に示す。もっとも広く使われる熱伝導率は，フーリエの法則で定義され，熱エネルギーの拡散速度に相当する物性量である。実験上測定が容易な熱拡散率とは，以下の関係式を使って相互に換算する。

$$\lambda = \alpha \cdot cp \cdot \rho \qquad (1)$$

この4つの物性値を熱の4定数と呼ぶことがある。熱伝導では長さあたりの変化量を問題とするために，定圧比熱に密度を掛けて体積当たりの比熱に換算しているのである。比熱は熱エネルギーと温度をつなぐ不可欠な物性である。ただし，物性値は試料の大きさ・量によらない値で，

---

*　Toshimasa Hashimoto　㈱アイフェイズ　代表

表1　熱物性諸量と次元

	シンボル	関係式	単位
熱伝導率	λ	$J=-\lambda dT/dX$	$J \cdot m^{-1} \cdot K^{-1} \cdot s^{-1}$ $W \cdot m^{-1} \cdot K^{-1}$
熱拡散率	a	$\lambda = a \cdot C$	$m^2 \cdot s^{-1}$
体積当たりの比熱	C	$C=cp \cdot \rho$	$J \cdot m^{-3} \cdot K^{-1}$
定圧比熱	cp	$(\partial H/\partial T)_p$	$J \cdot kg \cdot K^{-1}$
密度	ρ		$kg \cdot m^{-3}$
熱浸透率	e	$e=C \cdot \sqrt{a} = \sqrt{(\lambda \cdot C)}$	$J \cdot m^{-2} \cdot K^{-1} \cdot s^{-1/2}$
熱抵抗	R	$R=d/\lambda$	$J^{-1} \cdot m^2 \cdot K \cdot s$
温度抵抗	Rt	$Rt=d/\sqrt{a}$	$m^{-1} \cdot s^{1/2}$
体積熱容量	C*		$J \cdot K^{-1} \cdot m^{-2}$
熱拡散時間	τ	$\tau = R \cdot C^*$ $=C \cdot d^2/\lambda$ $=d^2/a$	s
熱拡散長	μ	$\mu = \sqrt{(2a/\omega)}$ (逆数 $k=1/\mu$)	m

注）ここでのC*は体積熱容量を示す。

均一物質を前提としている。したがって，多層系・多成分などの実用上の材料では厳密には物性値が存在せず，表1に示した熱抵抗，温度抵抗，熱容量などサンプルの厚さや大きさで変動する機能値が重要になる。

2.2　熱拡散方程式

本稿で解説する温度波法とは，周期的（正弦波を標準に連続矩形波も含む）なジュール加熱を試料に与えて，変調された温度を一定距離おいた地点で観測する手法をいう。図1に測定系の熱源とセンサーの配置を示すが，測定対象には必ず両側に別の物質（バッキング材料という）が存在する。仮に中空に置いたとしても両側の空気への熱移動が影響するのである。物質中の温度変化は，位置と時間の関数である熱拡散方程式を解くことで検討される。基本的に熱は三次元的に拡散する偏微分の形式で表現されるが，便宜上一次元として解かれる。ヒーター($x=0$）に正弦波の温度変化を与えたとき，$x=d$の位置での温度変化の式を図1に記す。境界条件や初期条件で複雑な解になっているが，試料の熱的性質のほかに，周囲のバッキング材料（Bの添え字をつけた）の影響も受けるからである。条件を適切に選択することで，図1の下段の式のように位相と周波数の関係はシンプルな直線で表現できる。このような条件を検討するために，熱拡散長や拡散時定数が用いられる。

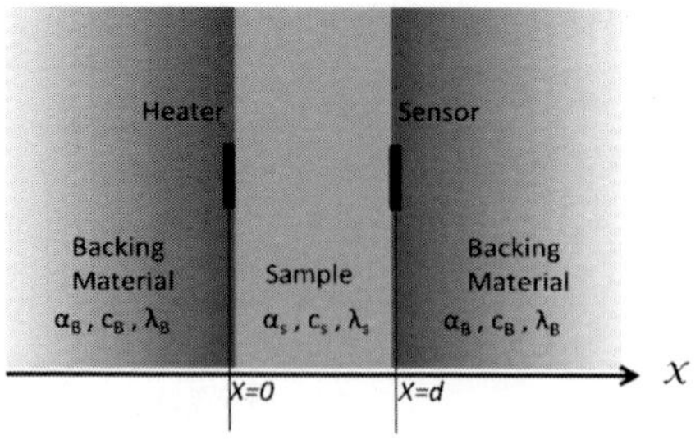

Heater
Sensor
Backing Material
α_B, c_B, λ_B
Sample
α_s, c_s, λ_s
Backing Material
α_B, c_B, λ_B
X=0
X=d
x

$$\frac{\partial T}{\partial t} = \alpha \cdot \nabla^2 \cdot T$$

1次元化する $$\frac{dT}{dt} = \alpha \cdot \frac{d^2T}{dx^2}$$

$$T(d,t) = \frac{\sqrt{2} j_0 \lambda k \exp(-kd)}{(\lambda_s k_s + \lambda_B k_B)^2} \exp\left\{ i \left(\omega t - kd - \frac{\pi}{4} \right) \right\}$$

kd≫1の場合 $$\Delta\theta = -\sqrt{\frac{\omega}{2\alpha_s}} d - \frac{\pi}{4}$$

図1　サンプルと電極配置および熱拡散方程式と交流を与えたときの解

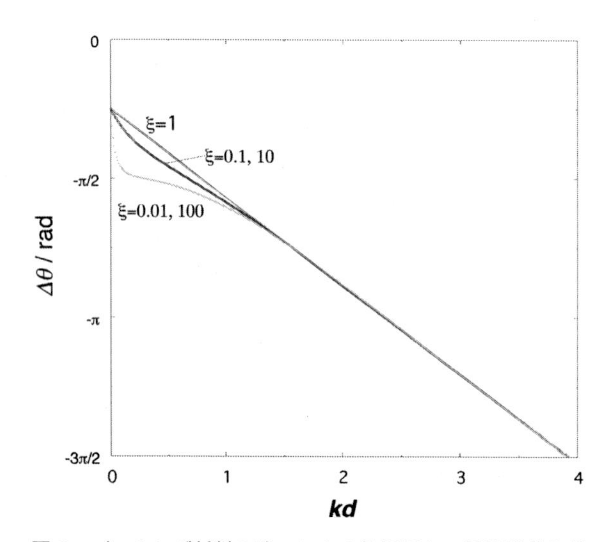

ξ=1
ξ=0.1, 10
ξ=0.01, 100
Δθ / rad
0
-π/2
-π
-3π/2
0
1
2
3
4
kd

図2　バッキング材料の違いによる位相遅れの周波数依存性

2.3　熱拡散長・熱的に厚い条件と薄い条件

温度波が物質中を伝わる距離の指標として熱拡散長が定義される。たとえば正弦波形の温度波では，発熱地点から出た波は指数関数的に減衰していくが，振幅が $1/e$ になる距離を熱拡散長と定義することが多い。熱拡散長 μ は，物質の熱拡散率と与えた温度波の角周波数で決まり，$(2\alpha/\omega)$ の平方根となる。熱拡散率が大きい物質は長くなり，また角周波数が高くなると短くなるという関係である。試料の厚さと一致したとき（$d/\mu=1$）が測定条件を決定する指標となる。この熱拡散長は，逆数をとった熱拡散指数 k の形を使うことが多い。図2は kd に対して位

相遅れをプロットしたものである。試料の厚さが一定であれば，横軸の kd は試料の熱拡散率を加味した規格化された周波数となる。

熱拡散長が試料厚さより小さな条件を熱的に厚い（$kd > 1$，つまり高周波数側）といい，バッキング材料の影響を受けにくいため，外乱の少ない状態で熱拡散率測定に適する。反対に熱的に薄い条件（$kd < 1$）では，すぐに熱が通過するため表裏の温度差がつきにくく，環境の影響を受けやすくなる。つまり図2のように低周波数側では接したバッキング材料の熱物性比（図中の ξ）が大きいほど影響が大きくなっている。このことを積極的に利用してバッキング材料の熱伝導率を求めることもできる。温度波法については，成書[8~13]ならびに解説[14~18]に詳述している。

3　実際の装置

3.1　測定システム

アイフェイズ・モバイルとして市販した装置群は，多機能なメインアンプに，図3のようなサンプル保持部を組み合わせることで，さまざまな測定に対応できる。サンプル設置部とアンプ部の2つからなり，サンプル部をデシケータやグローブボックスなどの容器に入れることもできる。アンプ部は，シグナル発生用発振器，ADコンバータ，ロックインアンプ，マイコンからなっていて，外部機器を必要とせず単独でも熱拡散率・熱伝導率測定できる。以下で解説するいずれの方法でも，迅速測定が可能で，多数のデータを短時間で得ることで統計的な処理が可能となっている。

観測される温度シグナルは，室温などの環境温度と刺激温度波のミックスであるが，ロックイ

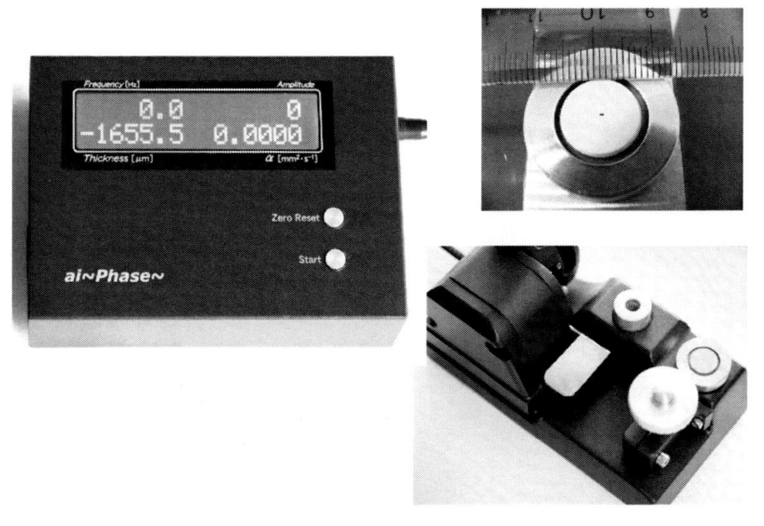

図3　アイフェイズ・モバイルの外観と高感度位相型装置のセンサー部拡大

ン増幅の利点でもある指定した周波数成分の変化分のみを抽出して解析できるため，大きなオフセット成分である室温の寄与，電源ノイズ成分などがキャンセルできるため高感度化が達成できる。実際に与える温度波の振幅は1℃以下と，対流や輻射を極力抑え，また試料に与えるダメージはほとんど無い測定法となっている。

3.2　温度波の位相変化から熱拡散率を求める方法

図4は，高感度型の熱拡散率測定装置の模式図である。マイクロヒーターと温度センサーを対抗して取り付け，その間に試料を挟む構造となっている。ヒーターへは微弱な正弦波電力が供給され，センサーは高感度抵抗型で，出力はディジタルロックインアンプへ導かれる。またセンサーサイズを0.25 × 0.5 mmとして，非常に微細な部分の熱拡散率が求められる。表裏の位相遅れに着目すると，図2で明らかなように，$kd > 3$以上の周波数が高い領域では，周囲のバッキング物質に影響されず，周波数と位相の関係は直線となり，以下のように近似することができる。

$$\Delta\theta = -\sqrt{\frac{\omega}{2a}}\,d - \frac{\pi}{4} \tag{2}$$

ここで$\Delta\theta$は位相差，aは熱拡散率，ωは角周波数，dは試料厚さである。

すなわち，周波数を変化させて位相変化を測定し，周波数の平方根に対してプロットし，傾きを測定する。この傾きの二乗が熱拡散時間τで，温度波の裏面への到達時間である。τは表1にある関係を持つので，別途厚みを測定してaを計算することができる。本装置では，可動アームに取り付けた差動トランス型厚み計で逐次試料厚さを測定し，測定中の変形もモニターしている。

図5は，厚さの異なる純銅の周波数の平方根と位相差の測定画面を示す。実線は試料のない状態で測定したブランク曲線で，特に低周波数側で環境（センサーヒータ自体の熱容量，リード線への逃げなど）の影響が現れている。これらの影響を差し引いて，両者が直線関係になっている

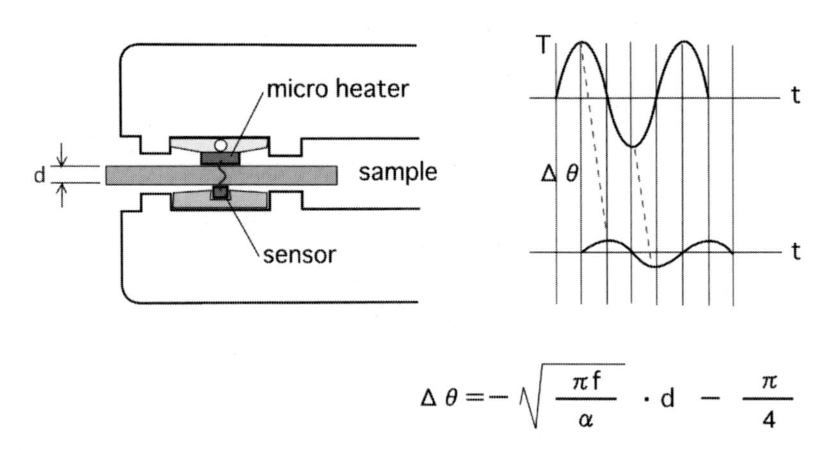

図4　高感度位相型装置の断面模式図

銅ブロック と 銅フォイル

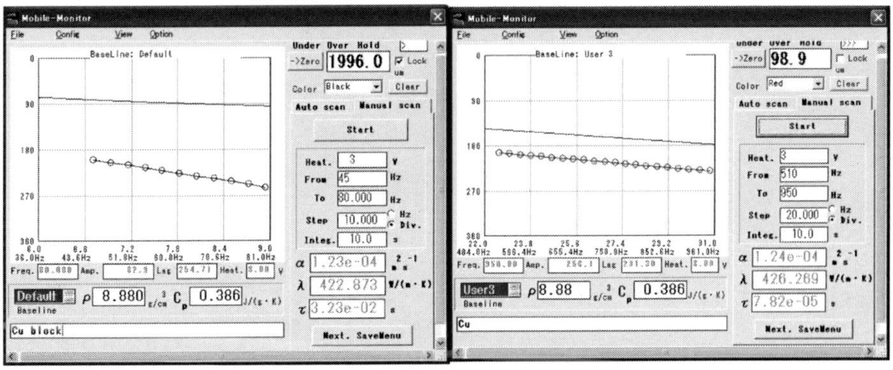

図5　厚みの異なる銅板での測定結果画面

ことを確認している。サンプル厚さが違うので適切な周波数は異なり測定値であるτは異なっているが，物性である熱拡散率は同じ値になっていることがわかる。位相法は絶対測定であるが，銅の文献値とよく一致している。なお熱伝導率は，定圧比熱と密度を用いて換算することになる。

温度波を使う方法では，周波数f（$\omega=2\pi f$）を0.01 Hzから2 kHzまで変化させることで，熱絶縁体から金属・ダイヤモンドまで，同一装置で対応できる利点がある。導体では，厚さ3 mm程度まで，絶縁体でも1 mm程度を上限として，1ミクロンオーダーの厚みまでのあらゆる物質材料へ適用可能である。試料サイズも数ミリメートルで十分に測定でき，開発段階で少量しか得られない各種物質・材料に対して，迅速性を併せてほとんど唯一の方法である。

3.3　温度依存性

熱物性は温度依存性があり，実際の使用温度での測定が必要となることも多い。アイフェイズ・システムでは，180℃までの測定を可能とした位相型熱拡散率測定装置を用意している。図6が断面図であるが，試料部直下にマイクロヒーターを取り付け，局所的に温度を制御している。熱拡散率測定は前項の方法と全く同一である。図7はジルコニア焼結板（0.5 mm）についてステップ昇温させて測定した6回の結果をプロットしたものである。低温側で若干のばらつきは見られるが，温度依存性が明瞭に測定されている。50～150℃の範囲を2℃間隔ステップ昇温（または降温）で50回の測定を行っても約2時間と迅速な測定となっている。

3.4　振幅の減衰から熱伝導率を測定する方法

温度波伝搬解析で，振幅には熱量変化が含まれる。前法とは反対に熱的に薄い低周波数領域（$kd<1$）では，測定系の外側に設置したバッキング材料の熱伝導率が強く反映されることは前述した。この振幅減衰に注目し，値が既知の標準物質の減衰と比較して熱伝導率を算定する方法

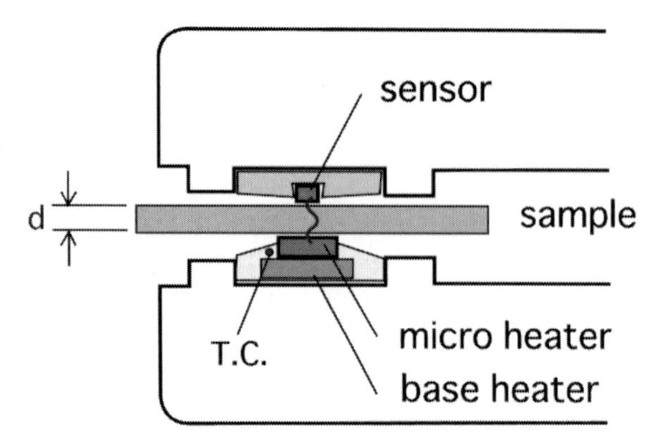

図6　温度可変型装置のサンプル部分断面模式図

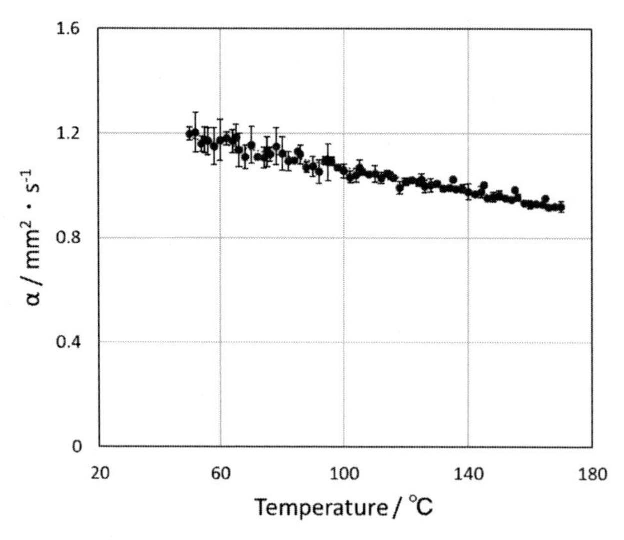

図7　ジルコニアの温度依存性測定結果（6スキャンの重ねプロット）

である。

図8は，開発した装置の全体構成を模式的に示したものである。ヒーターとしてペルチェ素子を用い，一方の面を熱容量の大きなアルミブロックのヒートシンクに密着させた。もう一方は，温度センサー，参照試料（0.5 mm アクリル板など），温度センサーの順に取り付け，薄い保護フィルム（密着性を向上させる役割を含む）を介して被測定物に圧着させる方式である。この温度波プローブは，30 mm 角の面積で積層されているが，温度センサーは，その中心部に面積約 1 × 5 mm^2 の範囲に5本のサーモパイルとしてとりつけた。センサー周囲はガードヒーターとしての役割を持たせている。参照試料の裏面（ヒーター側から見た）に被測定試料を密着させ，中心部分では一元的な交流定常熱流を仮定できるとする。

いま熱源としてある固定した周波数の温度変化を与えると，参照物質を通過して被測定サンプ

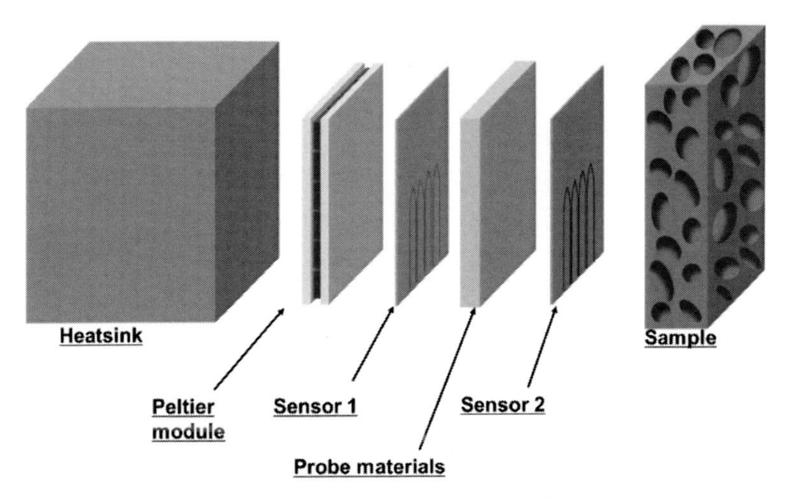

図８　振幅型装置の測定プローブ構成図

ルに流れ込む。測定サンプルが十分な厚さを持つと，試料内のどこかで振幅がゼロ（実用上は0.1％程度）になる。したがって，参照試料の表裏で観測される振幅の減衰比は試料の厚さによらず一定の値に収束する。実際に厚さを変えた発泡材では，0.05 Hz の周波数では３mm 程度以上で厚み依存性がなくなることを確認している。このときの減衰比は，温度波の周波数，参照材料の熱抵抗，さらにその外に接した物体の熱的性質に依存する。減衰比からは，被測定物の熱インピーダンス（熱浸透率の逆数に相当）が求まるが，熱伝導率既知の物質で測定された減衰比と比較することで，熱伝導率へ換算することもできる。図９は，発泡ウレタン，発泡スチレンの熱

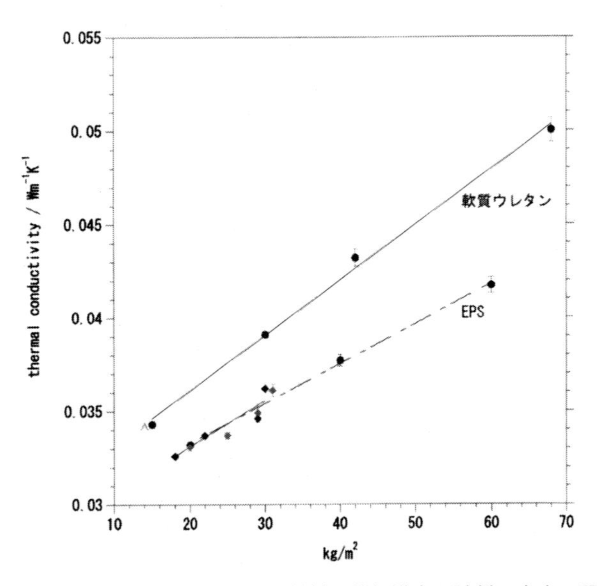

図９　振幅型装置で測定した発泡材料の熱伝導率と試料の密度の関係

伝導率を見かけ密度に対してプロットしたものである。

参照試料の熱抵抗を変化させることで適用範囲は可変となっている。本方法は10 mm角の小さな発泡材料など，断熱性の高い試料について，簡便でかつ測定時間が数分以内という画期的な方法である。適用対象は，無機物を含む発泡材料，粉体ならびに圧縮体，紙束，布，ポリマーブロック，ゴム，水・油脂などの液体を含む0.2～10 W/mKの材料である。

3.5 交流型熱電能を求める方法

図10は電気導体の一定距離を置いた2カ所に温度差を与えて，両端の電位を測定することで熱電能を測定できる装置である。電極部を除いて，熱伝導率測定装置と全く同一である。試料台下部に設定した4つのマイクロヒーターと，薄膜試料を介してそれぞれに対応した上部電極位置に細線銅コンスタンタン熱電対が取り付けられている。このうちの真ん中の2つに交流の温度波を左右逆になるように発生させ，左右電極に温度差を与えたときの熱起電力を測定する。

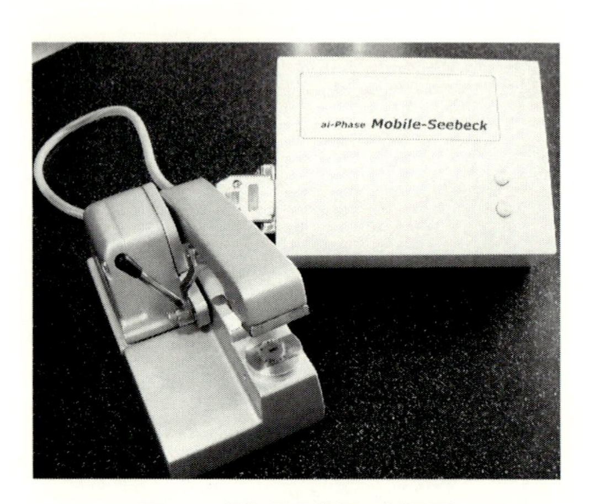

図10　熱起電力装置の外観図

図11は，ポリアニリン（約200ミクロン）について，熱起電力を測定した画面である。左画面は出力の時間変化であるが，上の2つが左右

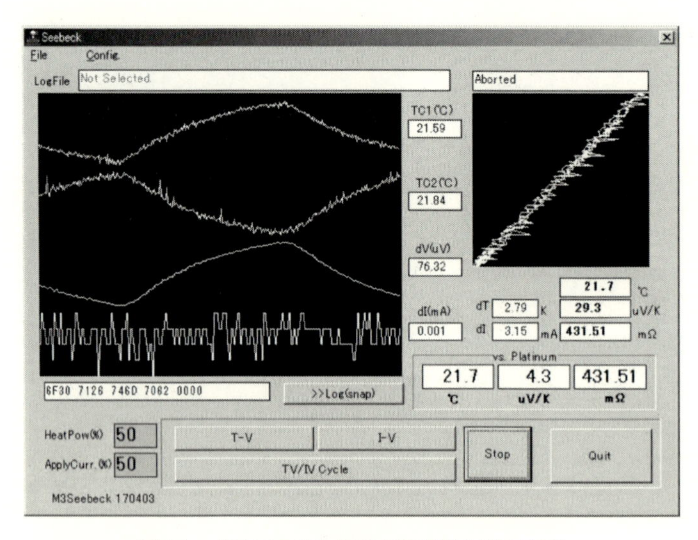

図11　ポリアニリン薄膜の熱起電力測定画面
左窓の上2つが左右電極温度の時間変化，3番目が熱起電力，4番目は未使用。右窓は温度と起電力の関係。

の熱電対の温度変化を示している。位相角度が，180°ずれて観測されていることがわかる。3つ目が2つの電極間の熱起電力で，同一周波数で変化している。4つ目はここでは不使用でノイズである。右画面は横軸を温度差としたときの起電力をプロットしたものである。中心が起電力ゼロの右上がりの直線となっているが，これは起電力が正であることを示す。実際の測定値と熱電能の関係は，値が既知の多数の金属を測定して装置定数として処理している。本装置では白金を基準として決定した熱電能を出力している。

上部の4本のコンスタンタン線を四端子として抵抗測定が同一試料で同時にできる。抵抗は両端電極に与える電流向きを交番として与え，中の2つの電極に発生する電圧測定から求める。このように交流して平均化することによって，電極の偏りによる影響を排除することができる。

この方法も厚さ0.1 mm程度，サイズで数ミリ程度の極小サンプルについて，30秒程度で定常状態に入る迅速測定となっている。ヨウ素ドープした試料などにも適用でき，熱電材料の開発段階でのデータ収集に有力な装置である。

4　まとめ

温度波法は，微弱な交流刺激を与えて，振幅減衰と位相遅れを測定する方法である。安定な方法である位相観測法は，あらゆる薄膜試料に適用できることを示してきた。測定の簡便性・迅速性から，10～100回の測定も容易であり，熱拡散率データを統計学的に扱うことを可能としている。一方振幅減衰を利用した方法は，厚い絶縁物に適用でき熱伝導率が直読できることを示した。このように温度波法は，周波数を選択することで幅広い材料熱物性測定に適用できることを明らかにした。温度波の有効性は，熱起電力測定などでも発揮された。

測定法の普及には標準化は重要な問題であるが，会社の設立と同時に温度波法をISOへ提案し，幾多の試練を乗り越え日本発の提案として認められISO22007-3（位相解析型薄膜用）として2008年にプラスチックの熱伝導分野（TC-61）で認定されている。さらにISO-22007-6として振幅解析型も認定された。熱の問題は古くて新しい問題であり，現在の材料開発のスピードが早い現代では，それに対応した簡便で迅速な測定法の確立が求められるが，「熱を制するものは材料を制す」時代への熱物性測定システムの提案を模索している。

文　　献

1)　T. Hshimoto, Y. Matsui, A. Hagiwara, A. Miyamoto, *Thermochim. Acta*, **163**, 317-324 (1990)

2)　J. Morikawa, J. Tan, T. Hashimoto, *Polymer*, **36**, 4439-4444 (1995)

3) J. Morikawa, T. Hashimoto, *Polymer*, **38**, 5397-5400 (1997)
4) J. Morikawa, T. Hashimoto, *Polymer International*, **45**, 207-210 (1998)
5) J. Morikawa, T. Hashimoto, *Jpn. J. Appl. Phys.*, **37**, L1484-1487 (1998)
6) J. Morikawa, T. Hashimoto, *J. Appl. Phys.*, **105**, 113506 (2009)
7) J. Morikawa, T. Hashimoto, A. Kishi, Y. Shinoda, K. Ema, H. Takezoe, *X Physical Review E*, **87**, 022501 (2016)
8) 橋本寿正，森川淳子，最新熱測定（分担），アグネ技術センター(2003)
9) 森川淳子，橋本寿正，新版熱分析（分担），講談社サイエンティフィク（2005)
10) 森川淳子，橋本寿正，実験化学講座第５版（分担），熱拡散率・熱伝導率，丸善（2006)
11) 森川淳子，橋本寿正，日本熱測定学会編，熱量測定・熱分析ハンドブック第２版（分担），丸善（2009)
12) 森川淳子，斎藤一弥，日本分析化学会編，熱分析（共著），共立出版（2010)
13) 橋本寿正，森川淳子，高熱伝導性コンポジット材料（分担），シーエムシー出版（2010)
14) 森川淳子，橋本寿正，成形加工，**18**，859-864（2006)
15) 橋本壽正，森川淳子，熱を制御する材料開発と計測技術，未来材料８月，エヌ・ティー・エス（2007)
16) 橋本壽正，森川淳子，温度波熱分析法，ポリファイル，大成社（2009)
17) 橋本壽正，森川淳子，高分子における熱伝導現象測定方法と標準化，高分子２月号，**73**，高分子学会（2010)
18) 森川淳子，比熱・熱拡散率測定のコツ，応用物理，**8**，710-716，応用物理学会（2016)

第6章　パルス光加熱サーモリフレクタンス法による熱物性値の測定

馬場貴弘*

1　はじめに

熱物性値とは物質・材料が熱を伝えやすいかどうか，一定量の熱を吸収したとき温度が何度上昇するか，あるいは温度を上昇させるとどの程度伸びるかなど，物質・材料の熱的性質を定量的に表示した数値であり，固体中の熱の移動と蓄積に関しては熱伝導率，熱拡散率，比熱容量などが重要な物性値である[1~3]。

熱電変換材料の場合には上記の熱物性値に加えて，電気物性である電気抵抗率，温度差と電位差を関係づけるゼーベック係数や，接合面に一定の熱流密度が流れたときの接合面の発熱率または吸熱率を表すペルチエ係数などの「熱電物性値」が主要な役割をはたす。

熱電変換材料の定量的評価には熱電性能指数 Z [K^{-1}]，および熱電指数に絶対温度を乗ずることにより無次元化した無次元性能指数 ZT [単位無次元＝1] が用いられることが一般的である。

熱電性能指数の定義は $Z=S^2/\rho\kappa$ であり，無次元性能指数は $ZT=S^2T/\rho\kappa$ となる。

ここで，S [VK^{-1}] はゼーベック係数，ρ [Ωm] は電気抵抗率，κ [$Wm^{-1}K^{-1}$] は熱伝導率である。

熱電変換材料の研究は長い歴史を有するが，従来の主要な研究対象はビスマス・テルライドなどの無機材料であり，それらの材料から作成される熱電モジュールは薄いものでも数 mm の厚さを有し，バルクの材料であることが一般的であった。

本書で対象とする有機系材料を中心としたフレキシブル熱電変換材料は，アルミ箔（JIS 規格では「厚さ 0.006～0.2 mm のアルミニウム圧延素材」）や塩化ビニリデン（PVDC）フィルムなどよりも可撓性が低く，数 10 μm の膜厚まで薄膜化が可能になった。

また，通常はバルク試料として作成される無機熱電変換材料においても，近年は薄膜材料を作成して熱電性能指数の優れた材料の開発を行う例も少なくない。この場合の薄膜の膜厚は，数 10 nm から数 10 μm 程度であることが一般的であるが，薄膜のような薄型の材料においては，微細な結晶粒，結晶欠陥，成膜プロセスなどの要因により，熱物性値がバルク試料のものと異なることが多い[1]。

バルク試料の熱物性値の測定には，レーザーフラッシュ法[5~7]が普及しており，レーザーフラッシュ法により求められた熱拡散率と，別途測定した密度，比熱容量から熱伝導率を求めることが一般的である。薄膜の熱物性値の場合はナノスケールの非常に短い時間の特性を知る必要が

*　Takahiro Baba　㈱ピコサーム

あるため，レーザーフラッシュ法では測定が困難である。そこで，レーザーフラッシュ法をより高速化したパルス光加熱サーモリフレクタンス法[8~13)]が開発され，薄膜の熱物性値を測定することが可能になった。

パルス光加熱サーモリフレクタンス法は膜厚数nmから数μmの金属薄膜や無機薄膜，有機薄膜の膜厚方向の熱拡散率や，それらの薄膜の間の界面熱抵抗の測定に最適な方法である。従って，膜厚が数10μmより厚いことが一般的だと思われるフレキシブル熱電材料の膜厚方向の熱拡散率・熱伝導率および沿面方向の熱拡散率・熱伝導率の測定には最適であるとはいえないが，フレキシブル熱電材料が膜厚数μm以下の有機薄膜，無機薄膜，金属薄膜などにより構成されている場合には，それぞれの薄膜の熱拡散率，熱伝導率を測定するための有力な方法であると考えられる。

2　光パルス加熱法

試料の熱物性値を測定するためには試料の一部を加熱して試料の温度変化を観測する。簡単のため均質で等方的な平板状試料の片側を瞬間的に一様に加熱した場合を考えると，試料裏面の温度は試料の厚さ，熱容量，熱拡散率に依存して変化する。

このような原理による測定法は1961年にParkerらにより，フラッシュランプを加熱光源とする「フラッシュ法」として創始された[5)]。現在では加熱源には短い時間幅のパルスレーザーを用いる場合も増加し，その場合は「レーザーフラッシュ法」と呼ばれている[6,7)]。

本稿では，光源の種類を問わず試料表面を短時間で加熱し，試料の温度変化を観測する測定法は光パルス加熱法と呼ぶことにする。この場合の光源にはパルス幅のピコ秒の超高速パルレーザーやパルス幅がナノ秒の高速パルスレーザーも含むものとする。

厚さの平板状の試料の表面をパルス加熱した際の，試料内部の温度変化を図1に示す。ここでτ_0は特性時間を表す[6)]。測定の際，加熱した面の温度変化を見る場合と，裏側の面の温度変化を見る場合とがある。試料の片面がパルス光のレーザーにより瞬間的に加熱されると，加熱された面の温度は一瞬で上昇した後熱拡散により下がっていくが，裏側の面の温度は逆に熱拡散により上がっていく。つまり，熱拡散率の大きい試料では加熱さ

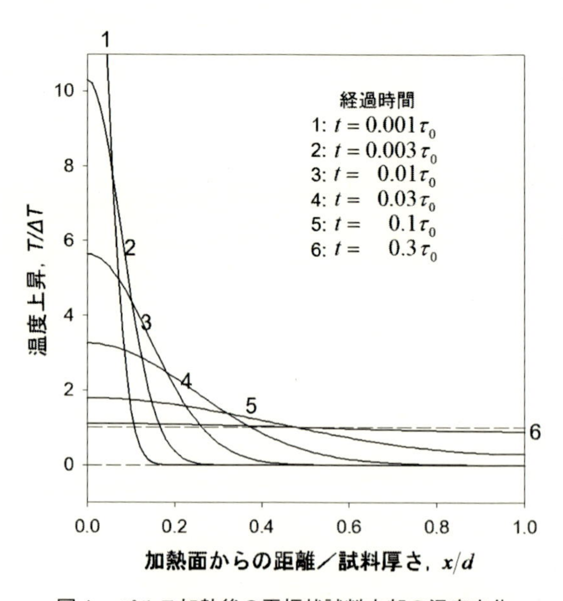

図1　パルス加熱後の平板状試料内部の温度変化

れた面の温度は速く下がり，裏側の面の温度は速く上がるが，熱拡散率の小さい試料ではそれが遅くなる。試料が外界と断熱されている場合には最終的に両面は同じ温度に収束する。試料をパルス加熱した際の試料加熱面と裏側の面（非加熱面）の温度変化を図2に示す[6,14]。

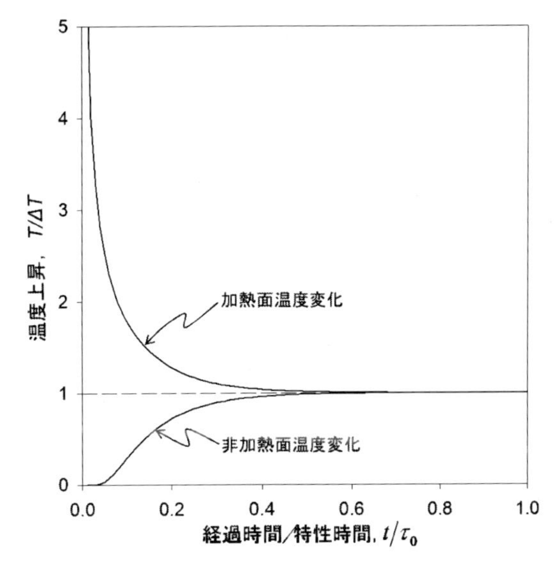

図2　パルス加熱後の試料加熱面と非加熱面の温度変化

3　レーザーフラッシュ法

レーザーフラッシュ法の概略を図3に示す。試料裏面の温度変化の速さは熱拡散率に比例し，試料の厚さの2乗に反比例する。よって，試料の熱拡散率を試料の厚みと熱拡散の特性時間から求めることができる。試料裏面の温度はパルス加熱後に特性時間の約0.1388倍の時間が経過すると最高上昇温度の半分に達する。つまり熱拡散率αは，試料の厚さdと裏側の面の温度上昇が最大値の半分に達するのに要する時間（半値時間）$t_{1/2}$を用いて$\alpha = 0.1388\, d^2/t_{1/2}$と表される。半値時間を用いて熱拡散率を算出する方法は半値時間法と呼ばれる。レーザーフラッシュ法で得られる温度変化は図4に示す。

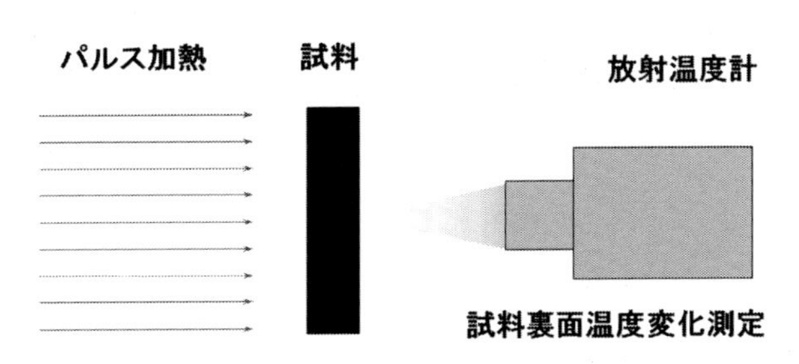

図3　レーザーフラッシュ法

4　パルス光加熱サーモリフレクタンス法

レーザーフラッシュ法で用いられる熱電対や放射温度計の応答速度では，薄膜の非常に短い熱拡散の特性時間（熱拡散時間）を測ることは困難である。そこで，薄膜の熱拡散時間が測定できる超高速測温を実現したのがパルス光加熱サーモリフレクタンス法[15]である。

サーモリフレクタンス法では，金属の反射率が温度によってわずかに変化することを利用して温度変化を測定する。反射率の変化を観測するために加熱用のレーザーとは別に測温用のレーザーを測定する面に照射し，この測温用レーザーの反射強度を測定する。よって，測定する薄膜が透光性のあるセラミックスや有機材料の場合は，薄膜の両面または片面に金属層を成膜する必要がある。

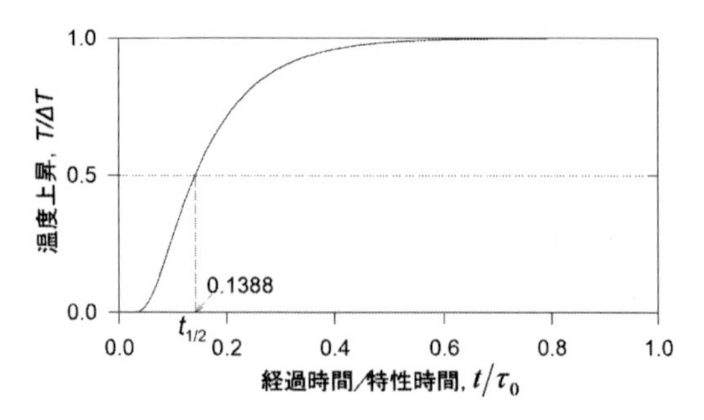

図4　レーザーフラッシュ法における試料裏面の温度変化

加熱レーザーと測温レーザーの照射のタイミングを少しずつずらしながら照射していくことによって反射強度の時間変化を観測する。反射強度の時間変化によって得られた曲線（温度履歴曲線）が測定した面の温度変化を表すことになる。

従来のサーモリフレクタンス法では薄膜表面の直径数 10 μm の領域を加熱レーザーにより加熱し，測温レーザーを同じ領域に照射して測定する表面加熱／表面測温（FF：Front heating/Front detection）の配置をとっていたが，この方法だと加熱用レーザーの影響を受けるため，測定の不確かさを低減することが困難であった。そこで，透明な基板上に成膜した金属薄膜を透明基板側（薄膜裏面側）から加熱し，反対側の薄膜表面の温度変化を測定する裏面加熱／表面測温（RF：Rear heating/Front detection）の配置（図5参照）がとられるようになった。

5　ピコ秒サーモリフレクタンス法

パルス光加熱サーモリフレクタンス法を用いたシステム構成の例として，光学遅延方式を取り入れたピコ秒サーモリフレクタンス法の概略を図6に，電気遅延方式のピコ秒サーモリフレクタ

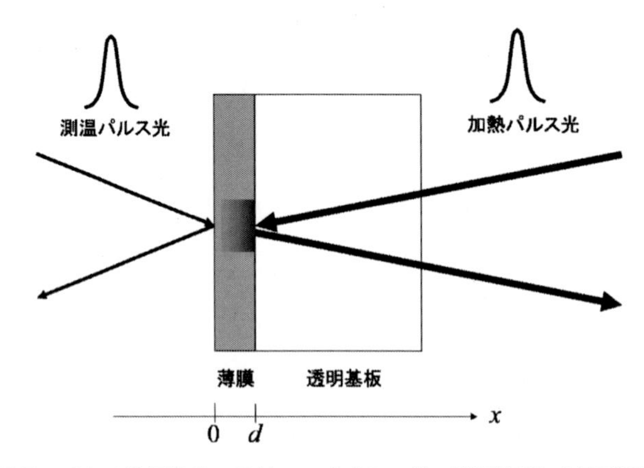

図5　パルス光加熱サーモリフレクタンス法（裏面加熱／表面測温）

ンス法を図7に示す。

光学遅延方式（図6参照）において，光源には発光時間がピコ秒（10^{-12} [s]）程度の非常に短いパルス幅のレーザー(超短パルスレーザー）を用いる。出射されたレーザーは，約90%が薄膜表面の加熱に用いられ，残りの約10%は試料表面の測温に用いられる。加熱レーザーと測温レーザーの時間差の制御は，分かれた後の試料までの距離を調節することで行う（光が1ピコ秒の間に進む距離は0.3 mm)。測温レーザーの反射強度はフォトダイオードにより検出されるが，通常の金属において温度係数は非常に小さい（10^{-4}～10^{-5} [K^{-1}] 程度）ため，温度変化に対応する応答成分はオフセットレベルと比べると微小なものである。よって，ロックイン検出法（ロックインアンプ）によってこのような微小な信号の測定を可能にしている。

光学遅延方式では，光学ステージの距離で観測時間が決まるため，観測時間が比較的短い。そこで，観測時間を長くして，熱拡散時間が比較的長い薄膜の測定に適用するために，加熱レーザー用と測温レーザー用にそれぞれ2台のレーザーを使用し，両レーザーのパルス周期を信号発生器

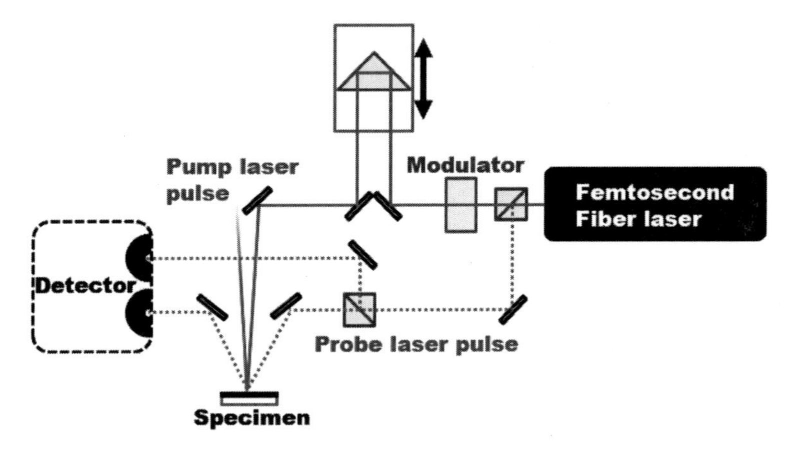

図6　ピコ秒サーモリフレクタンス法（光学遅延方式：表面加熱／表面測温）の概略図

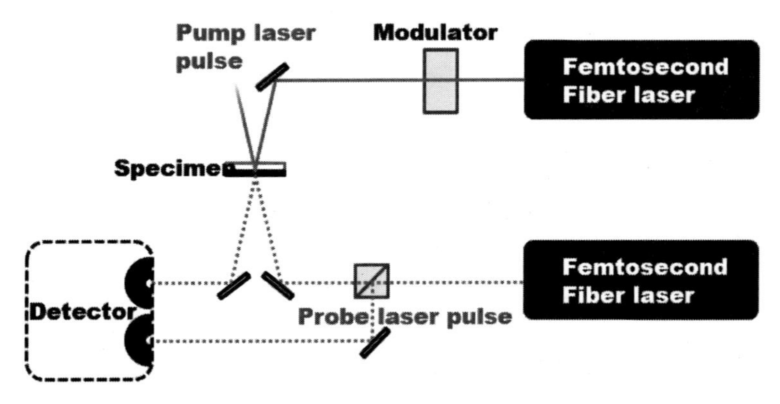

図7　ピコ秒サーモリフレクタンス法（電気遅延方式：裏面加熱／表面測温）の概略図

などで電気的に制御する電気遅延方式が開発された（図7参照）。電気遅延方式では，レーザーの周期で観測時間が決まり，観測時間を長くすることができるため，裏面加熱／表面測温（RF）の配置に有利である。電気遅延方式では，表面加熱／表面測温（FF）の配置も構成可能である。

ピコ秒サーモリフレクタンス法の温度履歴曲線の例として，膜厚の異なる（0.5 nm，1.0 nm，3.0 nm，5 nm，10 nm，25 nm）酸化アルミニウム薄膜の両側にモリブデン薄膜を成膜した3層膜の試料を裏面加熱／表面測温（RF）で測定した結果を図8に示す[16,17]。

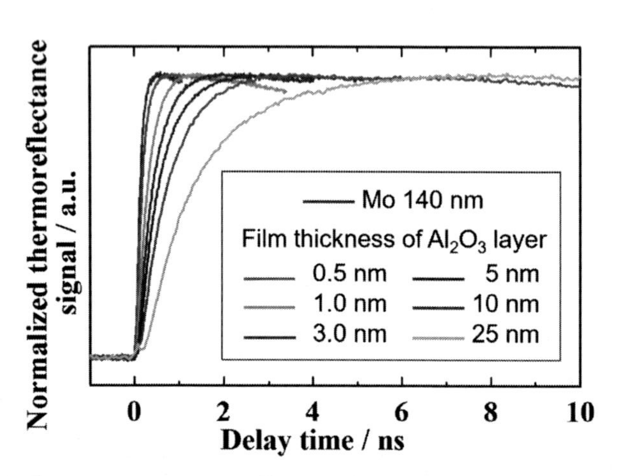

図8　ピコ秒サーモリフレクタンス法による酸化アルミニウム薄膜の温度履歴曲線
（提供：青山学院大学，*Thin Solid Films*，**518**，3119-3121（2010））

6　ナノ秒サーモリフレクタンス法

膜厚が数 μm の薄膜の膜厚方向の熱拡散率を測定するためには，観測時間をより長く確保することが必要となる。光源としてパルス幅がナノ秒程度の半導体レーザーを用いることにより，ナノ秒サーモリフレクタンス法が開発された。ナノ秒サーモリフレクタンス法の基本的な構成は電気遅延方式のピコ秒サーモリフレクタンス法と同様である[18~20]。ナノ秒サーモリフレクタンス法の温度履歴曲線の例として，膜厚の異なる（200 nm，400 nm，600 nm）窒化チタン薄膜を裏面加熱／表面測温（RF）で測定した結果を図9に示す[20]。

7　応答関数法

ピコ秒サーモリフレクタンス法とナノ秒サーモリフレクタンス法の温度履歴曲線はいずれもレーザーフラッシュ法による試料の温度変化と相似していることがわかる。熱拡散の現象は熱拡散方程式によって記述できることが知られているが，金属薄膜の時間領域の熱拡散にも適用できることが明らかになった[13]。

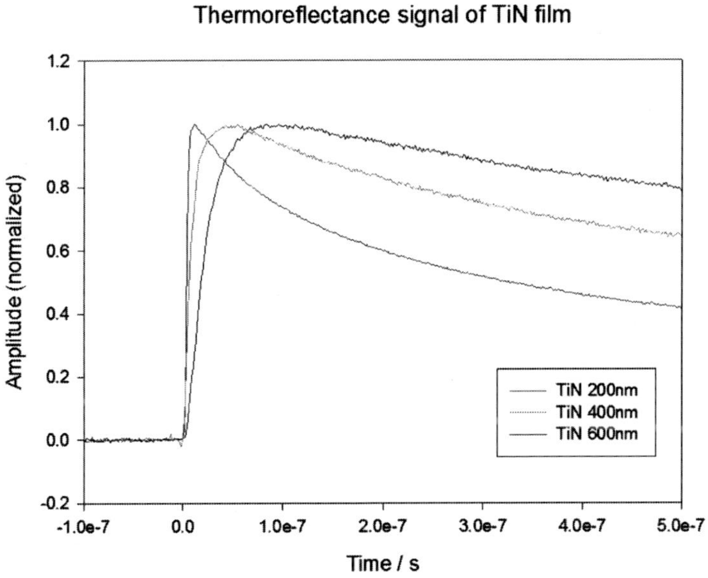

Thermoreflectance signal of TiN film
Amplitude (normalized)
Time / s
TiN 200nm
TiN 400nm
TiN 600nm
1.2
1.0
0.8
0.6
0.4
0.2
0.0
-0.2
-1.0e-7
0.0
1.0e-7
2.0e-7
3.0e-7
4.0e-7
5.0e-7

図9　ナノ秒サーモリフレクタンス法による窒化チタン薄膜の温度履歴曲線

現実の測定では外界の影響などによりさまざまな誤差要因が存在しており，半値時間法により熱拡散率を算出すると正確な値を得ることはできない。正確な熱拡散率を求めるためには，温度履歴曲線の解析技術も重要な要素の一つである[21,22]。

光パルス加熱法であるレーザーフラッシュ法，パルス光加熱サーモリフレクタンス法を統一的に解析できる一般的な解析法として，応答関数法を紹介する[6,14,23]。

応答関数法によりパルス加熱後の試料裏面の温度変化の曲線とその温度上昇の最大値の直線で囲まれた面積（面積熱拡散時間）を用いて熱拡散時間を求める。面積熱拡散時間の定義を図10に示す。

Areal heat diffusion time
1
T(t)
A
Temperature history curve
generated by one pulse
0
t

図10　面積熱拡散時間 A の定義

面積熱拡散時間と熱拡散時間の関係は熱拡散方程式に基づいて理論的に導出することができる。例えば断熱単層薄膜の温度履歴曲線であれば，面積熱拡散時間 A と熱拡散時間 τ の間で $A=\tau/6$ の関係式が成り立つ。この関係式と観測された温度履歴曲線の面積熱拡散時間から熱拡散時間を算出することができる。より複雑になるが，同様にして2層膜以上の薄膜の温度履歴曲線についても，面積熱拡散時間と各層の熱拡散時間の関係式を理論的に求めることが可能である。

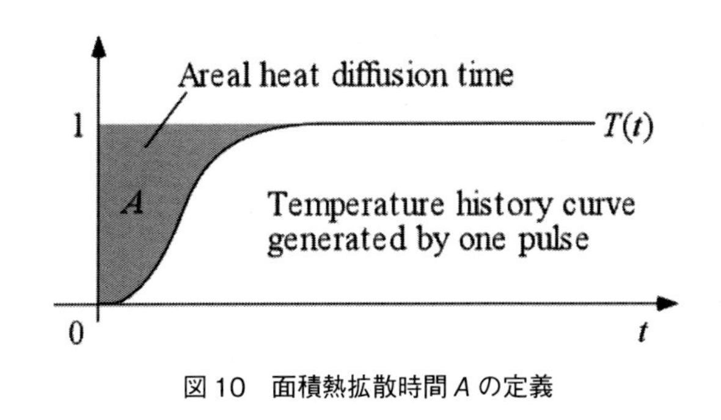

8　界面熱抵抗の測定

試料が多層構造の場合，各層の接触界面が伝熱を妨げ，温度履歴曲線に影響することがある。このように異なる物質の接触界面で生じる熱抵抗は界面熱抵抗と呼ばれ，特に金属と無機固体の界面熱抵抗は比較的大きいが，その絶対値は非常に小さい（10^{-9} ［$m^2 KW^{-1}$］ オーダー程度）ものである。しかし，薄膜のようなナノスケールの構造の場合，試料全体の熱抵抗に与える界面熱抵抗の影響が無視できない程度になることがある。よって，熱電変換材料の研究開発で界面熱抵抗の定量評価は注目されている[16, 17, 23)]。

パルス光加熱サーモリフレクタンス法では，界面熱抵抗の影響が含まれた温度履歴曲線を解析することにより，界面熱抵抗の定量的評価が可能である。例えば応答関数法を用いる場合，界面熱抵抗を無限に薄い層として対応させることで面積熱拡散時間との関係式を求めることができる。

9　まとめ

本章で紹介した光パルス加熱法を，測定可能な熱拡散時間で比較すると図 11 のようになる。ここで図の下側の熱拡散時間の線分に対して，上側の線分は材料の熱拡散率が 10^{-5} ［$m^2 s^{-1}$］ の場合に対応する材料の厚みを表す。光パルス加熱法により，厚さ数 mm のバルク材料から数 nm の薄膜材料までの幅広い材料の熱拡散率を測定できることがわかる。特にパルス光加熱サーモリフレクタンス法による測定は，従来の測定技術では困難な薄型の熱電変換材料の熱物性評価手段として期待できる[13)]。

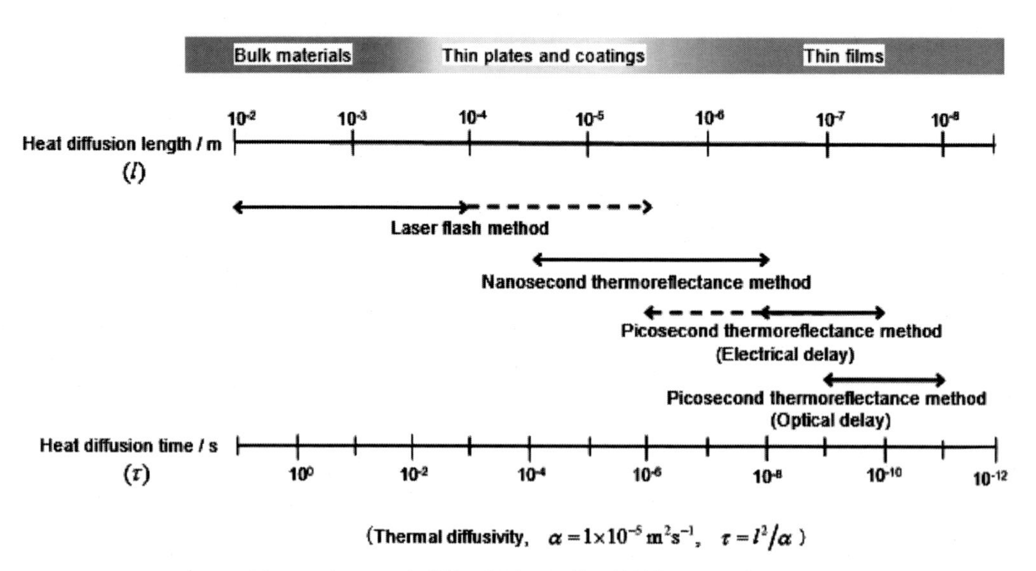

図 11　光パルス加熱法で測定が可能な熱拡散時間の比較

文　　献

1) 日本熱物性学会編，新編熱物性ハンドブック，23-25，養賢堂（2008）
2) T. Baba, N. Yamada, N. Taketoshi, H. Watanabe, M. Akoshima, T. Yagi, H. Abe, Y. Yamashita, *High Temperatures - High Pressures*, **39**, pp.279-306（2010）
3) T. Baba, *Metrologia*, **47**, S143（2010）
4) N. Taketoshi, T. Yagi, T. Baba, *Jpn. J. Appl. Phys.*, **48**, 05 EC01（2009）
5) W. J. Parker, R. J. Jenkins, C. P. Butler, G. L. Abbott, *J. Appl. Phys.*, **32**, 1679-1684（1961）
6) 馬場哲也，新編伝熱工学の進展 第3巻，第3章 固体熱物性の光学的計測技術，養賢堂，pp.163-226（2000）
7) T. Baba, A. Ono, *Meas. Sci. Technol.*, **12**, 2046-2057（2001）
8) C. A. Paddock, G.L. Eesley, *J. Appl. Phys.*, **60**, 285（1986）
9) N. Taketoshi, T. Baba, A. Ono, *Jpn. J. Appl. Phys.*, **38**, L1268（1999）
10) N. Taketoshi, T. Baba, A. Ono, *Meas. Sci. Technol.*, **12**, 2064（2001）
11) D. G. Cahill, *Rev. Sci. Instrum.*, **75**, 5119（2004）
12) T. Baba, K. Ishikawa, T. Yagi, N. Taketoshi, Proc. 12 th Int. Workshop Thermal Investigations of ICs and Systems, p.151（2006）
13) T. Baba, N. Taketoshi, T. Yagi, *Jpn. J. Appl. Phys.*, **50**, 11 RA01（2011）
14) 馬場哲也，応答関数法による傾斜機能材料熱物性の解析，熱物性，**7**，14-19（1993）
15) A. Rosencwaig, J. Ospal, W. Smith, D. Willenborg, *Appl. Phys. Lett.*, **46**, 1013（1985）
16) R. Arisawa, T. Yagi, T. Baba, M. Miyamura, Y. Sato, Y. Shigesato, Proc. 27th Jpn. Symp. Thermophys. Prop., p.164（2006）
17) N. Oka, R. Arisawa, A. Miyamura, Y. Sato, T. Yagi, N. Taketoshi, T. Baba, Y. Shigesato, *Thin Solid Films*, **518**, 3119（2010）
18) T. Yagi, K. Ohta, K. Kobayashi, N. Taketoshi, K. Hirose, T. Baba, *Meas. Sci. Technol.*, **22**, 024011（2011）
19) T. Yagi, K. Tamano, Y. Sato, N. Taketoshi, T. Baba, Y. Shigesato, *J. Vac. Sci. Technol.*, **A 23**, 1180（2005）
20) 大塚徹郎，宮村会実佳，佐藤泰史，重里有三，八木貴志，竹歳尚之，馬場哲也，サーモリフレクタンス法による TiN_x 薄膜の熱拡散率の測定，真空，**51**，pp.382-385（2008）
21) A. Cezairliyan, T. Baba, R. Taylor, *High-temperature laser-pulse thermal diffusivity apparatus Int. J. Thermophys.*, **15**, 317-341（1994）
22) 馬場哲也，阿子島めぐみ，熱物性データの生産と利用の社会システム ― レーザフラッシュ法による熱拡散率の計測技術・計量標準・標準化・データベース ―，*Synthesiology*，**7**，1-15, 2014
23) T. Baba, *Jpn. J. Appl. Phys.*, **48**, 05 EB04-1-05 EB04-9（2009）

第7章　3ω法による糸状試料の熱伝導率評価

関本祐紀[*1]，中村雅一[*2]

1　はじめに

熱電材料の性能を無次元性能指数（ZT）によって評価するためには，ゼーベック係数，電気伝導率，および，熱伝導率の正しい測定が必須である。しかし，熱は輻射やほかの物質との接触により外部に逃げやすく，伝導経路を制御することが難しいため，熱伝導率の正確な測定は他の電気的物性値と比較して困難である。さらに，研究段階のフレキシブル熱電材料は薄膜であることが多いため，面内方向の熱伝導率測定は一般に困難であり，膜厚方向の定常法による測定も難しい。そのため，非定常法による膜厚方向の測定が使われることが多い。一方，ゼーベック係数と電気伝導率は，面内方向の測定のほうが容易である。このような制約のため，多くの研究において，ZT算出のための物性値が同一試料・同一方向で計られていないことに注意しなければならない。

それに対して，カーボンナノチューブ（CNT）紡績糸のような糸状試料，あるいは，自立膜を細長いリボン状に加工した試料などを用いることで，グラム単位の材料を確保しなくとも熱および電気伝導の両方を同一の長手方向に計ることができる。ここでは，そのような試料の熱伝導率を求める良い方法として，3ω法による線状試料の熱伝導率測定を解説する。

2　3ω法の概要

3ω法は，角周波数ωの交流電流印加による試料温度の変化を，交流電圧測定によって得る方法である。熱伝導率を求めるために電圧の3ω成分を用いることから3ω法と呼ばれる。3ω法は元々バルク試料の熱伝導率を測定するために開発された方法であるが，現在では薄膜試料の熱伝導率測定[1)]や糸状試料の長手方向の熱伝導率測定[2,3)]によく用いられている。3ω法は基本的に電気的測定法であるため，電気伝導率およびゼーベック係数の測定とかなり共通した試料や装置で測定することができるという利点もある。一方，電圧の3ω成分は非常に小さいため，ノイズや測定系の歪みなどに弱いという欠点や，与えた熱が想定外の経路で試料外に流出することを抑制するために，測定を真空中で行わなければならないという制約がある。

＊1　Yuki Sekimoto　奈良先端科学技術大学院大学　物質創成科学研究科

＊2　Masakazu Nakamura　奈良先端科学技術大学院大学　物質創成科学研究科　教授

3　3ω法の測定原理[2)]

3ω法の測定系模式図を図1に示す。これは糸状試料を4端子法により測定する電極配置である。各電極には熱伝導率が高いものを使用し，電極との接点において試料温度が基板温度にできる限り等しくなるようにする。また，試料からの熱流出を電極に限るため，図のように試料を基板から浮かせて保持し，対流による雰囲気への熱流出を防ぐために真空中で測定する。

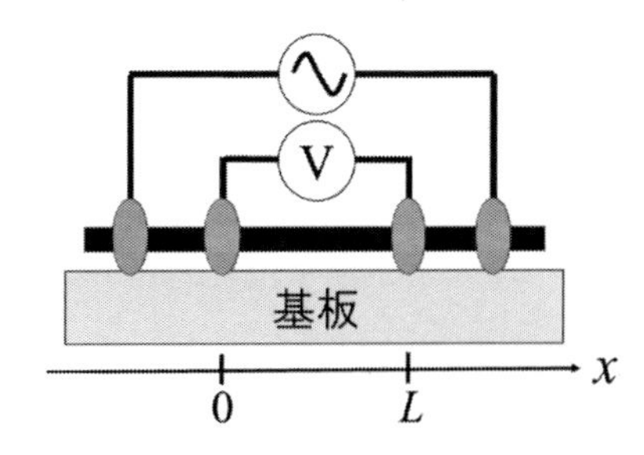

図1　線状試料に対する3ω法で用いる試料と電極の配置

このような試料に角周波数ωの交流電流 $I_0 \sin\omega t$ を流すと，試料全域でジュール熱が発生する。その際の熱伝導方程式は，

$$\rho C_p \frac{\partial}{\partial t} T(x, t) - \kappa \frac{\partial^2}{\partial x^2} T(x, t) = \frac{I_0^2 \sin^2 \omega t}{LS} \{R + R' [T(x, t) - T_0]\} \tag{1}$$

となる。ここで，ρ は試料の密度，C_P は比熱，κ は熱伝導率，S は断面積，R は電気抵抗，R' は抵抗の温度係数，T_0 は基板温度である。境界条件を $T(0, t) = T(L, t) = T_0$ と仮定した上でこの微分方程式をいくつかの近似を入れて解き，測定される電圧を求めると，ジュール熱による抵抗の変化分（角周波数 2ω で振動）と電流の積によって角周波数 3ω で振動する成分が現れ，その電圧実効値 $V_{3\omega}$ は，

$$V_{3\omega} \approx \frac{4I^3 LRR'}{\pi^4 \kappa S \sqrt{1 + (2\omega\gamma)^2}} \tag{2}$$

と近似される。ここで，I は電流の実効値，$\gamma = L^2/\pi^2 \alpha$ は試料の熱時定数，$\alpha = \kappa / \rho C_P$ は熱拡散率である。なお，この解が良い近似となるためには，

$$\frac{I_0^2 R' L}{\pi^2 \kappa S} \ll 1 \tag{3}$$

を満たす必要がある。

$\omega \rightarrow 0$ となるような低周波数極限では，(2)式は

$$V_{3\omega} \approx \frac{4I^3 LRR'}{\pi^4 \kappa S} \tag{4}$$

となり，ω依存性が失われるため，$V_{3\omega}$ の I 依存性のみから少ないパラメータを用いて κ を求めることができる。しかし，γ が決まらないため，別途測定した ρ から C_P を得ることはできない。

なお，(2)式を求める際に，フーリエ級数の高次の項を無視するという近似を入れているために，特に中間的なωの範囲で誤差を生じる。それを解決するために，中間的なω範囲で関数をわずかに上にシフトさせる簡単な補正が提案されている[2)]。

$$V_{3\omega} \approx \frac{4I^3 LRR'}{1.01\pi^4 \kappa S}\left[\frac{1}{\sqrt{1+(2\omega\gamma)^2}}+0.01\right] \tag{5}$$

この式を用いると，近似誤差が実験誤差と比較して無視できるほど小さくなる。

この他の誤差要因として，(2)式では無視されている輻射による熱損失も考慮する必要がある。基板温度 T_0 における直径 d の円柱状試料における熱損失を考慮した場合，見かけの熱伝導率と見かけの熱時定数はそれぞれ $\kappa_{\mathrm{ap}}=(1+g\gamma)\kappa$，$\gamma_{\mathrm{ap}}=\gamma/(1+g\gamma)$ となる。g は $g=16\varepsilon\sigma T_0^3/\rho C_{\mathrm{p}} d$ と表される値である。$g\gamma \ll 1$ であれば，κ_{ap}，γ_{ap} が実際の熱伝導率および熱時定数に一致する。したがって輻射熱損失を無視するための条件は

$$\frac{16\varepsilon\sigma T_0^3 L^2}{\pi^2 \kappa d} \ll 1 \tag{6}$$

となる。ここで，ε は放射率，σ はステファン＝ボルツマン定数である。この式から，試料温度を高くするほど，また，電圧測定区間を長くするほど，輻射による誤差が大きくなることが分かる。なお，これを避けるための装置的な工夫として，試料の周囲を基板温度と等しい熱遮蔽板で覆う方法が有効である。

以上，糸状試料における 3ω 法の測定原理とその解析式について述べた。糸状試料の 3ω 法による測定では，解析式の近似がなりたつよう，測定上注意しなければならない条件がいくつか存在する。例えば，(3)式の条件により，測定に大きな電流を使うことができない。また，(3)式および(6)式により，測定区間をあまり長くすることができない。さらに，近似によって生じる誤差を無視するためには，$0<\omega\gamma<2$ の周波数範囲で測定を行うといった点も注意が必要である。

なお，筆者らのグループによる予備的検討において，温度係数が十分小さい金属皮膜抵抗素子を水中に沈めて温度変化を抑えたものを試料として電圧スペクトルを求めたところ，基本波より桁違いに小さいものの，交流電流源あるいは測定回路のひずみに起因すると思われる高調波がバックグラウンドとして存在していることを確認した。そのため，特に抵抗が大きいが熱伝導率も大きい試料において，$V_{3\omega}$ に対して無視できない量のオフセットを生じる可能性がある。これは，(2)式あるいは(5)式の高周波数極限のように $V_{3\omega}$ が 0 に向かわず一定値に収束する傾向が現れることで判別できる。そのような場合には，(5)式にさらにオフセットを表す定数を加えた式を用いて解析を行った。

4　3ω法による熱伝導率測定例

3ω 法を用いて糸状試料を測定した例として，著者らが実施した結果をいくつか紹介する。

用いた測定系の概略を，図2に示す。接点において前述の境界条件満たすために，熱伝導のよい絶縁性基板としてサファイアを用い，糸状試料を基板から浮かせて導電性エポキシによって形成した支持体に固定した。加熱・冷却ステージは測定時の試料温度制御に用いる。精密な交流電流源によって外側の電極から試料に電流を流し，内側の電極対間の電圧波形を A/D 変換器を用

いてコンピュータに一定時間取り込んだ後，高速フーリエ変換（FFT）を用いて周波数スペクトルに変換し，電圧の3ω成分を求めた。なお，解析に用いるRとR'は，同一試料において結線を変え，温度定常状態での試料抵抗を四端子法によって測定，さらに，温度を段階的に変えて抵抗測定を繰り返すことによって求めた

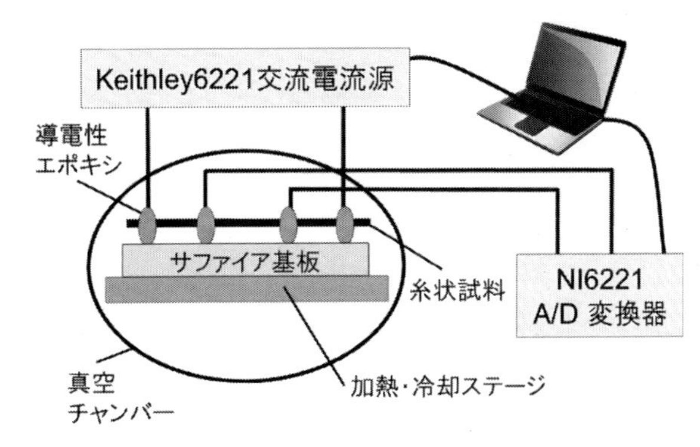

図2　実験に用いた測定系の概略図

まず，直径30 μmの純金線を測定した例を紹介する。図3(a)に1 Hzの交流電流を用いて$V_{3\omega}$の電流依存性を測定した結果を示す。○印は実験値，実線はベキ指数を求めるために直線をフィッティングさせた結果である。この場合指数は2.96であり，少なくとも電流振幅およそ20〜100 mA（実効値として，およそ14〜70 mA_{rms}）の範囲において，(5)式のとおり$V_{3\omega}$は電流の3乗に比例していることが確認された。次に，電流振幅100 mAにおいて$V_{3\omega}$の周波数依存性を測定した。結果を図3(b)に示す。実線は(5)式を用いて測定値をフィッティングしたものであり，測定値結果をよく再現している。このフィッティングにより得られた係数から，金線の熱伝導率は315 W/mKとなった。これは，300 Kにおける金多結晶の文献値[4]である317 W/mKと極めてよく一致している。さらに，測定・解析の妥当性を確認するため，得られた熱伝導率や試料サイズなどが(3)式および(6)式を満たしているかを確認したところ，それぞれ，0.0076および0.0024となり，近似条件および輻射による熱損失を無視できる条件のいずれも満たしていた。以上の結果から，3ω法を用いた熱伝導率測定が正しく行われているものと判断される。

次に，CNT紡績糸の測定例を紹介する。使用したCNT紡績糸は直径43 μmであり，ウェッ

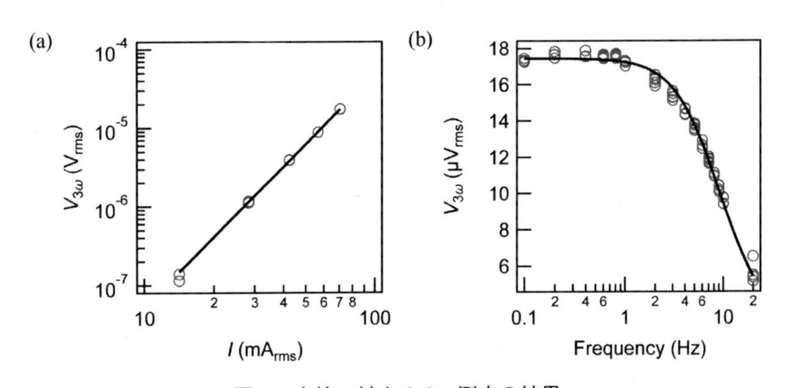

図3　金線に対する3ω測定の結果
(a)電圧3ω成分の電流依存性，(b)電圧3ω成分の周波数依存性

トスピニング法によってバインダーポリマーを用いずに作製した[5]。周波数 1 Hz の交流電流を用いて $V_{3\omega}$ の電流依存性を測定した結果を，図 4 (a)に示す。図中の実線は電流振幅 1 mA から 2 mA（実効値として，およそ 0.7～1.4 mA_{rms}）の範囲でベキ指数を求めるフィッティングを行った結果である。この範囲において $V_{3\omega}$ は電流の 3.18 乗に比例し，およそ近似式に従う結果となった。次に，この電流範囲内の 1.3 mA に電流振幅を固定して $V_{3\omega}$ の周波数依存性を測定した。その結果を図 4 (b)に示す。測定値結果は(5)式によってよく再現されている。ここから得られた熱伝導率は，24.1 W/mK であった。また，(3)式および(6)式の左辺は，それぞれ，0.0010 および 0.0022 であり，熱伝導率を正しく測定するための条件を満たしていた。

得られた熱伝導率は，CNT フォレストの縦方向の熱伝導率として報告されている 83 W/mK[6] よりは小さいが，多くの CNT 薄膜において報告されている値（1～10 W/mK 程度）よりは大きい。これは，紡糸によって CNT が糸の長手方向に配向するためであると考えられる。

最後に，CNT に対してポリエチレングリコール（PEG）を 0.01 wt% 程度添加した CNT／ポリマー複合材料紡績糸の測定例を紹介する。使用した CNT 紡績糸の直径は 63 μm である。周

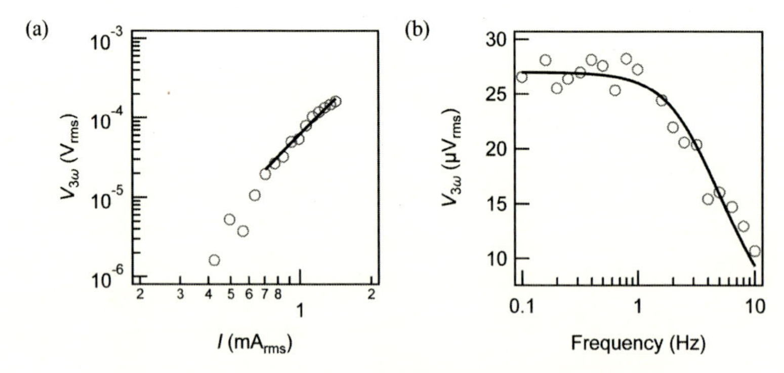

図 4　カーボンナノチューブ紡績糸に対する 3ω 測定の結果
(a)電圧 3ω 成分の電流依存性，(b)電圧 3ω 成分の周波数依存性

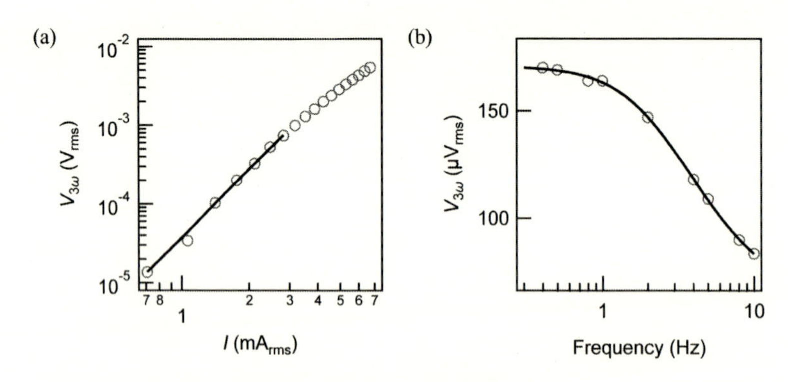

図 5　カーボンナノチューブ／ポリマー複合紡績糸に対する 3ω 測定の結果
(a)電圧 3ω 成分の電流依存性，(b)電圧 3ω 成分の周波数依存性

波数0.5 Hzの交流電流を用いて$V_{3\omega}$の電流依存性を測定した結果を図5(a)に示す。1～4 mA（実効値として，およそ0.7～2.9 mA_{rms}）の範囲において$V_{3\omega}$は電流の2.89乗に比例しており，およそ近似式に従っている。次に，この電流範囲内の4 mAに電流振幅を固定して$V_{3\omega}$の周波数依存性を測定した結果を図5(b)に示す。この試料の場合，前述の高調波オフセット電圧の影響がやや見られるため，(5)式に定数を加えた式でフィッティングを行った結果，熱伝導率は119 W/mKとなった。また，(3)式および(6)式の左辺は，それぞれ，0.0017および0.0041であり，条件を満たしていた。

注目すべきは，ポリマー添加によって熱伝導率が増加していることである。CNT紡績糸に添加する材料の種類や作成条件によっては，ニートCNT糸よりも熱伝導率が増加する場合も減少する場合も確認されている。これは，特に高ZTや低熱伝導率が重視される応用において，すべての試料の熱伝導率を正しく評価することが重要であることを示す結果である。

5　おわりに

3ω法を用いた糸状試料の熱伝導率測定について，その測定原理を説明し，いくつかの測定例を紹介した。試料が糸状あるいは細いリボン状に形成可能であれば，装置が安価，同一試料・同一方向でゼーベック係数や電気伝導率も測定可能，熱拡散係数ではなく熱伝導率が直接求まる，比熱を求めることも可能など，3ω法には多くの利点がある。特にフレキシブル熱電変換素子においては，素子を組み上げるための構造要素として熱電材料を糸状あるいは細いリボン状に加工することも多いと思われることから，3ω法の利用価値は高いと言える。

文　　献

1）D.G. Cahill, *Rev. Sci. Instrum.*, **61**, 802（1990）
2）L. Lu, W. Yi and D.L. Zhang., *Rev. Sci. Instrum.*, **71**, 2996（2001）
3）R.J. Corruccini and J.J. Gniewek, “CRC Handbook of Chemistry and Physics”, p.D-181, CRC Press（1988）
4）産業技術総合研究所，分散型熱物性データベース，http://tpds.db.aist.go.jp/index.html
5）M. Ito, T. Koizumi, H. Kojima, T. Saito and M. Nakamura, *J. Mater. Chem. A*, **5**, 12068（2017）
6）X.J. Hu, A.A. Padilla, J. Xu, T.S. Fisher and K.E. Goodson, *J. Heat. Transf.*, **128**, 1109（2006）

第1章　エネルギーハーベスティングの現状とフレキシブル熱電変換技術に期待されること

竹内敬治*

1　はじめに

光，振動，熱（温度差），電波など，周りの環境に様々な形態で存在する希薄なエネルギーを「収穫」（ハーベスト）して，電気エネルギーに変換する技術が，エネルギーハーベスティング技術である[1~4)]。周りの環境からエネルギーを収穫するというと，メガソーラー，風力発電，水力発電，地熱発電，波力発電などの，大規模な発電設備も連想するが，これらのいわゆる再生可能エネルギーは，エネルギーハーベスティングには含めない。エネルギーハーベスティングと呼ばれるのは，小型電子機器の自立電源となりうる，μW～mW，せいぜい数W程度の出力のエネルギー変換技術である。

このような小規模な発電技術は，従来は使いみちが限られていたが，近年の低消費電力化技術の進歩で，利用用途が広がってきた。とくに，モノのインターネット（IoT：Internet of Things）やサイバーフィジカルシステム（CPS：Cyber Physical System），トリリオンセンサなどへの関心が高まってきたことで，無線センサの自立電源駆動を実現するためのキーテクノロジとして，エネルギーハーベスティングへの期待が高まっている[5)]。現状のエネルギーハーベスティングの技術水準では，あらゆる場所で普遍的に使える電源技術とはなっていないが，世界的に，年々研究は盛んになってきており，技術進歩も著しい。

本稿では，エネルギーハーベスティングの現状を概説するとともに，フレキシブル熱電変換技術をエネルギーハーベスティング技術のひとつと位置づけた場合における期待を述べる。

2　エネルギーハーベスティング技術の概要

2.1　様々なエネルギーハーベスティング技術

前述のとおり，エネルギーハーベスティングとは，光，振動，熱，電波などの環境中に希薄に存在するエネルギーを電気エネルギーに変換することである。ただし熱エネルギーなどは全て利用可能なわけではないので，エクセルギー(有効エネルギー）という方が正確であろう。温度差エクセルギーだけでなく，たとえば，圧力差エクセルギー，湿度差エクセルギー，濃度差エクセルギーなども電気エネルギーに変換することができる。

* Keiji Takeuchi　㈱NTTデータ経営研究所　社会・環境戦略コンサルティングユニット　シニアマネージャー

環境中のエネルギー(エクセルギー)の存在形態が様々であるために，それらを電気エネルギーに変換する技術も多様である。したがって，ひとくちにエネルギーハーベスティングといっても，その中には様々な技術が含まれている。具体的には，主に表1に挙げたような技術が各種研究開発の対象となっている[6)]。

以下では，個々のエネルギーハーベスティング技術および関連技術について，実用化に向けた最近の研究開発動向を紹介し，熱電変換技術との関わりを示す。

2.2 光エネルギー利用技術

環境中には，太陽や人工照明などから発せられる可視光が豊富に存在する。光源によっては，近紫外線あるいは近赤外線を含むものもある。これらの可視光あるいはその付近の波長の環境電磁波を利用したエネルギーハーベスティング技術には，いわゆる太陽電池が該当する。様々な太陽電池技術が存在するが，それらのなかで，エネルギーハーベスティングという観点から注目されているのは，日蔭・曇天時などの自然光や，室内照明から効率的に発電できる技術である。電卓や腕時計などの実用製品には，TDKやパナソニックのアモルファスシリコン太陽電池が使用されている。室内環境下で，アモルファスシリコン太陽電池より効率が高い太陽電池技術として，色素増感太陽電池や有機薄膜太陽電池，ペロブスカイト太陽電池が注目されている。色素増感太陽電池では，フジクラが各種耐久性試験をクリアしたモジュールの販売を開始している[7)]。また，リコーは全固体の色素増感太陽電池を開発した。積水化学工業は，フィルム型色素増感太陽電池の量産技術を確立し，事業化に乗り出す[8)]。有機薄膜太陽電池に関しては，東レや三菱ケミカルが事業化を目指している。ペロブスカイト太陽電池は，2009年に桐蔭横浜大学の宮坂研

表1　主なエネルギーハーベスティング技術と実用化事例

環境中のエネルギー	主なエネルギーハーベスティング技術	実用化事例
可視光 (太陽光，室内光など)	各種太陽電池（アモルファスシリコン太陽電池，色素増感太陽電池，ペロブスカイト太陽電池，有機薄膜太陽電池など）	電卓，腕時計，雑貨，美顔器，電飾，スマートゴミ箱，屋外・屋内環境モニタリング，室内用BLEビーコンなど
力学的エネルギー	電磁誘導，静電誘導（エレクトレット，電気活性ポリマー，摩擦帯電など），圧電発電，逆磁歪発電	腕時計，トイレ自動水栓，テニスラケット，照明などの無線スイッチ，防火シャッター，産業機械モニタリング，列車車軸モニタリングなど
熱エネルギー	熱電発電，熱磁気発電，熱電子発電，熱光発電，熱音響発電，焦電発電，熱機関など	腕時計，集蚊器，発電鍋，産業機械モニタリング，油井・製油所設備モニタリング，暖房ラジエータ自動制御，カセットガスヒーター，下水道氾濫検知など
電波エネルギー	レクテナ	鉱石ラジオ，携帯ストラップ，空気汚染センサなど
その他	バイオ燃料電池，微生物燃料電池など	服薬測定ツール，僻地の環境センサなど

究室で誕生した技術であるが，現在は，欧州や韓国の研究グループが変換効率の向上を競っている。エネルギー変換効率は既に22%を超えており，さらに向上の余地があるといわれている。耐久性が課題とされてきたが，兵庫県立大学やパナソニックが耐久試験で成果を出している。

現在，太陽光および室内光に対して，最もエネルギー変換効率が高い太陽電池は，薄膜GaAs太陽電池である（集光器や多接合技術を用いるものを除く）。薄膜GaAs太陽電池は，米国のベンチャー企業Alta Devicesが生産・販売している。同社のモジュールは価格が高いために軍事用途以外の市場開拓が進んでいなかったが，同社は，中国資本傘下に入った後，コスト低下のための研究開発と，プロモーションに力を入れている。Sharp Laboratories of Europeからスピンオフした Lightricityが販売する室内光用太陽電池も，GaAsベースと推察される[9]。

熱（温度差）からの発電技術で太陽電池と関わりが深いものとして，熱光発電がある。熱源から発せられる輻射光から発電する方式であり，輻射光のスペクトルを特定の波長域に制限する技術と，赤外線領域での発電効率が高い光電変換デバイスとを組み合わせて使用する。黒体輻射のスペクトルは，そのままではブロードなため，長波長側での輻射を抑制するために，表面にナノ構造を形成する。また，光電変換デバイスは，バンドギャップの小さい半導体を利用する。黒体輻射のエネルギーフラックスが絶対温度の4乗に比例するため，太陽熱や焼却炉などかなり高温の熱源からの発電に適した技術である。米国のMTPVは，電極間の距離を1ミクロン以下に狭めることで発電効率が高められるとし，将来的には100℃以下の温度での発電も目指している（図1）[10]。電極間のギャップで熱伝導が妨げられるため，熱電変換技術よりも高い発電効率を得られることが期待される。発電量の規模としては，エネルギーハーベスティング用途よりも大きいkWオーダーがターゲットとなる。

2.3　力学的エネルギー利用技術

力学的エネルギーを電力に変換するためには，まず，環境中に存在する力学的エネルギーをデバイス内に取り込んだ後に，そのエネルギーを電気エネルギーに変換するという，2段階のプロセスが必要である（図2）。

前者の，環境中の力学的エネルギーをデバイスに取り込む方法としては，①デバイスが外部から力を受けて変形する方式，②空気や水の流れを羽根で受ける方式，③外部環境の加速度変化

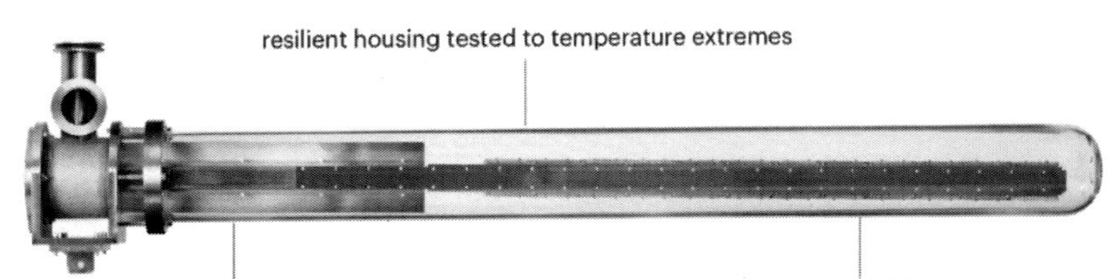

図1　MTPV社の熱光発電デバイス

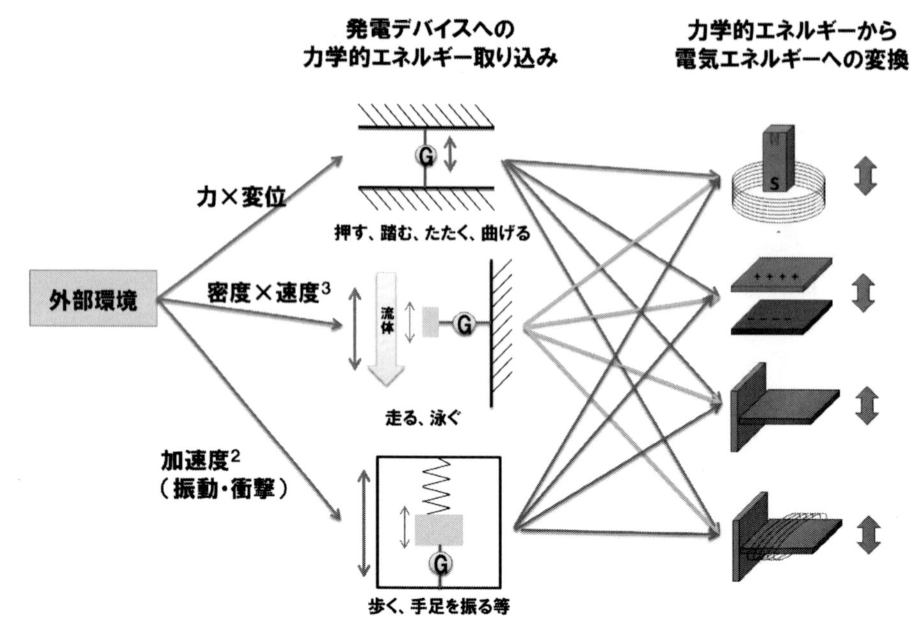

図２　力学的エネルギーからの発電技術

（振動や衝撃）によって内部の錘に発生する慣性力を利用する，いわゆる振動発電などの方式がある。

①の方式で実用化しているものとしては，ドイツのEnOcean，米国のPulse Switchなどが販売する照明スイッチがある。スイッチを指で押す力で発電して，照明のON/OFF制御信号を無線で送信するものである。壁内配線を不要とし，レイアウト変更が容易になるメリットがあり，欧州中心に普及しつつある。②の方式で実用化しているものとしては，LIXILやTOTOが販売する，トイレの自動水栓がある。水の流れで発電して，赤外センサーと電磁バルブを駆動させるものである。③の方式で実用化しているものとしては，英国のPerpetuumなどが販売する振動発電デバイスがある。

一方，２段階プロセスの後者，デバイス内部に取り込んだ力学的エネルギーを電気エネルギーに変換する原理としては，電磁誘導，圧電効果，静電誘導，逆磁歪効果の４種が知られている。コイルと磁石の相対運動により，誘導電流を発生させるのが電磁誘導，PZTなどの圧電材料を歪ませて表面電荷を発生させるのが圧電効果による発電原理である。静電誘導にはいくつかバリエーションがあるが，日本で研究が盛んなエレクトレット発電では，電荷を打ち込んで帯電させたエレクトレットをコンデンサの一方の電極とし，対向電極を移動させるなどの方法で静電容量を変化させて発電する。エレクトレットを使わず，２つの材料を接触させることで帯電させる，摩擦帯電方式の研究も，米国を中心に盛んになってきている。逆磁歪効果を利用して発電するには，磁場をかけると変形する磁歪材料を歪ませて周りの磁場を変化させ，コイルに誘導電流を発生させる。発電用の磁歪材料としては，米軍が開発したGalfenolやTerfenol-Dが使われるが，国産材料としての，鉄コバルト合金が注目されている。

デバイスが大きい場合には，4つの発電原理のうち電磁誘導が，最も発電効率が高い。しかし，エネルギーハーベスティング用途で，小型や薄型のデバイスを作製しようとすると，条件によっては，他の発電原理の方が有利になる場合もある。とくに，ウェアラブルやインプラントなど向けには，小型，薄型，フレキシブルで，生体適合性のあるデバイスが望まれる。

熱（温度差）からの発電技術で力学的エネルギー利用発電と関わりが深いものとして，熱音響発電がある。ハニカム構造の細管の両端に温度差をつけることによって気体に自励振動を生じさせ，閉管のパイプ内を気体振動（＝音響）でエネルギーを移動させる。音響振動を利用して，リニア発電機で発電すれば熱音響発電となり，ハニカム構造の細管で温度差を生じさせれば熱音響冷却となる。電極間での熱伝導が抑制されることにより，熱電変換技術よりも高効率の発電が期待される。カナダのEtalimが，天然ガスの燃焼熱から30％超の効率で発電するプロトタイプデバイスを開発しており，住宅用コジェネシステムとしての普及を目指している（図3）[11]。

また，STMicroelectronicsは，温度差から発電する方式として，バイメタルと圧電発電や静電発電を組み合わせたHEATec技術の開発を進めている。温度差を利用してバイメタルに自励振動を生じさせ，圧電素子などを連続して変形させることで発電を行う（図4）[12]。熱音響発電と同様に，温度差エクセルギーをいったん力学的エネルギーに変換し，さらに電気エネルギーに変

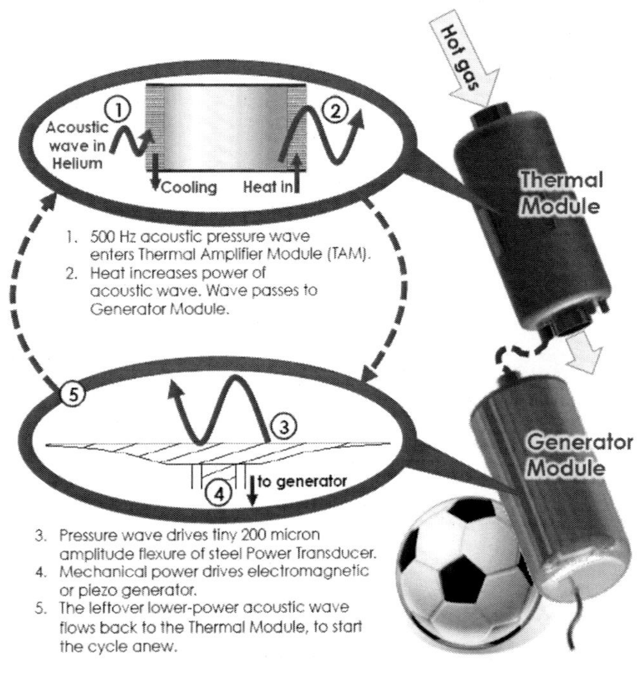

図3　ETALIM社の熱音響発電デバイス

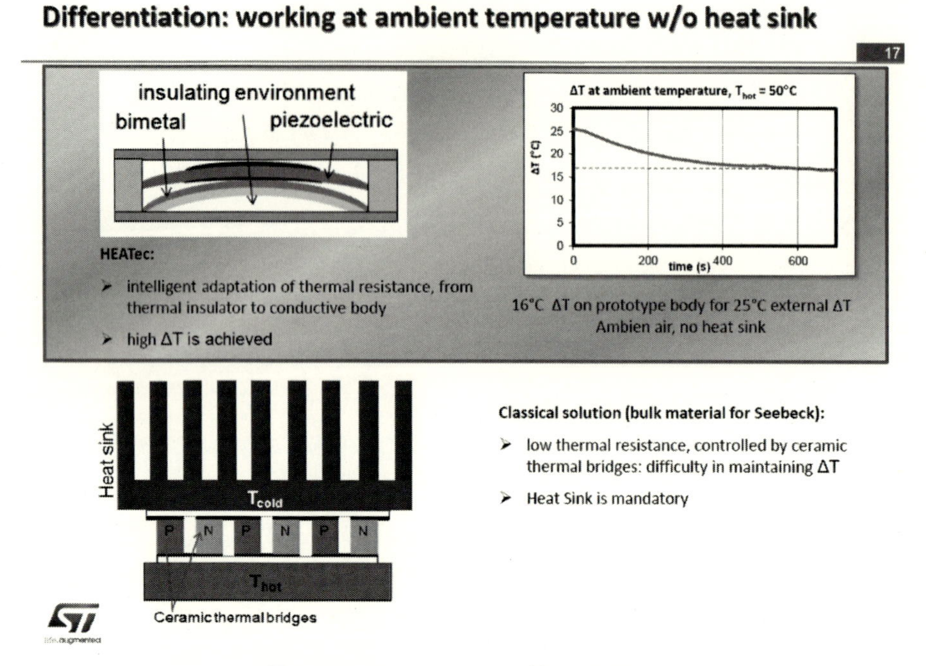

図4　ST Microelectronics 社の HEATec

換する方式である。理論上は，熱電変換よりも高効率を得ることが可能であり，また，ヒートフラックスが小さいためにヒートシンクなしで温度差を維持することができるというメリットがある。応用可能分野は，エネルギーハーベスティング分野が主であり，ウェアラブルからインダストリー，自動車などと幅広い。

圧電性を持った材料には，PZT など焦電性も持っている材料も多い。温度変動から焦電効果を利用して発電する焦電発電の研究は，米国中心に行われている。発電のためには，急速な温度変動が必要なため，自励振動型ヒートパイプと組み合わせたり，輻射熱を遮るチョッパーを回転させるなどの方式が研究されている。

2. 4　熱エネルギー利用技術

熱（温度差エクセルギー）を利用した，様々な発電方式が研究されている（図5）。大型の発電設備では，熱機関（ランキンサイクルなど）が広く普及しており，発電効率も高い。しかし，エネルギーハーベスティング用途の小型発電では熱機関の効率が低下するため，小型化しても効率が低下しない熱電発電デバイスの方が有利となる。米国の Marlow Industries, Perpetua などは，無線センサーの電源としてすぐに使えるように，熱電発電モジュールとヒートシンク，昇圧回路を組み合わせたユニットとして販売している。バルク，薄膜，フィルム状の熱電変換モジュールが使用されているが，ヒートシンクを含むユニットにすると，すべて同じような形状と

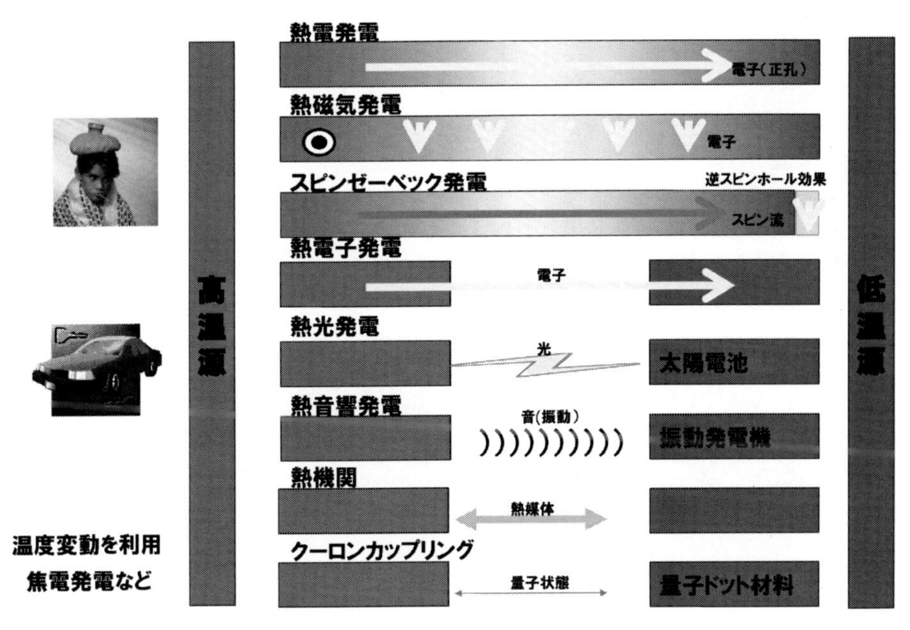

図５　熱エネルギーを利用した様々な発電技術

図６　㈱Ｅサーモジェンテックのフレキーナ

なり，リジッドな構造でフレキシビリティはない。日本のメーカーでは，ヤマハ，KELK，パナソニックなどが熱電モジュール単体での販売を行っている。フレキシブルな（ある程度の曲面に対応可能な）熱電変換モジュールとなると，パナソニックが販売する他，Ｅサーモジェンテック（図6）[13]，KRI，富士フイルム，リンテック，産業技術総合研究所などが試作を行っている。上記に挙げた企業は全て熱電材料としてはBi_2Te_3を使っており，室温付近からせいぜい200℃程度までの温度環境での利用を想定している。環境負荷の小さい材料や，より高温領域で使用できる熱電材料も各種開発が進んでいる。

熱電発電は，温度差を与えると起電力を生じる熱電材料を利用した発電方式である。構造が単純で可動部がないというメリットがあるが，熱伝導（格子振動）で失われるエネルギーが多いため，理論限界であるカルノー効率と比較して，実用上得られるエネルギー変換効率が非常に低い。前述の，熱光発電や熱音響発電などの方が，より高い効率が得られると期待されている。

2.5　電波エネルギー利用技術

環境中に存在する主な電波源としては，テレビ，ラジオの放送波，携帯電話や Wi-Fi の基地局や端末から発せられる電波が挙げられる。

これらの環境電波を収穫して電力回生する電波ハーベスティングには，レクテナ（整流器つきアンテナ）と呼ばれるデバイスを使用する。レクテナは，宇宙太陽発電の地表側受電デバイスとして開発されてきた経緯があり，我が国にも要素技術はあるが，近年は，RFID が普及する欧州での研究開発が活発である。受電デバイスとしてのレクテナは，電波ハーベスティングと電波式の無線電力伝送とで共通の技術であり，無線電力伝送としての用途開拓が普及の鍵となろう。

アンテナのサイズを小さくすることで，より短波長の電磁波を吸収させることが可能である。赤外光や可視光を吸収できるようなナノサイズにまで小型化し，ペタヘルツの交流を整流できるダイオードと組み合わせることで，太陽電池相当の機能を持つデバイスを作製することができる。ナンテナ（ナノサイズのレクテナ），あるいは，オプティカル・レクテナと呼ばれる。可視光よりも長波長で対応が容易な赤外光を吸収して発電するナンテナは，太陽熱発電などの用途向けに開発が進められている。赤外光を吸収あるいは放出することにより，冷暖房への応用も検討されている。

2.6　その他のエネルギー利用技術

以上挙げた以外にも，様々なエネルギーハーベスティング技術の開発が進んでいる。たとえば，生体が生成する有機物を利用して発電するバイオ燃料電池や微生物燃料電池，体液を電解質として取り込んで発電する方式などがある。前者の例としては，体液中のグルコースや汗中の乳酸で発電するバイオ燃料電池，唾液中や尿中の有機物で発電する微生物燃料電池の開発が進んでいる。後者の例としては，米国のベンチャー企業 Proteus Digital Health が開発し大塚製薬が製品化を進めている服薬測定ツールが挙げられる。これは，錠剤に 0.5 mm 角の無線チップを貼り付け，患者が薬を飲んだ時に胃酸を電解質として発電し，無線 ID を送信する技術である。

他には，水の蒸発を利用する方式や，浸透圧差を利用する方式など，ポテンシャル差を利用する方式も研究されている。様々な技術の研究が進められているが，応用領域としては，熱電変換と競合する可能性がある。たとえば，スポーツ時に使用するウェアラブルデバイスへの給電を考えた場合には，体温と外気温の温度差による発電の他に，身体の動きによる発電，汗中に含まれる乳酸や電解質を利用した発電，汗が蒸発するときの気化熱を利用する発電，太陽電池による発電，環境電波による発電や無線給電など，それにもちろん一次電池や二次電池が競合技術となる。フレキシブル熱電発電技術の市場性を検討する際には，様々な競合技術との比較も必要となる。

2.7　関連技術

エネルギーハーベスティング技術は，環境中に存在する様々な形態のエネルギーを電気エネルギーに変換するものであるが，単に電気エネルギーに変換しただけでは，有効に利用することが難しい。整流や昇降圧などの電源回路，蓄電デバイスと組み合わせることで，電子機器に一定電圧の直流を供給できるようになる。とくに，熱電変換デバイスについては，エネルギーハーベスティング用途で想定される環境温度差から得られる起電力が小さいため，実用化にあたっては，昇圧回路が重要な技術となる。

リニアテクノロジー(現アナログデバイス) が，20 mV からの昇圧が可能な熱電変換モジュール用の電源IC，LTC3108を発売したことで，熱電変換技術のエネルギーハーベスティング用途への展開が容易となった。このLTC3108は，利用環境と使用熱電発電モジュールによっては効率が低いものであったが，その後，ワンセル太陽電池の昇圧回路としても利用可能なMPPT機能つきの電源ICがTexas Instruments，ST Microelectronicsなどから次々に発売され，選択肢が広がってきた。

3　エネルギーハーベスティング技術の市場動向

3.1　昔からあるエネルギーハーベスティング製品

エネルギーハーベスティング技術を応用した製品は，近年急に現れたものではなく，昔からあった。たとえば，20世紀初頭，米国でラジオの公共放送が始まった当初，受信機は鉱石ラジオが一般的であった。鉱石ラジオは，ラジオ放送の電波のエネルギーだけを利用して作動し，音声を聞くことができた。1920年代に，英国で電力とガスの供給競争が繰り広げられていたときには，ガスの燃焼熱から熱電素子で発電して作動する「ガスラジオ」も使われていた。1930年代には，自転車のランプを点灯させるためのダイナモが，英国で発明された。

真空管の時代には，微小な電力の用途は広がらなかったが，半導体トランジスタの発明と，CMOS化によって，電子回路の低消費電力化が進み，エネルギーハーベスティングの技術に様々な用途が生まれた。1970年代に電卓の小型化・低消費電力化が急速に進み，太陽電池で作動する電卓が発売された。太陽電池で作動する腕時計が発売されたのも1970年代である。その後，1980年代には，腕の動きで発電して作動する腕時計，1990年代には体温と外気温の温度差で発電して作動する腕時計も発売された。流水で発電して赤外センサーと電磁バルブに給電する，トイレの自動水栓が発売されたのは1980年代のことであった。これらはすべて日本で生まれた製品である。

21世紀に入ってからは，海外を中心に応用製品が発売されている。たとえば，オランダのスポーツ用品メーカーHEADは，2001年に圧電素子内蔵のテニスラケットを発売した。ボールを打った衝撃で発電し，その電力を利用してアクティブに振動を減衰させる仕組みを内蔵した2002年発売モデルは大ヒットし，HEADは，同じ仕組みを内蔵したスマートスキーや，スノーボードも次々に発売した。

熱電発電を利用した製品も，いくつか市販されている。たとえば，プロパンガスを燃焼させて

CO_2を発生させ，集まった蚊をバキュームで吸い取る集蚊器（モスキート・トラップ）で，熱電発電が使用されている。調理をしながら携帯電話などを充電する発電鍋などのアウトドア製品もある。2015年には，岩谷産業が熱電発電モジュールを内蔵したカセットガスファンヒーターを発売した（図7）[13]。

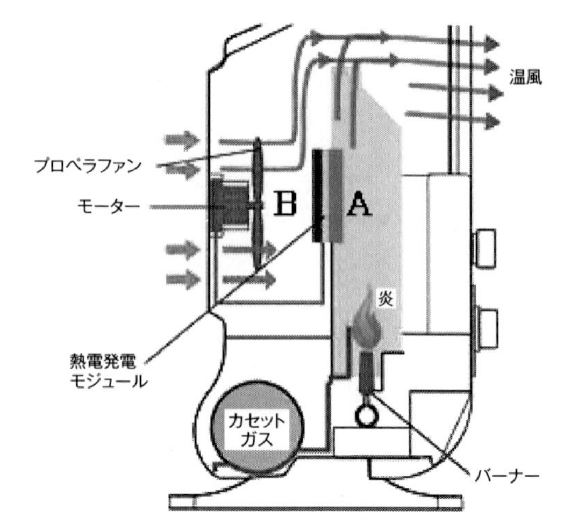

図7　岩谷産業㈱のカセットガスファンヒーター

3.2　スタンドアロン製品からIoT応用へ

近年の市場動向としては，無線技術の低消費電力化によって，無線センサーなどのネットワーク化された製品への応用が広がっていることが挙げられる。かつてはスタンドアロン製品の駆動に使われたエネルギーハーベスティング技術は，IoT（モノのインターネット）を実現するキーテクノロジへと，その位置づけを変えつつある。

近年，エネルギーハーベスティング技術の応用が進む代表的な分野は，建物（ホーム・オートメーション，ビル・オートメーションなど）である。21世紀初頭，ドイツのEnOcean（Siemensからのスピンオフ）や米国のPulseSwitch Systems（NASAからのスピンオフ）は，押して発電する無線式照明スイッチの製品化に成功した。これは，スイッチを押すときの指の力を利用して発電し，その電力を使って，ON/OFFの制御信号を，照明器など制御装置に組み込まれた無線受信機に送信するものである。スイッチを無線することによって，壁内の配線が不要になり，ビルの配線工事のコストが3割程度削減され，工事期間も短縮できる。また，レイアウト変更が容易になるというメリットもある。国内外の多くのベンダーが参入を続けている。国内では，TOTOのウォシュレットの壁スイッチや，文化シャッターの防火シャッター安全装置に組み込まれている。

すでに普及しつつある照明スイッチと前述のトイレ自動水栓以外では，BEMS（ビル・エネルギー・マネジメント・システム）への応用が期待されている。建物内各所に配置した温湿度センサーやCO_2センサーからの情報をもとに，省エネ性と快適性を両立させる自動制御を行うBEMSの普及には，センサーの設置工事を簡略化できるエネルギーハーベスティング技術の活用が有効である。

建物内で，大きなポテンシャルを持つのが，BLE（Bluetooth Low Energy）無線規格を使用したビーコン（無線発信機）である。代表的な規格として，アップルのiBeacon規格がある。建物のセキュリティ用途もポテンシャルは大きい。ドアや窓につける開閉・施錠センサ，自動施錠システム，建物内の人感センサ（たとえば，床に埋め込んだ発電センサ）などは，BEMSとの共用も可能であろう。

その他の分野では，まだあまりエネルギーハーベスティング技術の普及は進んでいないが，インダストリー，医療・ヘルスケア・見守り，インフラマネジメント，環境センシング，農業，自動車・交通システム，スマートグリッド・スマートコミュニティなどの分野では，今後の市場拡大が期待される。

3.3 IoT分野への熱電発電デバイスの活用

IoT分野への熱電発電デバイス活用も，少しずつ進みつつある。インダストリー分野では，ABBが工場内で使用する無線式温度センサーを販売している。Perpetuaの熱電発電ユニットは，GE，ハネウェル，エマソンの無線センサネット製品の電源に採用されている。

ドイツのMicropeltは，半導体技術を応用した小型の薄膜熱電発電モジュールを開発し，市場の早期立ち上げを目指した。同社は，スマートクッキング（鍋にセンサーをつけて沸騰を検知するとガスレンジの火を弱めるなどのアプリケーション）を初めとするコンシューマ市場への展開を目指し，熱電発電モジュールを月産90万個製造可能な自社工場を建設したが，積極的な投資が裏目に出て，倒産してしまった。倒産前には，暖房用ラジエータのバルブを熱電発電で駆動し，人感センサーで自動開閉する製品の量産を始めていた。現在は，EH4が同製品をMicropeltブランドで販売している（図8）[14]。

2016年，富士通は，下水道氾濫検知ソリューションの販売を開始した（図9）[15]。このソリューションでは，水位センサーを下水道のマンホール裏にとりつけ，5分毎の水位情報を無線通信でクラウドに収集・蓄積して，水位モニタリング用アプリケーションで地図上にグラフ表示する。水位センサーと無線の駆動は，熱電変換ユニットと一次電池で行う。熱電変換ユニットの一方の電極には，蓄熱材がつけられており，一定温度を保つようになっている。もう一方の電極には，マンホールの鉄蓋の温度が伝わる（図10）。熱電変換ユニットと一次電池を併用することによって，電池交換の間隔を10ヶ月から5年以上に延長することができた。

熱電変換モジュール，電源IC，蓄電デバイス，低消費電力の無線モジュールやセンサー，マ

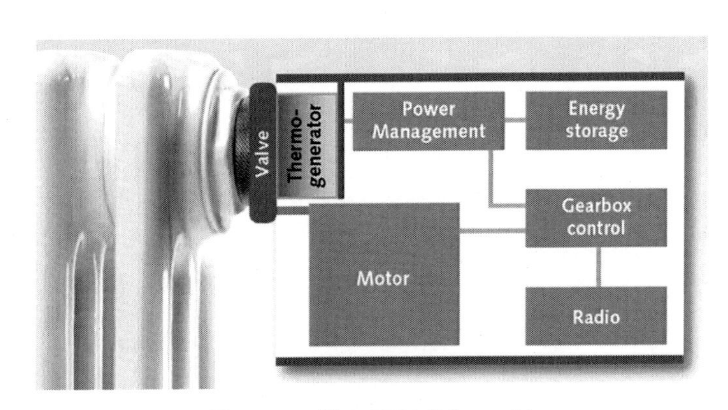

図8　EH4社のiTRV（Micropelt）

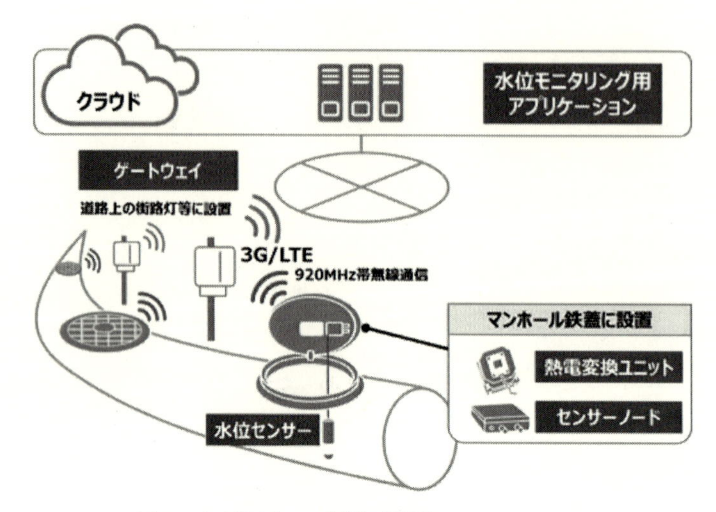

図9　富士通㈱の下水道氾濫検知ソリューション

図10　マンホール蓋への装置搭載イメージ

イコンの入手が容易になってきているため，今後，このようなIoT関連製品・サービスがB2B分野を中心に増加していくと予想される。

4　フレキシブル熱電変換技術に期待されること

4.1　熱電変換技術全般への期待

エネルギーハーベスティング応用の分野に関しては，熱電変換技術に対する期待は，性能，信頼性・耐久性，環境負荷，ユニットとしての大きさやコストといった点が挙げられる。性能に関しては，数℃程度以下の環境温度差において利用可能かどうかが，適用市場の広がりに大きく影響する。利用側の電子デバイスの消費電力は低下を続けているが，センシングの頻度を上げたい，センシング項目を増やしたいというニーズがあるため，発電量が大きいに越したことはない。信頼性・耐久性に関しては，高温下での腐食に対する耐性はそれほど問われない。一次電池の使用が困難になる程度の高温環境，低温環境での動作は要求される。電極構造や接続ケーブルを含めて，振動や衝撃への耐性，防水・防塵性などが要求されよう。環境中に温度差が存在する限り，振動発電よりも発電の安定性は高い。Bi_2Te_3 は高性能であるが，大量に環境中にばらまけるようなものではないため，より環境負荷の小さい熱電変換材料が必要とされる。実際に設置するにあたっては，ヒートシンクを含めたユニットとしてのコスト，大きさなどが制約になってくる。ユニットとしての発電性能は，熱電変換材料の特性では決まらず，熱設計に依存する部分が大きい。コスト面でも，ヒートシンクの比重は大きい。エネルギーハーベスティング分野では，再生可能エネルギーのような低コスト化の要求はないが，一次電池とのコスト比較は常になされる。発電量が概ね温度差の二乗に比例するため，環境中の温度差をいかに有効に活用するかが極めて重要である。たとえば，前述の富士通の下水道氾濫検知ソリューションの事例では，蓄熱材の活用によって，発電量が５倍になったという。

4.2　フレキシブル熱電変換技術への期待

フレキシブル性が有効な環境には，大きく分けて２種ある。ひとつは，複雑な形状，少なくとも平面ではない形状に対して，熱電変換モジュールを密着させる必要がある環境である。このような環境では，フレキシブル性は，熱電変換モジュールを初期に設置するときに必要なだけであり，仮に設置後に固化されても問題がない。具体的な設置環境としては，たとえば，円柱状のパイプやモーターなどへの据付であり，よくあるシチュエーションである。

もうひとつは，変形する物体に熱電変換モジュールを密着させる必要がある環境である。このような環境では，熱電変換モジュールは，繰り返し変形に耐える必要がある。曲率が変化するだけでなく，膨張や収縮が起こる場合もあり，そのような環境への追随は技術的には難易度が高い。具体的なシチュエーションとしては，動物（人間を含む）のような発熱体への据付が考えられる。衣服のような形態で着脱を繰り返す場合には，折り曲げの耐久性の他に，洗濯耐久性が要求されるケースもあるだろう。

フレキシブル性に由来する，曲げ耐性のような要求事項の他に問題となる可能性があるのは，温度差の不均一性への対応である。熱源が複雑な形状をしている場合に，表面温度が一定でヒートフラックスも一様とは限らない。また，表面温度を一定に保てたとしても，冷却する側の自然対流，強制対流熱伝達が一様とは限らないため，広い範囲の表面をフレキシブル熱電変換材料で覆った場合に，各熱電材料にかかる温度差が一様とならない。そのため，多数の熱電材料を直列化してモジュールを構成したときの性能が低下してしまう。これを防ぐためには，たとえば，温度差が小さい部分の熱電材料の面積を大きくするなどの最適化を行うことが考えられる。あるいは，電気回路側での工夫が可能かも知れない。サーモグラフィ画像をもとに，自然対流熱伝達のシミュレーションを行い，３Ｄプリンタで最適形状のモジュールやユニットを製造するようなこともできるようになるかも知れない。少なくとも，マルチフィジックスシミュレーションは，フレキシブル熱電変換材料の性能評価手法としては有効な選択肢となるであろう。

文　献

1) 桑野博喜監修，エネルギーハーベスティング技術の最新動向，シーエムシー出版（2010）
2) 鈴木雄二監修，環境発電ハンドブック～電池レスワールドによる豊かな環境低負荷型社会を目指して～，エヌ・ティー・エス（2012）
3) 竹内敬治ほか，エネルギーハーベスティング ― 身の周りの微小エネルギーから電気を創る "環境発電"，日刊工業新聞社（2014）
4) 桑野博喜，竹内敬治監修，エネルギーハーベスティングの設計と応用展開，シーエムシー出版（2015）
5) 竹内敬治ほか，IoT/CPS/M2M応用市場とデバイス・材料技術，S&T出版（2015）
6) 竹内敬治，情報未来，(52)，㈱NTTデータ経営研究所（2016）
7) DSCモジュールパネル，㈱フジクラウェブサイト，http://www.fujikura.co.jp/products/infrastructure/dsc/01/2052198_13684.html
8) 大日本印刷と積水化学　屋内でも太陽電池で駆動する電子ペーパーを開発　発電しながら駆動する電子看板として4月中旬よりコンビニで実証試験，大日本印刷㈱ニュースリリース，2017年4月18日，http://www.dnp.co.jp/news/10134755_2482.html
9) PV Energy Harvester, Sharp Laboratories of Europe ウェブサイト，https://www.sle.sharp.co.uk/sharp/apps/sle-web/energyharvester.html
10) MTPV ウェブサイト，https://www.mtpv.com/
11) Etalim Inc., NRCan ecoENERGY Innovation Initiative Stakeholder Report（2014）
12) HEATec - an Innovative Technology for Thermal Energy Harvesting, Energy Harvesting and Storage Europe 2012（2012）
13) 電気も電池も不要！ カセットガスで発電し，部屋全体を暖める世界初の「カセットガスファンヒーター」～外部電力を使わない画期的なコードレスファンヒーター～，岩谷産業㈱ニュースリリース，2015年8月6日，http://www.iwatani.co.jp/jpn/newsrelease/detail.php?idx=1240
14) EH4, Micropelt ブランドウェブサイト，http://www.micropelt.com/itrvs.php
15) ゲリラ豪雨対策に活用できる下水道氾濫検知ソリューションを販売開始　自然エネルギーを電力に変換する熱電変換ユニットをマンホールに搭載し，運用を大幅に効率化，富士通㈱プレスリリース，2016年8月15日，http://pr.fujitsu.com/jp/news/2016/08/15.html

第2章　フレキシブル熱電変換技術の応用展開と技術課題

青合利明*

1　はじめに

有機系熱電変換材料とそれを用いたフレキシブル熱電モジュールに関する研究開発が活況を呈している。その背景の一つには，昨今のエネルギー問題への関心の高まりから，これまで見逃されてきた未利用の排熱エネルギー，特に中低温領域に相当する200℃以下，さらには100℃以下の膨大な排熱エネルギー活用への取組みがある。またIoT（Internet of Things）が拓く新たなセンサネットワーク社会に必須なセンサ／無線デバイス用の微小自立電源への期待がある。即ち近い将来，工場／オフィス／住宅／商店／各種インフラ，さらに自然環境中に大量のセンサや無線デバイスが設置され，現場で生産される膨大な情報（ビッグデータ）がインターネットで繋がれ，クラウド・コンピューター上で処理されて，必要なところに必要な情報が即座に配信される，新たなネット社会の到来が現実になりつつある。近年のセンサや無線デバイスの高性能化がそれを支えるキー技術であるが，一方でこれらデバイスの電源を如何に確保するかが課題となっている。デバイスの低消費電力化は今後も進展して行くと推測されるが，様々な環境中への多数のデバイス設置を考慮すると，電源の配線は元より，交換や充電を要する電池の使用は困難と見なされる。その結果「その場にあるエネルギー」を活用するエネルギーハーベスティングが有力な電源候補と注目されている。エネルギー源に関しては，身の回りに存在する膨大な中低温領域の排熱が有効であるが，中低温の排熱は様々な形状の熱源から排出されるため，利用するにはこれら熱源に密着できるフレキシブルで軽量な熱電変換モジュールが必要となる。多数のモジュール普及を前提とすると，非毒性／非希少元素の使用，印刷／塗布プロセスによる大量生産性の付与が重要で，有機系熱電変換材料と同モジュールがこれらの要件に合致する。

本章では，昨今の有機系熱電材料の研究を概観し，これら材料を使用したフレキシブル熱電変換モジュールの構造と研究例を紹介する。また今後の実用化と応用展開にはいっそうの熱電性能向上が必要であるが，それに向けた有機系熱電材料とフレキシブル熱電モジュールの課題を纏める。

2　有機系熱電変換材料[注)]

有機系熱電変換材料の研究自体は比較的歴史が浅く，熱電変換効率が無機系材料に比べ数桁低

＊　Toshiaki Aoai　千葉大学　大学院融合科学研究科　客員教授

いとの認識から，最近まであまり注目されてこなかった。2007年に山口東京理科大学の戸嶋らが，ポリ（フェニレン－ビニレン）系の導電性ポリマーの塗布膜を延伸することにより導電率が向上し，熱電変換効率の指標である無次元性能指数ZT値（$ZT = S^2 \cdot \sigma \cdot T / \kappa$：ゼーベック係数S，導電率$\sigma$，熱伝導率$\kappa$）が0.1（実用レベルは1以上）に到達することを示し，大いに関心が高まった[1)]。その後，国内外の大学・研究機関を中心に，熱電変換効率の向上を目指して，S，σを増大させる材料，また材料構造をナノレベルで制御する研究が数多く行われている。研究対象の有機熱電材料は，概ね①導電性ポリマー系，②有機無機ハイブリッド系，③カーボンナノチューブ（CNT）コンポジット系に分類できる。以下に代表的な有機系熱電変換材料の先行研究を示す。

2.1 導電性ポリマー系熱電材料

2011年にスウェーデンLinkoping大学のX. Crispinらは，PEDOT･Tos膜の電荷密度をアミン化合物（TDAE：テトラキス（ジメチルアミノ）エチレン）による還元で精密制御し，電荷密度に対しトレード・オフ関係にあるゼーベック係数Sと導電率σの最適化で，ZT値0.25が得られることを示し注目を受けた[2)]。産業技術総合研究所（以下，産総研）の石田らは，導電性ポリマーPEDOT･PSSにエチレングリコールを添加し，塗膜時に高秩序のナノ結晶構造が形成すること，それにより熱電変換性能が大幅に向上することを報告した[3)]。同じくMichigan大学のK. P. Pipeらは，PEDOT･PSSに極性溶媒（DMSO，エチレングリコール）を添加した膜をさらにエチレングリコールで浸漬処理することにより，浸漬時間に応じてS，σ値が増加する挙動を示し，ZT値として最大0.42に到達することを報告した[4)]。これらは初期の導電性ポリマー系熱電材料の注目すべき研究として挙げることができる。

2.2 有機無機ハイブリッド系熱電材料

有機材料で不足する熱起電力（ゼーベック係数S）と導電性能を補うため，無機熱電変換材料を併用するハイブリッド系が検討されている。具体的には，BiTe粒子／ポリアニリンのハイブリッド化によりS向上を図った山口東京理科大学の戸嶋らによる研究[5)]，BiTeSb粒子／PEDOT･PSS／ポリアクリル酸にグリセリン添加で膜を緻密化し，ZT値を向上させた九州工業大学の宮崎らによる研究[6)]が挙げられる。宮崎らはリンテックと共同で，イオン液体添加によりさらに性能改良した材料を探索し，後述のフレキシブル熱電モジュールの作製を実施している。また名古屋大学の河本らは，無機熱電材料であるTiS_2層状結晶の層間に有機アンモニウム化合物（ヘキシルアンモニウム塩）を電気化学的に挿入し，無機材料の弱点であった熱伝導率κを低下させてZT値が0.2以上に向上することを示した[7)]。通常の有機材料／無機材料の混合と

[注)] 薄膜材料の面内方向の熱伝導率κの精度良い測定が困難であり，論文記載のZT値（膜厚方向のκ，膜面内方向のS，σを使用）については見直し必要との指摘がある。

は異なる有機無機ハイブリッド系の研究として注目される。有機無機ハイブリッドの範疇からは少し外れるが，中国科学院・化学研究所のD. Zhuらが，エテンテトラチオラートのNi，Cu錯体ポリマーを用い，ZT値0.2を得ることを報告したことも特徴的な研究として挙げられる[8)]。

2.3　CNTコンポジット系熱電材料

Texas A&M大学のC. Yuらによる多くのCNT材料研究があるが，その中でもCNT/PEDOT・PSS併用によりCNT鎖間にPEDOT・PSS分子を介在させ，電気伝導性を維持し，熱伝導性については散乱（熱伝導率κを低減）させて両特性の差別化を図った研究[9)]が興味深い（図1）。また産総研の末森らは，CNTをポリマーで分散した材料で良好な熱電性能を達成し，印刷法によりフレキシブル熱電モジュールの作製を実施した[10)]。富士フイルムにおいても，2010年頃からCNTコンポジット系を中心に有機熱電材料／モジュールの研究を精力的に進めている[11)]。

なお，有機系熱電材料の多くは基本的にp型熱電特性を示す。一般的に空気酸化の影響で安定なn型の有機熱電材料を得ることは困難であるが，CNT材料においては塩基性ドーピング剤（トリフェニルホスフィン[12)]，コバルトセン化合物内包[13)]など）の作用で比較的安定なn型形成が報告されており，p型/n型の両材料使用による高出力化のポテンシャルを有する点で注目される。

3　フレキシブル熱電変換モジュールの構造

フレキシブル熱電モジュールに想定される主要な応用先は，中低温領域の排熱エネルギー回収を対象とした分野である。中低温熱源の様々な形状に対応するためフレキシブル性の付与は当然のことながら，軽量／耐久性／材料安全性，さらに生産適性を満足することが必要になる。特にフレキシブル性に関しては，ポリマーフィルム基板の使用が基本となるが，熱電材料や配線材料自体も一定のフレキシブル性を有することが重要で，そのため薄膜化が必要となる。

このような観点を踏まえ，現在主に研究されているフレキシブル熱電モジュールの構造を以下に分類し解説する（図2）。

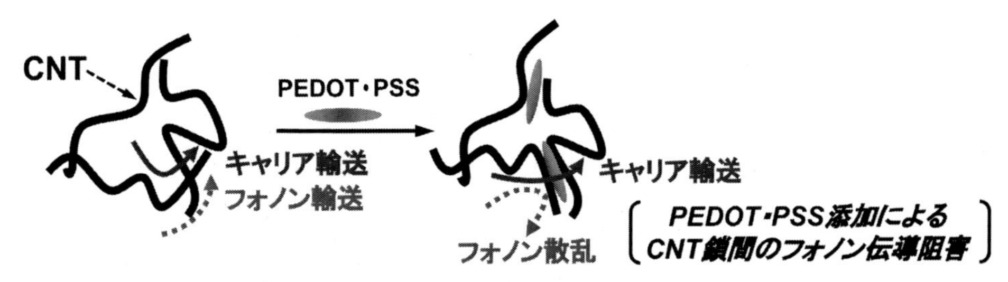

図1　CNT/PEDOT・PSS系：熱伝導の散乱による電気伝導性との差別化

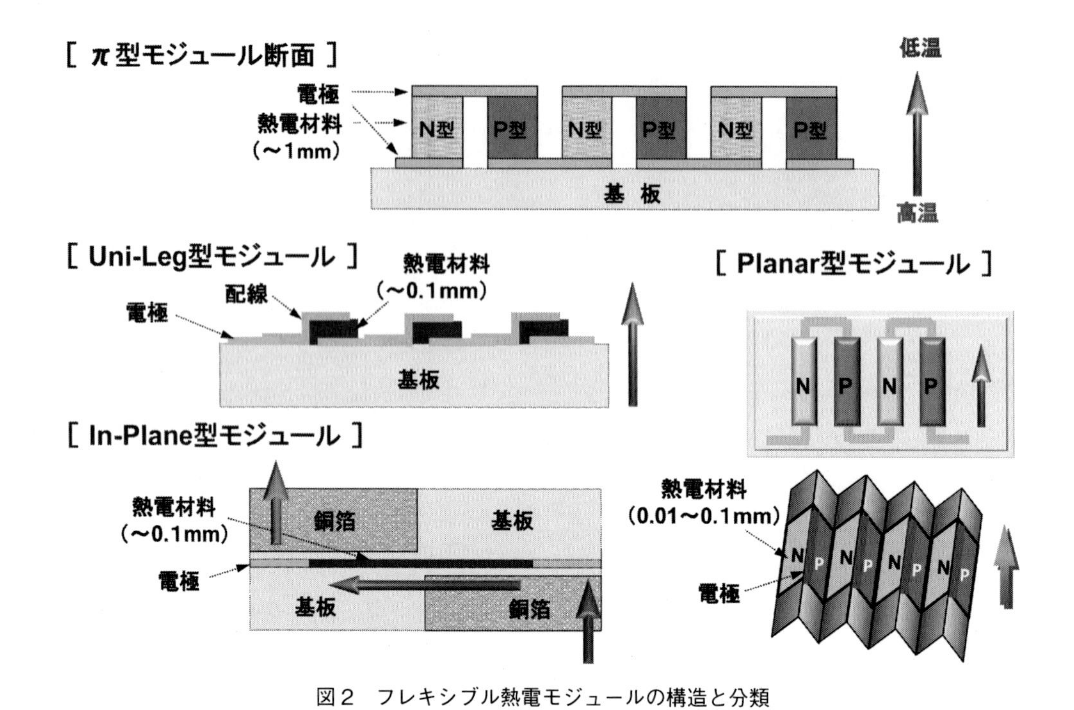

図2　フレキシブル熱電モジュールの構造と分類

3.1　π型モジュール

上市されているペルチェ素子と同様，p 型 /n 型対の熱電材料をフィルム基板上に配置し，上下電極で隣接する素子を交互に配線した構造を有する。厚み方向の熱流を有効に活用するため，比較的厚膜な材料を使用したモジュール構造となっている。代表例としてはＥサーモジェンテックが開発したBiTe系無機材料のフレキシブル熱電モジュール「フレキーナ」が挙げられる[14)]。対応する材料の非フレキシブルなセラミック基板モジュールに対し，3 倍の熱回収効率を有すると発表している。有機系熱電材料においても，積水化学工業が奈良先端科学技術大学院大学と共同で，p 型 /n 型対の CNT 不織布を基板に貼付け，π 型構造を形成したモジュールを開発し発表した[15)]。p/n-CNT 100 対のモジュールで，温度差 50℃において 475 μ W の出力が得られている（図 3）。

3.2　Uni-Leg 型モジュール

有機系で安定な n 型熱電材料が得難いことを踏まえ，p 型材料のみを使用して，フレキシブル熱電モジュールが作製されている。フィルム基板上に下部電極を設置し，同電極上に熱電材料を印刷した後，上部電極を隣接する熱電素子の下部電極に接続する形で配線した構造となっている（図 4，図 6）。熱利用効率が低く出力は十分でないが，モジュール構造が単純で作製が容易な点で有用である。2013 年に産総研の末森らが CNT／ポリマー系コンポジット材料を用い，印刷法で Uni-Leg 型フレキシブルモジュールを作製して，熱源貼り付けによる発電を実証した[16)]。

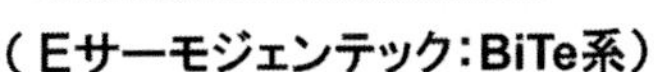

（Eサーモジェンテック：BiTe系）　（積水化学/奈良先端大：CNT材料p-n対）

図3　π型フレキシブル熱電モジュールの代表例

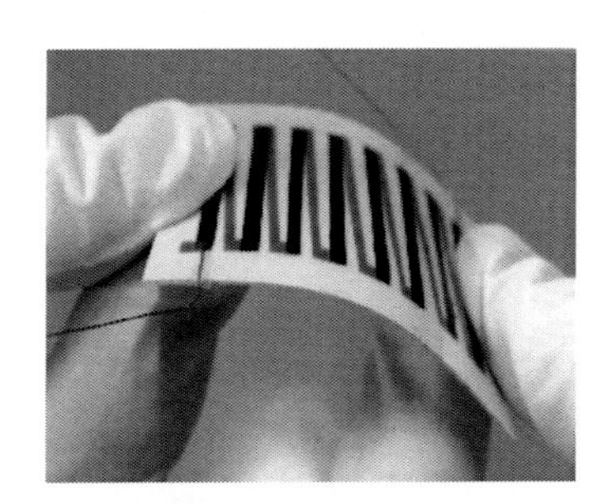

（産総研・末森ら：p型CNT材料）　（産総研・石田ら：PEDOT・PSS）

図4　Uni-Leg型モジュール（左）とPlanar型モジュール（右）

3.3　Planar型モジュール

薄膜の熱電塗膜を縦型に使用し，熱流を熱電膜の膜面方向に取り入れて，温度差の増大を図ったモジュール構造であり，熱電素子の高密度化，モジュールの高集積化が比較的容易な構造と言える。一方モジュール厚みが大きくなりフレキシブル性に懸念が生じるが，熱源の形状により対応は可能で有効に使用できる。産総研の石田らがPEDOT・PSS系材料を用いてPlanar型モジュールを作製し，nanotech 2013で技術展示した[17]（図4）。

3.4　In-Plane型モジュール

熱源に貼り付けて使用することを踏まえると，モジュールのフレキシブル性の点で材料膜厚の低減が有利であるが，膜厚方向の熱流に対し発電性能の向上（材料に印加する温度差の増加）のためには，逆に膜厚を一定以上に増加させることが必要になる。熱電モジュールのフレキシブル性と発電性能の両立に対し，長岡技術科学大学の武田らがIn-Plane型モジュールを考案した[18]。熱伝導率の大きい銅箔部を設けたフィルム基板で熱電材料を挟み，上下基板の銅箔部を交互位置に配置して熱源から膜厚方向に向かう熱流を熱電材料の面内方向に変換させる機能を付与している。合金材料（クロメル／コンスタンタン）を用いて熱電モジュールを作製し，良好なフレキシ

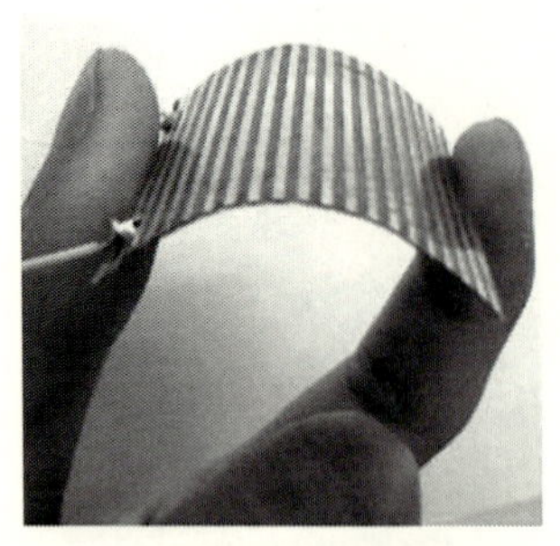

（長岡技科大：無機材料）

（リンテック/九工大：
BiTe/PEDOT・PSS/添加剤系）

図5　In-Plane 型モジュールの代表例

ブル性と発電性能を実証した[19]。有機系熱電材料では後述の富士フイルムがCNTコンポジット材料[20]で，またリンテックが九州工業大学と共同でBiSbTe粒子を利用した有機無機ハイブリッド材料[21]により，In-Plane型モジュールを開発している（図5）。

4　フレキシブル熱電モジュールの応用展開

4.1　センサネットワークにおける中低温排熱利用の微小自立電源

中低温領域の排熱については，多くの熱源が存在する。例えば，工場内の蒸気／温水などの配管，自動車エンジン排ガス以外のラジエーター／バッテリー／マフラーなどの表面，オフィスのパソコン／コピー機／照明などの発熱機器，さらに家庭の電化製品／水回りなど，様々な形状・サイズの熱源が存在し，省エネの観点から，これら熱源が無駄に放出している廃熱エネルギーの回収ニーズは大きい。但し当然のことながら中低温であるが故に大規模な発電は期待できず，系統電源代替としての利用には限界がある。電子機器などにおける省エネ電源として，電池代替の可能性はあるが，フレキシブル熱電モジュールの生産コストが電池価格に見合うレベルに低下しないと，市場性は大きくならない。結局のところ，電池代替ではなく，電池では達成できない機能が要求される用途への応用展開が重要で，その点において価値が大きく市場性が高まる。その一つが近い将来のセンサネットワーク社会におけるセンサ／無線デバイス用の微小自立電源，エネルギーハーベスタである。

エネルギーハーベスティング技術に関しては，既に国内外で多くの研究プロジェクトが進行しており[22]，熱以外の光，振動，電磁波などのエネルギー源を利用したエネルギーハーベスティング研究も精力的に進められているが，昼夜を問わず安定的に利用可能で，発電ポテンシャルも比較的大きい熱エネルギーに対する期待は大きい。エネルギーハーベスティング技術自体は，未だ十分に市場浸透しておらず，大きな市場形成にはもう少し時間を要するとの予測があるが，今後センサ／無線デバイスなどの高性能化と相俟って，フレキシブル熱電モジュールの性能向上と

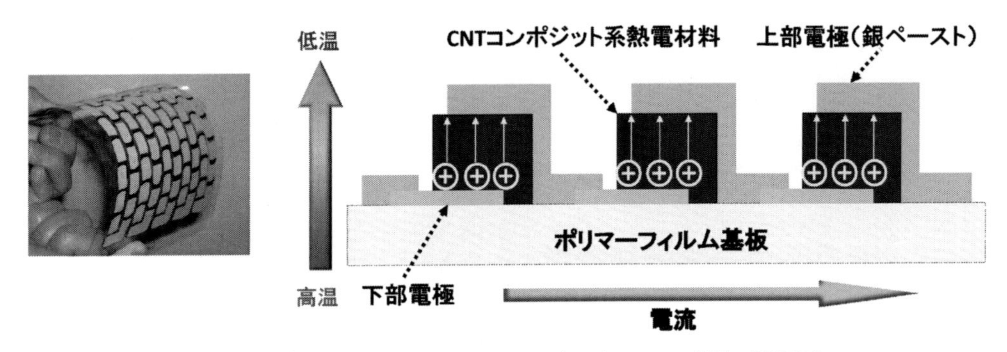

図6　印刷法により作製したUni-Leg型モジュールの構造（断面図）

周辺システムの利用環境の整備が進めば，一気に本格的な普及に向かう可能性がある。

4.2　エネルギーハーベスタを目指した富士フイルムの有機熱電変換モジュール

富士フイルムは有機系材料の特長である印刷／塗布プロセスによるモジュール作製を狙い，2010年頃より有機熱電材料の研究とモジュール構造の設計・開発を進めている。印刷プロセスとしては，厚膜形成に有利なスクリーン印刷，ステンシルマスク印刷を利用しているが，任意の印刷膜厚や良好な印刷形状を得るためには，使用するインク／ペーストの粘弾性／濃度／スクリーンメッシュやステンシルマスク透過性などのインク物性の調整が重要となる。これらインク物性調整と熱電性能向上に優れるCNTコンポジット材料を研究し，調整したCNT熱電インクにより作製したUni-Leg型モジュールをnanotech 2013で発表した（図6）[23]。さらに印刷技術／インク粘弾性制御技術を高め，nanotech 2015では新たに高集積化したIn-Plane型モジュールを開発し展示している[20]。この技術展示では，10 cm × 10 cmサイズのIn-Plane型モジュールにおいて約3,200個の素子を一度の印刷で形成し，欠陥のない配線を可能としている（図7）。このIn-Plane型モジュールを，排熱配管を模したパイプに貼り付け，アルミフェンを設置した強制空冷条件の発電による配管温度データの無線送信を実証して，エネルギーハーベスティングとしての可能性を示した（図8）。翌年のnanotech 2016では，出力性能をさらに高めた蛇腹構造の高集積型フレキシブル熱電モジュールを発表している（図9）。

4.3　健康社会実現に向けた体温利用のヘルスモニター電源

超高齢社会の到来を踏まえ，高騰する医療費の削減を目的に，環境センサとウェアラブル・ヘルスモニターによる高齢者の健康見守り，即ち健康寿命の延伸への取組みが要望されている。ウェアラブル・ヘルスモニターとしては，例えばベルト型のFitbit社「Surge」や，東レの生体情報検知機能素材「hitoe」を織り込んだウェア型生体センサが上市され，ヘルスケア／スポーツ分野などに浸透しつつある。これらウェアラブル・ヘルスモニターに対し，体温を利用したフレキシブル熱電モジュールが実現できれば，電池交換が不要なウェアラブル電源として応用範囲

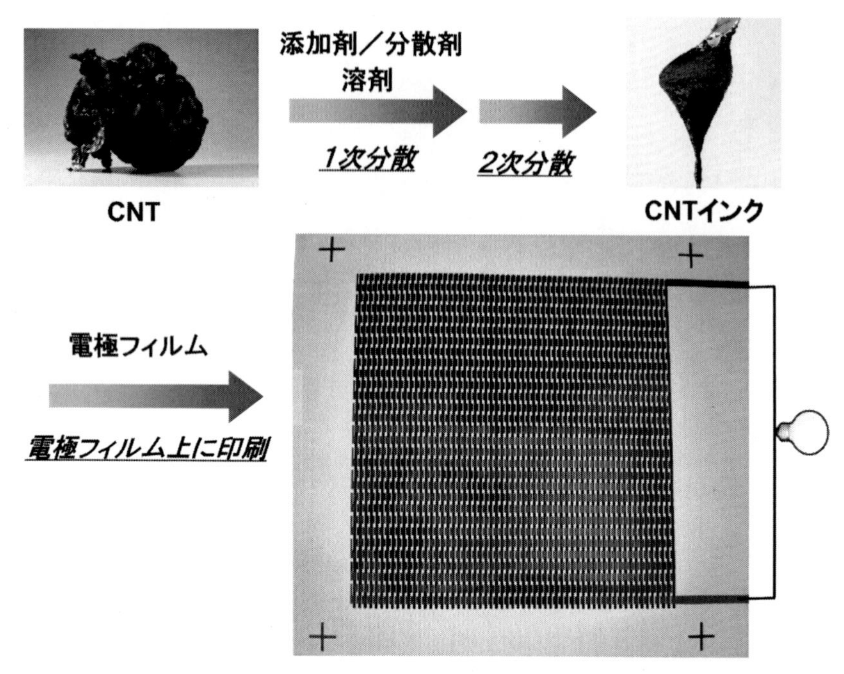

図7　印刷法による作製したIn-Plane型モジュール（10 cm × 10 cm サイズ）

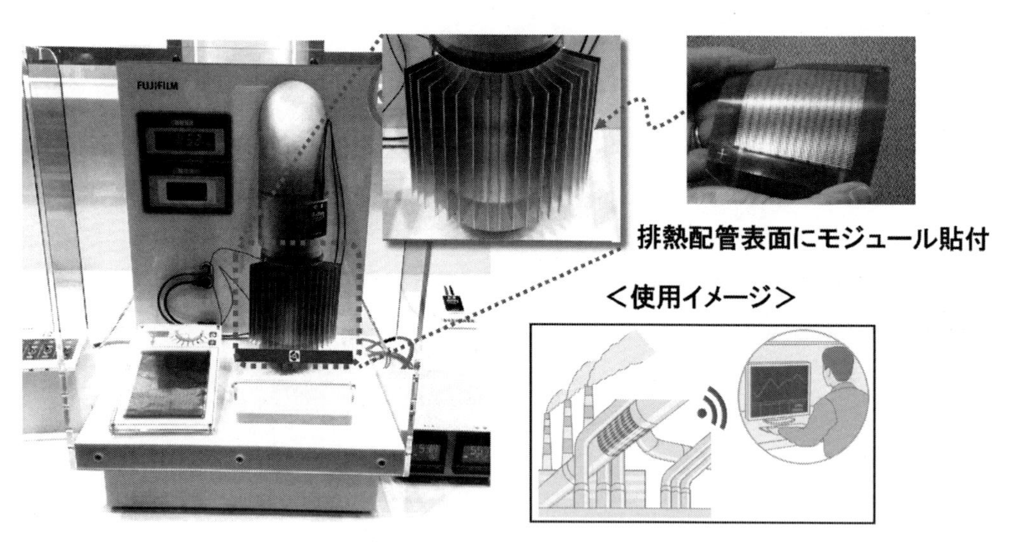

図8　排熱配管貼り付けによる強制空冷下での発電の実証

が大きく広がると考えられる。

体温利用の熱電モジュールについては，BiTe系無機熱電モジュールを組み込んだ衣服型がIMECやノースカロライナ州立大学で研究されている[24]。韓国KAISTは，ガラス繊維に

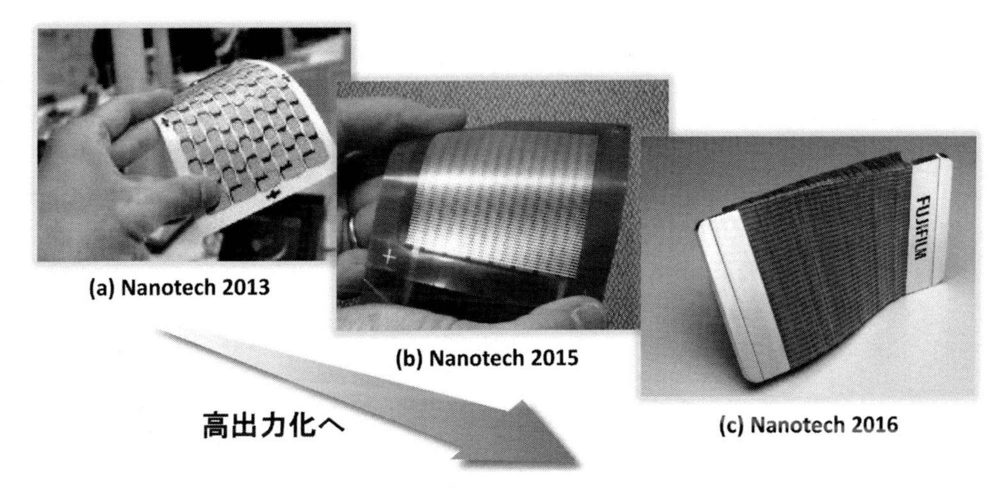

図9　富士フイルム開発のフレキシブル熱電モジュールの変遷
(a) Uni-Leg 型，(b) In-Plane 型，(c)高集積型モジュール

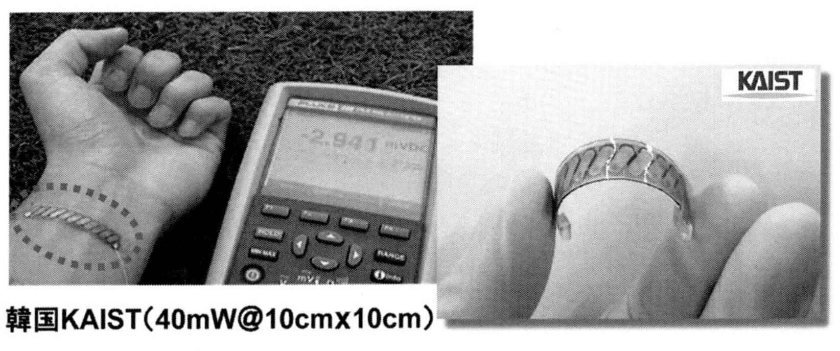

図10　韓国 KAIST 開発の体温利用のフレキシブル熱電モジュール

Sb_2Te_3/Bi_2Te_3 粒子を塗設して，ガラス繊維両面に繋がる p/n 対の熱電素子を形成したウェアラブル熱電モジュールを開発し，体温利用による良好な発電性能（10 cm × 10 cm サイズで 40 mW 出力）を発表した（図 10）[25]。

また有機系熱電材料では，奈良先端科学技術大学院大学の中村らが部分的に p 型 /n 型ドーピングした CNT 紡績糸を作製し，フェルトに縫い込んだファブリック型熱電モジュールを開発して体温発電を実証している（図 11）[26]。発電性能は十分とは言えないが，基材として布地を使用することにより，フレキシブル性を保ちながらモジュール膜厚の増加（温度差の増大）が可能であること，CNT 熱電糸を高密度に縫い込むことでさらなる高出力化のポテンシャルがあることから，ウェアラブルな自立電源として今後さらなる発展が期待できる。

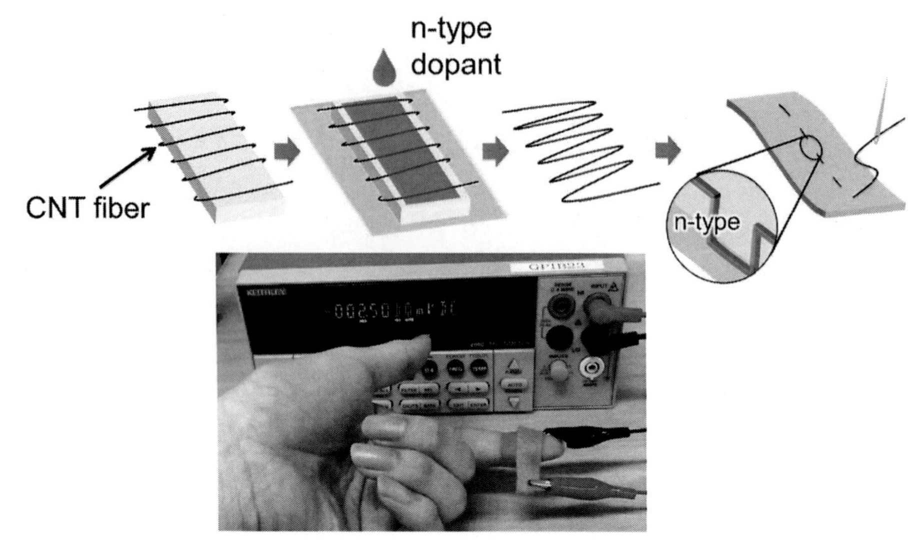

図11　CNT熱電糸を縫い込んだ体温発電可能なファブリック型モジュール

5　今後に向けたフレキシブル熱電モジュールの技術課題

5.1　有機系熱電材料の課題

有機系熱電材料は，基本的に非毒性・非希少の安心・安全な材料であり，軽量でフレキシブルな熱電モジュールの開発に好適に合致する材料である。一方，研究の歴史が浅く，現在はほぼPEDOT·PSS系，CNTコンポジット系に研究が集中している状態と言える。製品化にはいっそうの出力性能の向上が必要であり，フレキシブル有機熱電モジュールの社会実装実現に向けて，PEDOT·PSS系，CNTコンポジット系以外の材料開拓を含めた幅広く深い研究の推進が重要である。

有機系熱電材料の出力性能向上には，ZT式から特にゼーベック係数Sの増大が有効である。無機半導体におけるMottの公式(1)式は，材料のフェルミレベル制御と共にフェルミレベルにおける状態密度のエネルギー勾配を急峻にすることが，S向上に有効であると示唆している。また状態密度のエネルギー勾配急峻化に対しては，ナノ構造材料の利用が有効と考えられる[27]。

一方電荷密度を精密制御し，トレード・オフ関係にあるSと導電率σの他，σと熱伝導率κも両立させることが必要である。この点については，Texas A&M大学のC. Yuらの考え方[9]が参考になるが，これに留まらず，有機熱電変換現象に対するより深い洞察と理解を進め，新たな材料研究の指導原理を見出して行くことも重要である。またその際，薄膜の有機熱電材料に対する精度良い計測・解析技術，特に薄膜面内の熱伝導率κに対する簡便な計測法の確立も必要である。

［Mott の公式］

$$S \propto \frac{\pi}{3}\frac{k_B^{\,2}T}{e}\frac{1}{DOS(E_F)}\left(\frac{\partial DOS(E)}{\partial E}\right)_{E=E_F} \tag{1}$$

5.2　フレキシブルモジュールの課題

フレキシブル熱電モジュール性能は単位面積当りの出力（μW／cm^2）として比較評価できる。モジュール自体の出力は(2)式で表され，ゼーベック係数Sと共にモジュールに掛かる温度差ΔTを大きくさせることが鍵となる。ゼーベック係数Sに関しては，材料に由来する物性ではあるが，モジュール構造において抵抗値Rを抑えつつ，素子の高密度化を図ることで増大させる方法もある。温度差ΔTに関しては，熱源側の熱抵抗増加（材料の熱伝導率κの低減）と低温側の熱抵抗低下（放熱効率の向上）が必要であるが，後者に関しては異方的な熱流の制御と高効率な放熱材料の開発，さらに熱流方向での材料膜厚（モジュール厚み）の増大が有効となる[24]。前述のファブリック型モジュールのような新たなモジュール構造開発の取組みも期待される。

［モジュール出力］

$$P(\mu W) = V^2/4R = S^2 \cdot \Delta T^2/4R \tag{2}$$

文　　献

1) N. Toshima *et al.*, *Synthetic Metals*, **157**, 467 (2007)
2) X. Crispin *et al.*, *Nature Materials*, **10**, 429 (2011)
3) Q. Wei, T. Ishida *et al.*, *Adv. Mater.*, **25**, 2831 (2013)
4) K.P. Pipe *et al.*, *Nature Materials*, **12**, 719 (2013)
5) N. Toshima *et al.*, *J. Electron. Mater.*, **41**, 1735 (2012)
6) K. Miyazaki *et al.*, *J. Electron. Mater.*, **42**, 1313 (2013)
7) K. Koumoto *et al.*, *Nature Mater.*, **14**, 622 (2015)
8) D. Zhu *et al.*, *Adv. Mater.*, **24**, 932 (2012)
9) C. Yu *et al.*, *J.C. Acs Nano*, **5**, 7885 (2011)
10) K. Suemori *et al.*, *Appl. Phys. Lett.*, **103**, 153902-1 (2013)
11) T. Aoai *et al.*, *J. Photopolym. Sci. Tech.*, **29**, 335 (2016); JP 5689435 to FUJIFILM
12) Y. Nonoguchi, T. Kawai *et al.*, *Sci. Rep.*, **3**, Art. No. 3344 (2013)
13) T. Fujigaya *et al.*, *Sci. Rep.*, **5**, Art. No. 7951 (2015)
14) JP 5228160, JP 5626830 to Asset-Wits；Eサーモジェンテック／大阪大学ニュースリリース，2015.5.19「世界初！熱回収効率の高いフレキシブル熱電発電モジュールの開発に成功」

15) JP 5768299 to Sekisui Chemical and NAIST；積水化学／奈良先端大学ニュースリリース，2016.4.19「『カーボンナノチューブ温度差発電シート』実証実験開始について」
16) 産総研ニュースリリース，2011.9.30「印刷して作る柔らかい熱電変換素子」
17) 産総研ニュースリリース，2012.8.31「熱電変換性能の高い導電性高分子薄膜を開発」
18) M. Takeda *et al., J. Electron. Mater.*, **38**, 1371 (2009)
19) 科学技術振興機構・新技術説明会，長岡技術大学 2011.5.10「排熱利用発電を目指したフレキシブル熱電変換素子」
20) フジサンケイビジネスアイ，2015.1.17「ウエアラブル電源 開発激戦」
21) リンテックニュースリリース，2016.1.27「先端分野の新技術が続々 展示会で広くアピール」
22) 例えば国内では，2015年度から科学技術振興機構CREST・さきがけ複合研究領域として「微小エネルギーを利用した革新的環境発電技術の創出」プロジェクトが開始している。
23) 富士フイルムニュースリリース，2013.2.12「nanotech 2013 国際ナノテクノロジー総合展・技術会議で富士フイルムが『グリーンナノテクノロジー部門賞』を受賞！」
24) ノースカロライナ州立大学ニュース，2016.9.12 "Lightweight, Wearable Tech Efficiently Converts Body Heat to Electricity"
25) B-J. Cho *et al., Energy Environ. Sci.*, **7**, 1959 (2014)；東洋経済日報，2015.2.6「ウエアラブル発電素子，世界10大IT革新技術に」
26) 中村ほか，第76回応用物理学会秋季学術講演会，p.11-223，14p-2A-6 (2015)；第3回関西ものづくり技術シーズ発表会，2015.5.26「カーボンナノチューブ紡績糸を利用したフレキシブル熱電デバイス」
27) M.S. Dresselhaus *et al., Phys. Rev.*, **B47**, 16631 (R) (1993)

第3章　「未利用熱エネルギー革新的活用技術」プロジェクトにおける有機系熱電変換技術への期待

石田敬雄*

1　序

現在の社会における未利用熱が膨大であり，それを活用できれば非常に有意義であるということはいうまでもない。そのような状況を受けて経済産業省の予算で未利用熱の革新的な活用技術開発などの事業を行う中心的な組織として，「未利用熱エネルギー革新的活用技術研究組合(TherMAT)」は2013年10月17日に設立された。本プロジェクトでは，利用されることなく環境中に排出されている膨大な量の未利用熱（図1）に着目し，その「削減（Reduce）・回収(Recycle)・利用（Reuse)」を可能とするための要素技術の革新と，システムの確立を通じて，革新的な省エネ・省CO_2を促進し，さらには我が国産業の国際競争力の向上を行うことを狙いとしている[1)]。

このプロジェクトでは上記の視点から熱電変換以外にも，蓄熱技術，遮熱技術，など未利用熱の活用技術について多方面から研究を行っている。この章の中では特に有機系熱電材料に関する本プロジェクトの位置づけと期待や関連する事項について解説する。

図1　TherMATで対象とする未利用熱の例
許可を得てTherMATホームページより転載

*　Takao Ishida　（国研）産業技術総合研究所　ナノ材料研究部門　研究グループ長

2　プロジェクト内における有機系熱電材料の目指す応用出口，研究内容について

当初プロジェクト内では，有機系熱電材料は150℃以下の有機系材料が耐えうる温度領域で，工場排熱や住宅排熱を電力に変換するための素子，モジュール開発，以前から注目されていたウエアラブル用途を目指したフレキシブル熱電素子を応用出口とすることに期待が寄せられていた。有機熱電の性能向上が2011年から本格化し，その潜在的ポテンシャルに大きな期待があった。特に本プロジェクトが発足した2013年10月時点においては有機系熱電の性能はみかけのZT（ゼーベック係数，導電率，熱伝導率の方向性を考慮せず計算した値）でPEDOT：PSSで0.42という数字が報告されていた[2)]。CNT系材料でも現在本プロジェクトに参加している富士フイルムからZT～0.3に近い数字が報告された[3)]。このような状況を踏まえてもし有機系材料で無機材料並みに大きなZTが見込めるのならば，上記の応用が可能になると期待が寄せられていた。

また産総研においては民間企業とは異なり国研としての立場で有機材料に適した熱電材料の様々な計測装置の試作とプロジェクト参加者を当初想定した計測法の普及も行ってきた。他の章にも記載しているが，有機膜の構造異方性を考慮したゼーベック係数測定装置や計測時間の高速化を図るための多試料同時ゼーベック係数装置の開発も行ってきた。

3　有機系熱電材料の性能について

当初プロジェクト開始時点においては無機材料でZT>4，有機材料でZT>2を目指すという目標を掲げていた。しかし有機材料においてはプロジェクト発足当初の時点で報告されていたZTの見積もりの問題点もあり，ZTが現段階でも0.1を超えるレベルであり，むしろ別の指標で行くべきでないかという意見も有識者からも出ていた。研究担当者やNEDOとの協議の元，実用化に向けて有益なZTに代わる性能指標としてパワーファクターとモジュールの出力密度を現在検討している。

現段階では導電性高分子では300 μW/mK^{2}以上のPF[4)]，CNT系材料ですでに600 μW/mK^{2}のPF[5)]，モジュールにおいてはフィン型モジュールで50 Kの温度差で20 μW/cm^{2}の出力密度を達成している[6)]。世界的トップレベルの日本を代表する有機系熱電の研究グループが参加した経緯もあり，現段階のプロジェクトの有機系熱電材料研究の成果は世界的にみても非常に優れたものであり，当初から期待されていた方向に着実に成果を挙げている。

4　有機系材料のための計測技術開発

有機熱電材料においては計測の不確かさが存在する。熱電の材料特性を決定し，素子の性能予

測をするには，熱起電力であるゼーベック係数，材料の導電率，熱伝導率の精密な計測が必要となる。通常有機系材料の場合，ゼーベック係数，薄膜の導電率は薄膜材料の面内方向で計測するのが一般的である。それであれば，熱伝導率も面内方向で計測すべきものであるが，熱伝導率は面内方向での計測が難しく，面に垂直な方向で測定されたものをそのまま使っていた。この問題の解決のため，異方性を考慮したZTの見積もり法の確立を目指して導電性，熱伝導率，Sの縦方向および横方向を独立に計測する治具を開発した[7]。また熱電材料のゼーベック係数計測は時間がかかることが難点である。この克服のための多試料同時ゼーベック係数計測装置（図2）も本プロジェクトで開発した。プロジェクトで開発した装置を今後研究者に普及させることも一つの課題である。

5 おわりに

本プロジェクトにおいては現段階では無機熱電材料開発企業のほうが多いのはいうまでもない。特に無機材料系のほうは自動車や住環境への熱電材料の応用など，高温環境でより実用化に近いテーマに取り組んでいる。しかし有機熱電の成果が上がるに従い無機熱電材料に関係した企業も有機系材料に徐々に興味を持ち始めている。有機熱電分野はまだまだチャレンジングであるが，今の時期こそ民間企業にも積極的に参画してほしいテーマである。特に導電性高分子材料の開発のできる企業との連携がさらに求められると思う。特にエネルギーハーベスティングにおける世間の関心が高まることにつれてワイヤレスセンサーネットワーク（WSN）の回路技術が急に発展しており，有機熱電材料も温度差が大きい状況であればWSNの駆動が十分可能な能力に

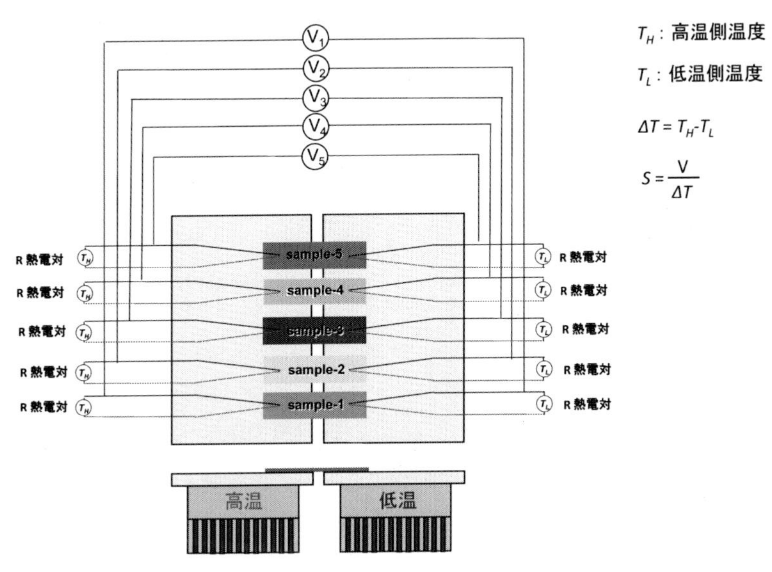

図２ TherMATで開発した多試料同時ゼーベック係数測定装置

なっている。今後は温度差が小さい状況での高い発電能力と材料・素子の耐久性の確保が今後の課題であろう。それ以外にも温度差のより大きな環境での排熱回収も期待が持てる。本プロジェクトでの成果が今後の中低温での熱電発電の活用につながることを期待する。

謝辞

本文に引用した筆者たちの研究の一部は未利用熱エネルギー革新的活用技術研究組合において行われました。NEDOなど関係各位に感謝します。また本プロジェクトに関係している筆者らの研究は産総研の向田雅一，桐原和大，衛慶碩，末森浩司氏らとの共同研究です。この場を借りて深く感謝いたします。

文　　献

1) 未利用熱エネルギー革新的活用技術研究組合 HP，http://www.thermat.jp/
2) G.H. Kim, L. Shao, K. Zhang, K.P. Pipe, *Nat. Mater.*, **12**, 719（2013）
3) 西尾亮，林直之，高橋依里，丸山陽一，青合利明，第60回応用物理学会春季学術講演会 講演予稿集，27 p-B9-15（2013）
4) Q. Wei, M. Mukaida, K. Kirihara, Y. Naitoh, T. Ishida, *Appl. Phys. Exp.*, **7**, 031601（2014）
5) 産総研プレスリリース，http://www.aist.go.jp/aist_j/press_release/pr2017/pr20170314/pr20170314.html
6) M. Mukaida, Q. Wei, T. Ishida, *Synthetic Metals*, **225**, 64（2017）
7) Q. Wei, M. Mukaida, K. Kirihara, T. Ishida, *ACS Macro Lett.*, **3**, 948（2014）

第4章　大気下安定n型カーボンナノチューブ熱電材料の探索

中島祐樹*[1]，藤ヶ谷剛彦*[2]

1　緒言

トリリオンセンサーの時代ともいわれるように，近い将来，環境・産業・災害対策・交通・物流・生活・娯楽・医療・福祉など，様々な場面でセンサーが活躍する社会が構築されつつある。このような膨大な数のセンサーに対し，電池交換しつつ維持することは現実的でない。そのため，貼り付けや持ち運びができるように低コストで軽くフレキシブルな熱電発電の必要性が高まっている。

このようなフレキシブルな熱電変換デバイスの実現のために，従来のビスマス，テルリウム，アンチモンなどを用いた無機材料系，導電性高分子やカーボンナノチューブ（CNT：図1）が注目されている。無機系材料は室温から200℃に渡ってZT＝1以上を示すものが多く，発電効率面から魅力的であるがこれらの材料には毒性が指摘されている上に，高価で比重も大きく，柔軟性や加工性に乏しいことからウェアラブル用途や，ポータブル用途には問題が多い。それに対し，導電性高分子やカーボンナノチューブはZTこそ大きく劣るものの，毒性は低く，安価で柔軟性も高いことから，無機系に替わって近年注目されている[1)]。特にCNTは導電性高分子のように化学ドープせずとも高いp型導電体として振舞う利点があり，さらに半導体の単層CNTであれば1次元性に由来する高いゼーベック係数を示すことも知られている。

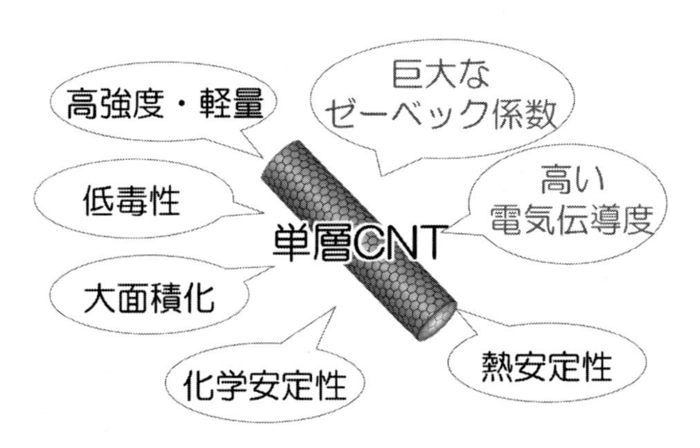

図1　単層CNTのフレキシブル熱電変換材料への魅力

＊1　Yuki Nakashima　九州大学　大学院工学研究院　応用化学部門
＊2　Tsuyohiko Fujigaya　九州大学　大学院工学研究院　応用化学部門　准教授

ゼーベック効果を利用した熱電発電にはn型材料，p型材料のいずれかのみでも原理的には発電が可能であるが，より効率のよい熱電発電を行うためには，n型とp型両方の材料を組み合わせた構造が好ましい。しかし，これら導電性高分子やCNTは空気中における酸化によりn型を安定化することが難しいという問題があった。単層CNTは本来n型であるが大気下では空気酸化によりp型化している。これをいくらか還元することで大気下でもn型にすることが可能である。

2 単層CNTシートのn型化

ドープ剤添加による単層CNTシートのn型化をゼーベック係数から検証した研究は，M. Piaoら[2]，河合・野々口ら[3]により系統的に行われている。これらの先駆的な研究から窒素やリンを含む化合物がn型ドーパントとして有効であることが報告されている。

しかし，これらの系においても酸素や水による酸化により大気下におけるn型化の維持は達成されていない。Ryuらは，還元剤$NaBH_4$でn型化したSWNTを還元剤としても作用するポリエチレンイミンで封止することで，酸素との接触を遮断し大気下n型安定化を実現している[4]。しかし，樹脂封止のプロセスが増えてしまうことと，樹脂が断熱材として温度差を小さくすることが考えられる。従ってドープのみで大気下安定化を実現することが望ましい。

我々は単層CNTの特長を生かし，還元剤（n型ドープ剤）を内包することで空気酸化を抑制する試みを検証した[5]。n型ドープ剤としては内包空間のサイズからコバルトセンを選択した(図2(a))。コバルトセンの内包による単層CNTのn型化は竹延らによって報告されていた[6]が大気下安定性を含めた熱電特性は調べられていなかった。既報に従いコバルトセンを昇華法により内包し，ろ過により製膜した後に洗浄により内包されていないコバルトセンは除去した。

コバルトセン内包単層CNTのゼーベック係数の大気下放置日数に対する変化を図2(b)に示す。内包直後$-40\,\mu$K/V近くの値を示すn型であったが，時間経過とともに徐々に0に近づくp

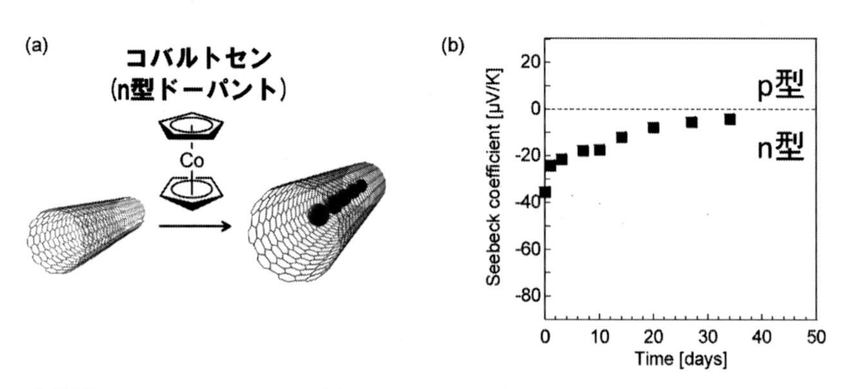

図2 (a)単層CNTへのコバルトセン内包模式スキーム，(b)ゼーベック係数の大気下における変化

型化が進行することが明らかとなった。これはこれまでの報告よりは長持ちしているものの，さらなる安定化の向上が必要であった。

3　n型単層CNTシートの大気安定化

このような状況の中，2015年，河合・野々口らはクラウンエーテルにカチオンを包摂させた各種塩によりドープすることで単層CNTがn型化することを発見し，さらに，得られたn型単層CNTが大気下で極めて安定であることを報告した[7)]。彼らはクラウンエーテルにカチオンを包摂させることで，還元剤と知られる$NaBH_4$のような塩から，還元性のないNaClのような本当の「塩（しお）」からも大気下安定n型単層CNTが形成できることを見出した。既存にない概念であり，学術的にも極めて価値が高い。さらにクラウンエーテルの構造による安定性の差異も明らかにし，中でもフェニル基を有するクラウンエーテルは高温にも耐えうるn型単層CNTシートを実現することを報告している。これらの結果から，安定化の要因としてカチオンがnドープによりアニオン化した単層CNT表面を電荷補償により安定化するモデルで説明している。

一方，我々は2-(2-methoxyphenyl)-1,3-dimethyl-2,3-dihydro-1H-benzo[d]imidazole (*o*-MeO-DMBI，図3(a)）という分子に注目した。この分子はn型ドープ剤として振る舞うが，ドープ前においても，また，電子1つと水素原子1つ（もしくはヒドリド）が脱離し自身が酸化した後も安定なカチオンを形成し，大気下でも安定であることが特長である[8)]。*o*-MeO-DMBIは有機系還元剤として知られるDMBI誘導体（図3(b)）の1つであり，メトキシ基をジメチルアミノ基に替えたN-DMBIと共にn型ドープ剤として報告が多い。これまで，Baoらによりグラフェンやフラーレンなどの炭素材料のn型化が報告され，有機トランジスタ材料として用いた研究もある[9)]。

単層CNTシートは平均直径1.5±0.5 nmの単層CNT（e-DIPS，名城ナノカーボン）を*N*-methylpyrrolidone（NMP）に分散させた溶液をフィルターろ過することで作製した。この単層CNTシート（厚み：約30～50 μm）を*o*-MeO-DMBIのエタノール溶液（50 mM）に10分間浸漬することでドープを行った。図4にドープ前後の単層CNTシートの走査電子顕微鏡像（SEM像）を示した。単層CNTが束になった構造がネットワークを組んで膜になっていることが分かる。ドープ前後でドープ分子の凝集構造などは特に確認されなかったことから，ドープは

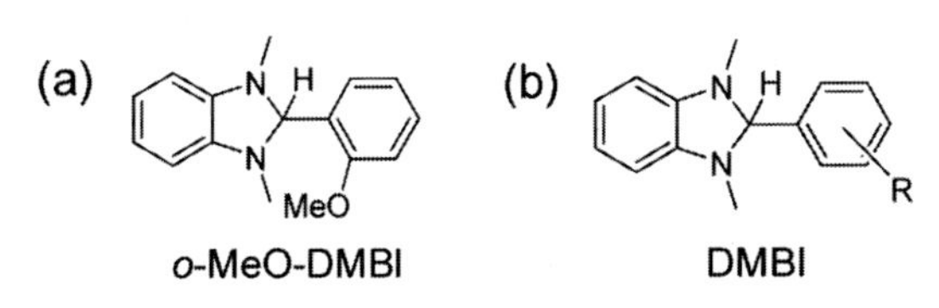

図3　(a) *o*-MeO-DMBIの構造式，(b) DMBIの構造式

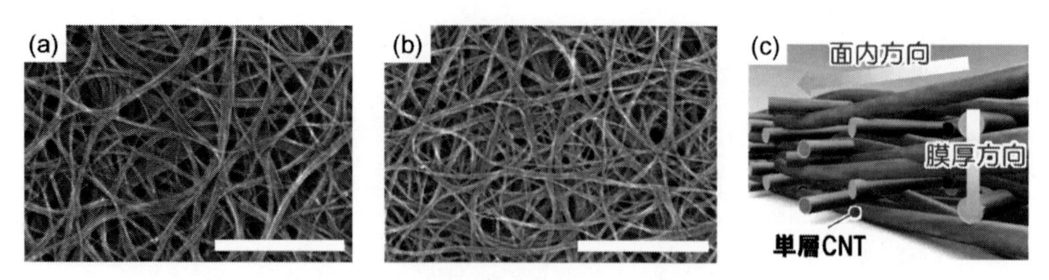

図4 (a)未ドープおよび，(b)o-MeO-DMBI ドープ単層 CNT シートの SEM 写真（スケールバー：0.5 μm），(c)単層 CNT シートの断面模式図

表面で均一に起こっていると考えている。

単層 CNT シートは図4(c)に示すように，面内と膜厚方向で異方性の高い材料であり，このような材料では面内・膜厚方向で電気伝導度・熱伝導度に100倍にも上る大きな異方性があること

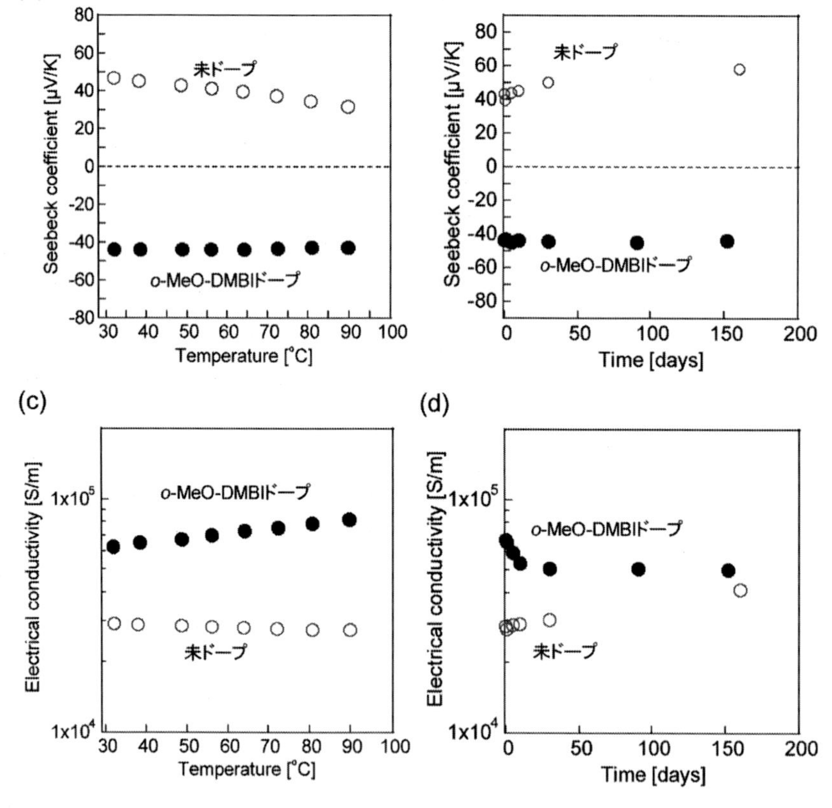

図5 未ドープ（○）およびドープ（●）単層 CNT シートにおける(a)初期ゼーベック係数の温度変化，(b)ゼーベック係数の大気下放置時における経時変化，(c)初期電気伝導度の温度変化，(d)電気伝導度の大気下放置時における経時変化

が石田らによって指摘されている[10]。それまでは薄膜での測定が容易な方向（ゼーベック係数および電気伝導は面内方向，熱伝導は膜厚方向）の測定値を用いる場合が多く，その結果，ZT値は過大評価されることが多かった。そのため，本研究では全ての測定を面内方向で統一している。図5(a)にはドープ後単層CNTシートの30～90℃における面内方向のゼーベック係数の変化を示した。ドープ後に単層CNTシートはゼーベック係数が負，すなわちn型化していることが分かった。図5(b)にはドープ後単層CNTシートを大気下で放置した際のゼーベック係数の経時変化を示している。ゼーベック係数は150日後においても一定であった。

また，ゼーベック係数測定と同時に測定した初期電気伝導度の温度依存性（図5(c)）および経時変化（図5(d)）を示した。まず，初期においてドープ後の電気伝導度はドープ前の29,000から62,000 S m^{-1} @ 30℃へと上昇していた。ホール測定の結果，ドープによりキャリア濃度は小さくなったものの，キャリア移動度が大きく増加しており，ドープによる電気伝導度の上昇はキャリア移動度の上昇による寄与が大きいことが示唆された（表1）。一方，電気伝導度の経時変化は，ゼーベック係数と異なり，ドープ後の単層CNTシートにおいて初期低下が見られた。

o-MeO-DMBIのドープ状態を確認するために*o*-MeO-DMBIドープ単層CNTシートのX線

表1　*o*-MeO-DMBIドープ単層CNTシートおよび未ドープ単層CNTシートのキャリア移動度，キャリア濃度，シート抵抗

	Carrier type	Carrier mobility [cm^2 V^{-1}·s^{-1}]	Carrier concentration [cm^{-3}]	Sheet resistivity [Ω□$^{-1}$]
o-MeO-DMBI ドープ単層CNT	n	9.28×10^{-2}	5.59×10^{22}	0.269
未ドープ単層CNT	p	2.98×10^{-2}	9.97×10^{22}	0.578

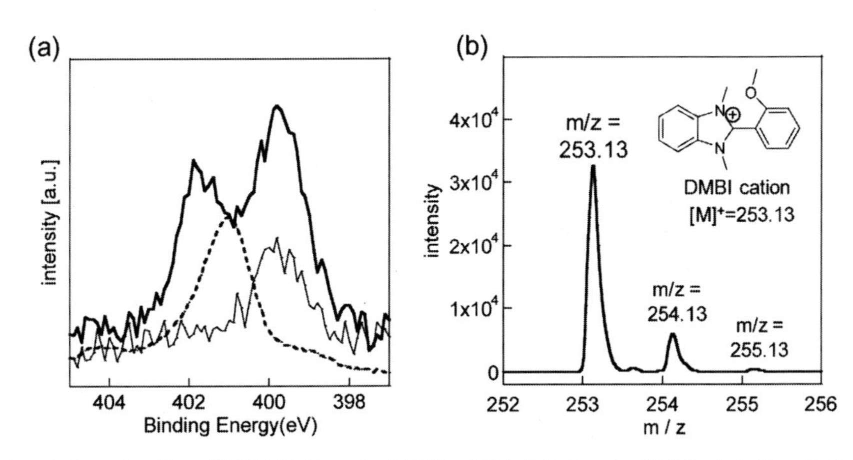

図6　(a)*o*-MeO-DMBIドープ単層CNTシート（太線），単層CNTシート（細線）および*o*-MeO-DMBIのXPS N1 sスペクトル(b)*o*-MeO-DMBIドープ単層CNTシートのMALDI-TOF-MSスペクトル

表2　o-MeO-DMBI ドープ単層 CNT シートおよび未ドープ単層 CNT シートの電気伝導度，ゼーベック係数，パワーファクター，ZT 値

	Electrical conductivity [$S\ m^{-1}$]	Seebeck coefficient [$mV\ K^{-1}$]	Power factor [$\mu W\ m^{-1} K^{-2}$]	Figure of merit (ZT)
o-MeO-DMBI ドープ単層 CNT	67,400	−43.8	129	1.70×10^{-3}
未ドープ単層 CNT	28,700	42.9	52.7	1.34×10^{-3}

光電子分光（XPS）測定を行った。図6(a)にはN 1sのXPSナロースキャンの結果を示している。ドープ前に見られたN 1sピークは残存するNMPに由来することが分かっている。興味深いことに *o*-MeO-DMBI 単体には見られない401.5 eV eV付近にN^+に帰属されるピークが確認され，*o*-MeO-DMBI はカチオン化していることが分かった。また，ドープ後単層CNTシートの飛行時間型マトリックス支援レーザー脱イオン化質量分析（MALDI-TOF-MS）においては，通常カチオン化のために用いるマトリックスを用いなくても容易にカチオン体に相当する［M^+］=253.13のピークとその同位体ピークが観察された（図6(b)）。ドープ前の *o*-MeO-DMBI のみではマトリックスを用いないと非常に弱いピークしか観測されなかったことから，*o*-MeO-DMBI は単層CNT上でカチオン体として存在していることがこの測定からも確認できた。さらに［M^+］以外のピークが見られなかったことから，*o*-MeO-DMBI は分解することなく安定に存在していることが示唆された。*o*-MeO-DMBI は単層CNTと反応して安定なカチオンを形成していることになり，大気下でも安定なn型化の鍵となっていると考えている。

最後に，面内方向の熱拡散率を周期加熱法により測定し（$3.8 \times 10^{-5}\ m^2 s^{-1}$），DSC法により測定した比熱（$1.28\ J\ g^{-1} K^{-1}$）と密度（$0.509\ g\ cm^{-3}$）を掛けることで熱伝導度を求めた。その結果，熱伝導度は$24.4\ W\ m^{-1} K^{-1}$と算出され，報告されたCNT1本の熱伝導度（例えば3,000 $W\ m^{-1} K^{-1}$）[11]と比較すると大幅に小さいものの，膜厚方向の熱伝導度や高分子系フィルムの熱伝導度（およそ$0.1\ W\ m^{-1} K^{-1}$）と比較すると非常に大きく，低減は今後の課題である。ゼーベック係数，電気伝導度，熱伝導度よりZT値を算出した。その結果，$ZT = 1.70 \times 10^{-3}$ @ 320 K であり，ドープなしの単層CNTシートの値（$ZT = 1.34 \times 10^{-3}$）とほぼ同等であり，また河合らの報告（$ZT = 2.0 \times 10^{-3}$）とほぼ同等であった（表2）。ZT値が1を超える無機半導体には及ばないものの，CNTシートは加工性に優れることから，集積化により補える範囲と考えている。柔軟性や大面積化などの長所も加味すると，単層CNTシートは非常に魅力的な材料系であるといえよう。

4　最後に

これまで，ドープのみで大気下n型安定化を実現した単層CNTは2例のみしか報告されていない。2つの例から考えて，ドープ剤自身の安定性は必要条件であろう。ドープ後において水や酸素との反応を抑制するメカニズムはさらに吟味が必要であると考えている。今後，メカニズムが解明されることで大気下n型安定単層CNTシートの例がさらに増えて来ると予想される。実用化には，さらなるZTの向上が望ましい。最近の単層CNTの分離精製技術により，より大きなゼーベック係数が期待できる半導体単層CNTの割合向上も可能であることから，ZTの向上が見込める。熱伝導度低減のための新技術も探索しつつZTを向上し実用化にこぎつけたい。

文　　献

1) N. Toshima, *Synth. Met.*, **225**, 3 (2017)
2) M. Piao, M.R. Alam, G. Kim, U. Dettlaff-Weglikowska and S. Roth, *physica status solidi* (b), **249**, 2353 (2012)
3) Y. Nonoguchi, K. Ohashi, R. Kanazawa, K. Ashiba, K. Hata, T. Nakagawa, C. Adachi, T. Tanase and T. Kawai, *Sci. Rep.*, **3**, 3344 (2013)
4) C. Yu, A. Murali, K. Choi and Y. Ryu, *Energy Environ. Sci*, **5**, 9481 (2012)
5) T. Fukumaru, T. Fujigaya and N. Nakashima, *Sci. Rep.*, **5**, 7951 (2015)
6) H. Okimoto, T. Takenobu, K. Yanagi, Y. Miyata, H. Shimotani, H. Kataura and Y. Iwasa, *Adv. Mater.*, **22**, 3981 (2010)
7) Y. Nonoguchi, M. Nakano, T. Murayama, H. Hagino, S. Hama, K. Miyazaki, R. Matsubara, M. Nakamura and T. Kawai, *Adv. Funct. Mater.*, **26**, 3021 (2016)
8) X.-Q. Zhu, M.-T. Zhang, A. Yu, C.-H. Wang and J.-P. Cheng, *J. Am. Chem. Soc.*, **130**, 2501 (2008)
9) (a) P. Wei, T. Menke, B.D. Naab, K. Leo, M. Riede and Z. Bao, *J. Am. Chem. Soc.*, **134**, 3999 (2012); (b) P. Wei, N. Liu, H.R. Lee, E. Adijanto, L. Ci, B.D. Naab, J.Q. Zhong, J. Park, W. Chen, Y. Cui and Z. Bao, *Nano Lett.*, **13**, 1890 (2013); (c) H. Wang, P. Wei, Y. Li, J. Han, H.R. Lee, B.D. Naab, N. Liu, C. Wang, E. Adijanto, B.C.-K. Tee, S. Morishita, Q. Li, Y. Gao, Y. Cui and Z. Bao, *Proc. Natl. Acad. Sci. U.S.A.*, **111**, 4776 (2014)
10) S. Sahoo, V. R. Chitturi, R. Agarwal, J.-W. Jiang and R.S. Katiyar, *ACS Appl. Mater. Interfaces*, **6**, 19958 (2014)
11) E. Pop, D. Mann, Q. Wang, K. Goodson and H. Dai, *Nano Lett.*, **6**, 96 (2006)

第5章　温熱感覚を呈示するフレキシブルな熱電変換デバイス「サーモフィルム」

桂　誠一郎*

1　はじめに

音声や映像情報に続き，力触覚や温熱感覚など人間の持つ触覚情報の遠隔呈示に対する研究が多く行われている[1~3]。従来の温熱感覚呈示に関する研究の多くが，ペルチェ素子を用いたものであった[4,5]。しかしながら，ペルチェ素子は半導体がセラミックに覆われているため，固く曲げることができず，ウェアラブルな実装には限界があった。またペルチェ素子の形状は変化しないため，温度分布を制御することも困難となっていた。

これらの問題を解決するため，図1のようなフレキシブルな熱電変換デバイス「サーモフィルム」の開発を行った。熱電変換デバイスをフィルム状にすることで，自由自在に形状を変化することが可能になる。そのため，ウェアラブル化やさまざまな端末への組込みが容易になると考えられる。このように，「サーモフィルム」により温熱感覚の呈示を身近なものとし，「温もり」や「冷たさ」のネットワーク伝送などの新しいヒューマンコミュニケーションの形態につながることが期待される。

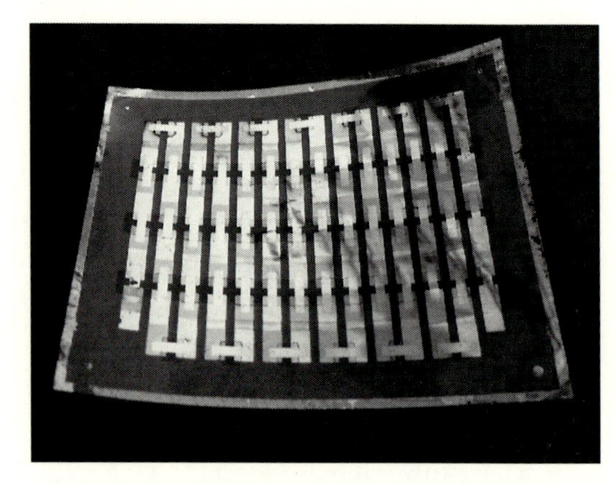

図1　開発した「サーモフィルム」

本章では，「サーモフィルム」の構造について紹介し，将来展望について述べる。

2 「サーモフィルム」

「サーモフィルム」はビスマステルル半導体（P型，N型）をポリイミドに銅とともに蒸着し（図2），電熱変換であるペルチェ効果をフィルムで発生させることを可能にしている。ポリイミドの厚さは50 μm，蒸着された半導体は2 μmと薄膜になっており，フレキシブル性を保ちつつ断線しにくい構造となっている（図3）。

* Seiichiro Katsura　慶應義塾大学　理工学部　システムデザイン工学科　准教授

1．導体の蒸着

2．P型半導体の蒸着

3．N型半導体の蒸着

導体

4．導体の蒸着

電流の流れる向き

図２「サーモフィルム」の構造

ねじれる

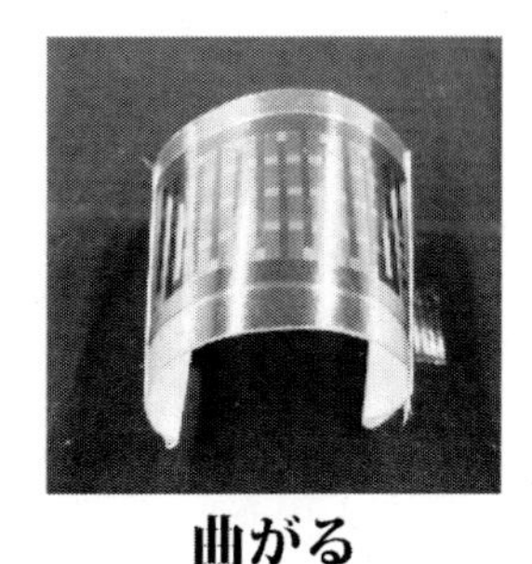

曲がる

図３「サーモフィルム」のフレキシブル性

「サーモフィルム」は薄く，どのような形状にもフィットできるので，ウェアラブルでの使用に応用が期待できる。人やロボットへの装着例のイメージを図４に示す。

「サーモフィルム」に±２Ａ，±４Ａの電流を流した際の温度応答値（片面）を図５に示す。これらの結果から，流す電流の大きさに比例して素子の表面が発熱していることが確認できる。

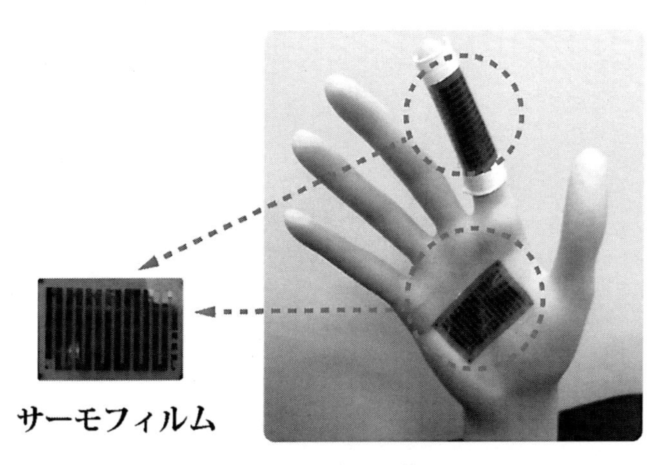

図４「サーモフィルム」の装着例のイメージ

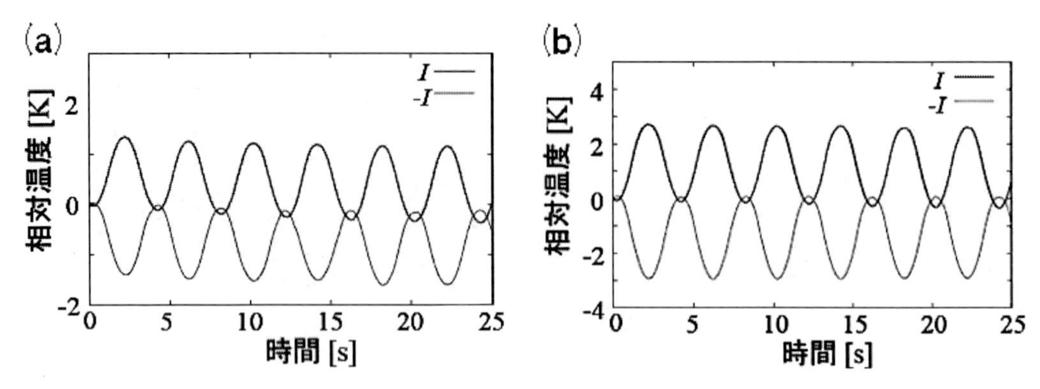

図5 「サーモフィルム」に電流を流した際の温度応答値
(a)電流を±2 A の sin 波で与えた際の温度応答値
(b)電流を±4 A の sin 波で与えた際の温度応答値

3 「サーモフィルム」によるヒューマンインタフェースの応用イメージ

図6は，グローブ型に「サーモフィルム」を構成することで，手にはめながら温熱感覚を呈示するというイメージを示している。グローブ型であるため，手に密着して馴染みやすい上に，手の動きに合わせて素子が変形することが可能になる。また，熱拡散方程式をモデルとして温度分布を制御することで，よりきめ細やかな温熱感覚の呈示につながる。このように，フレキシブルな熱電素子を用いて人間が装着できるようなウェアラブルデバイスへの応用が可能となる。

装着型に加えて，機器への組み込みへの応用も可能である。「サーモフィルム」を携帯型端末に組み込むことによって視聴覚とともに温熱感覚を呈示することができる。例えば遠隔地にいる人に触れ，「温もり」を感じながらコミュニケーションをすることができるようになる[6]。さらに，「サーモフィルム」を使用した温熱感覚制御により，表面上の温度分布も考慮することが可能となるため，分布的に温熱感覚を呈示することが可能になる[7]。このように，「サーモフィル

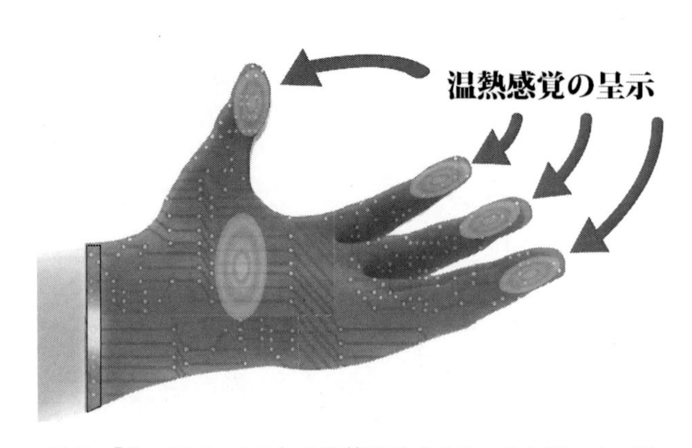

図6 「サーモフィルム」の装着型デバイスへの応用イメージ

ム」は携帯型端末など持ち運び可能な小さなデバイスへの応用も可能になる。

4　フレキシブル熱電変換材料が拓くイノベーション

温熱感覚は人間が触れた対象物を認識する上で重要な感覚情報であるため，将来のテレコミュニケーションにおける臨場感や没入感の向上につながることが期待される。図7に温熱感覚を持つロボットの応用イメージを示す。フレキシブル熱電変換材料を用いることで，ロボットが触れた人やモノの「温もり」を認識することが可能になる。得られた温熱感覚はデジタル化されているので，ネットワークを通じて遠隔地にいる人と共有が可能である。さらに温度分布を積極的に制御することで，温熱感覚による空間的な再現も可能になる。

また，患者のわずかな発熱部分を直接触れて感じることが重要な触診では，手の動きに対応した温度分布の呈示が必要不可欠になる。呈示可能な温熱感覚の精度を向上させることで，触診など医療への応用も期待される（図8）。

フレキシブル熱電変換材料のさらなる進歩と制御システムの統合により，触覚のさらなるユビキタス化が可能である。さらに音声・映像と組み合わせることにより，ネットワークを介した新しいテレコミュニケーションの新形態の創生に貢献できるものと考えられる。

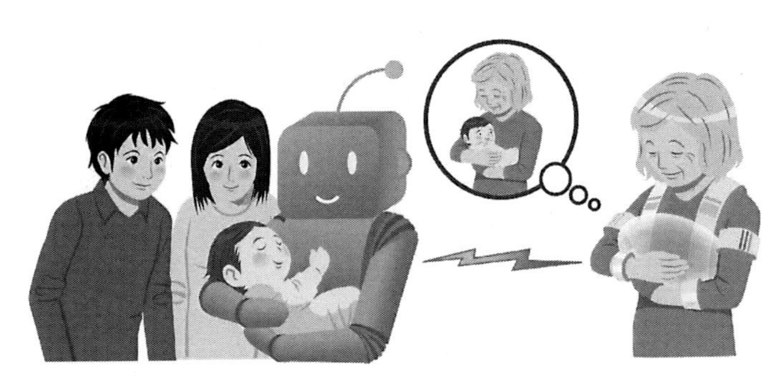

図7　フレキシブル熱電変換材料を組込んだロボットの応用イメージ

図8　フレキシブル熱電変換材料の遠隔触診への応用イメージ

謝辞

本章で紹介した研究の一部は，科研費　挑戦的萌芽研究（課題番号：15 K12088）によって行われたことを記し，関係各位に謝意を表す。

文　　献

1） W. Iida, K. Ohnishi, Proceedings of the IEEE International Workshop on Advanced Motion Control, AMC '04-KAWASAKI, pp.217-222（2004）
2） 桂誠一郎，日本ロボット学会誌，**27**(4)，pp.396-399（2009）
3） T. Kono, S. Katsura, The 42 nd Annual Conference of the IEEE Industrial Electronics Society, IECON '16-FLORENCE, pp.1-6（2016）
4） M. Guiatni, A. Kheddar, *Journal of Dynamic Systems, Measurement, and Control*, **133**(3), pp.031010-1-031010-8（2011）
5） 森光英貴，桂誠一郎，電気学会論文誌 D（産業応用部門誌），**132-D**(3)，pp.333-339（2012）
6） H. Morimitsu, S. Katsura, *IEEE Transactions on Industrial Electronics*, **62**(7), pp.4288-4297（2015）
7） Y. Osawa, H. Morimitsu, S. Katsura, *IEEJ Journal of Industry Applications*, **5**(2), pp.101-107（2016）

フレキシブル熱電変換材料の開発と応用

2017年7月31日　第1刷発行

監　　修　中村雅一　(T1052)
発 行 者　辻　賢司
発 行 所　株式会社シーエムシー出版
東京都千代田区神田錦町 1-17-1
電話 03(3293)7066
大阪市中央区内平野町 1-3-12
電話 06(4794)8234
http://www.cmcbooks.co.jp/
編集担当　上本朋美／為田直子

〔印刷　あさひ高速印刷株式会社〕

ISBN978-4-7813-1255-2 C3054 ¥76000E